福島大学叢書新シリーズ　1

大型店立地と商店街再構築

地方都市中心市街地の再生に向けて

山川充夫

八朔社

はしがき

　1991年に改正大規模小売店舗法(以下，大店法)が施行され，原則出店自由のもとで大手スーパーの大規模小売店舗(以下，大型店)の全国展開が本格化した。直営店や系列子会社による緻密な店舗展開が積極的に行なわれている。東京系スーパーが直営店を近畿を中心とする西日本に，関西系スーパーが直営店を関東を中心とする東日本に積極的に展開したり，新開発の業態を投入して既存商圏の重層的掌握を試みたり，さらには既存店舗の本格的なスクラップ・アンド・ビルド(以下，S&B)を断行したりしてきている。90年代では明らかに80年代までとは異なる店舗立地戦略が展開されている。この店舗立地の再編戦略は，売場面積の巨大化を伴い，中心市街地空洞化など地域経済システムを大きく変動させる契機となった。

　本書は，大型店の立地・再編を重層的に把握し，商業活動を軸とする地域経済システムの変動を立体的にとらえようとするところに特徴をもつ。その分析の基本的枠組みは次の通りである。大型店の立地・再編の骨格は大手スーパーの立地戦略に規定されており，この大手スーパーの立地戦略は大手スーパー間の広域での商圏掌握競争というレベルで展開される。これに対して中堅スーパーは，地域的基盤をもちつつ，大手スーパーと連携ないしは対抗しながら地元商圏を確保するという立地・再編戦略をとる。これらのスーパーの店舗展開はさらに新業態の開発投入を含めて進められる。商店街を形成してきた個別商店は，大手・中堅スーパーの攻勢によって系列的な業態転換かそれとも廃業かの選択を迫られている。かくて商業集積としての商店街は「企業空間」への転換かそれとも「空洞化」かの選択を迫られるが，「産業集積」としてサバイバルする道も残されていないわけではない。

　以下，章毎の検討課題を提示しておこう。第1章「地方都市の中心市街地空洞化と都市空間経済論」では，現局面における地方都市の中心市街地空洞化について，世界都市化経済のもとでの都市システムの変容，都市化経済の

もとでの郊外化，少子高齢化社会での空間市場縮小といった3つの過程の複合化現象として捉え，一方では中心性の高い都市は空間的移動性の高い生産要素に着目して，他方では中心性の低い都市は空間的移動性の低い生産要素に着目して，都市空間整備を行なう必要性があることを，都市空間経済論として問題提起する。

　第2章「地方都市中心市街地の空洞化の三重奏」では，中心市街地は都市における集積経済拠点であり，中心性が高い都市とは空間的移動性の高い要素を軸にして集積経済を構築しているが，地方都市は中心性が低く，都市間競争が厳しくなる中では，相対的に移動しにくい要素に着目し，これを獲得する目標を掲げた空間整備を行なっていく必要があること，及び少子高齢社会では人口の空間的流動性がますます二極化していく可能性が高いので，地方における中心部の機能構築と空間整備は定着性の強い人口に焦点を当てて行なわれる必要があることを論ずる。

　第3章「改正大店法・消費不況と大型店の出店戦略」では，1992年に施行された改正大規模小売店舗法（大店法）は大規模小売店舗（大型店）の出店を原則自由とするものであり，巨大店舗間での競合が格段に激しくなったが，経営資源の集中化，物流・業態の見直し，組織の分権化を伴いながら巨大化・複合化戦略のなかで資本規模の大小にかかわらず，売場面積規模の拡大をはかりつつ，大型店舗網のスクラップ・アンド・ビルドは進められ，その結果，「買物砂漠」といった空白が生ずる地域が生まれ，スーパーの無規制的な出店退店に対して批判が高まってきていることを明らかにする。

　第4章「改正大店法下での大型店舗網の再構築—ジャスコを事例として—」では，ジャスコが提携・合併を繰り返すことにより，「連邦制経営」を基本とする店舗網を直営店と子会社の営業店とを組み合わせながら，中部・近畿をホーム地区としつつ全国に拡大していったこと，1990年代における店舗のS&Bは店舗新設・増設等の売上高効果が最近になるほど短くなる傾向にあり，店舗そのものがこれまでの「ストック」としてではなく，「フロー」として取り扱われるようになったこと，そして90年代後半でのジャスコ出店戦略が規模と業態の異なる店舗を開発し組み合わせて商圏を重層的に掌握し

ようと試みていることを検討する。

　第5章「地方都市中心部商業集積の空洞化」では，地方都市中心商店街内部の空間構成の変容を『商業統計表』の商業集積地区データを再編集することで，福島県内では一方の極として地方中核4都市において駅前型・市街地型の商業集積の空洞化が進んでいること，他方の極としては郊外においてロードサイド型ないしは郡部町村で商業集中の動きがあること，そしてこれらの動きの中間地帯に住宅背景型や中小6市の中心市街地があるなど，多様な動きを見せていることを説明する。

　第6章「商店街の盛衰分析と再構築の視点」では，地方都市における中心市街地が，改正大店法のもとでその主要な担い手である商業機能を失いつつあること，その機能が衰退することは中心部に賑わいがなくなることを意味する。本章では各種の調査結果，とりわけ独自に実施している商店街調査の分析結果を踏まえ，賑わいをもたらすには消費者ニーズに対応した業態の転換や質の良い商品・サービスの品揃えを充実しなければならないこと，そのためには同業種・異業種を含め魅力ある個店を集積させることが大切であること，それによって中心的機能としての結節性を獲得できることなどを論及する。

　第7章「地方中核都市における中心市街地活性化基本計画」では，2000年7月までに策定された中心市街地活性化基本計画のうち，地方中核都市を中心とした30都市を選定し，これらの都市における小売業概況，大型店立地動向，中心市街地における商業活動や歩行者通行量，中心市街地再構築の視点などを人口規模別に検討する。商業集積拠点としての中心市街地が維持されうるか否かの分岐点は，人口規模20〜30万人台にあること，人口40万人以上の都市では郊外大型店との競合に耐えうる中心市街地がなお存在すること，しかし人口10万人台の都市の中心市街地では空洞化が強く進んでいることを論じたい。

　第8章「中心市街地活性化基本計画とTMO」では，TMO (Town Management Organization) の活動が都市人口規模別とか地域別とかにおいて取り立てた個性を見出せないこと，また特定会社型TMOと商工会・商工会議所

型TMOとの組織的な違いについて福島県内の事例を検討し，特定会社型は商工会商工会議所型に比べれば，まちづくり運動に一定の蓄積があることから，より多様な活動を行なっているものの，TMO事務局体制が十分でないことなどの問題点を指摘する。

　第9章「大型店の出店攻勢と地方中核都市近郊商店街の対応」では，まず福島県での大型店の出店攻勢による商店街の空洞化状況を概観し，既存調査結果などから商店街振興の主体となるべき商工会の「地域活性化」への取り組みを探り，特に地域活性化と商店街振興とをどのように結び付けるのかに関して，4つの商工会での模索状況を検討する。

　第10章「修景とワークショップのまちづくり」では，福島県会津若松市七日町通り商店街を取り上げ，一見「金にならない」明治・大正期の建物の「修景を軸とした」まちづくりがいかに進められてきたかをあとづける。そしてこのまちづくり運動ではワークショップ方式が採用され，修景事業による空き店舗の解消，基本計画の策定，イベント導入などを積極的に進められた結果，商店街の活性化が進んだだけでなく，会津若松市のまちなか観光の中心的役割を果たすまでになってきたことを説明する。

　第11章「ミニ資料館のまちづくり」では，山形県高畠町中央通り商店街を取り上げ，経費をできる限り節約し，個人や個人商店主の思いや趣味を個人レベルにとどめることなく，しかも地域に埋もれている昭和30年代の「文化財」を発掘して情報を発信している街角「ミニ博物館」を，成熟日本における21世紀の地域づくりのあり方の1つとして紹介する。

　2004年4月

山　川　充　夫

目　次

はしがき

第1章　地方都市の中心市街地空洞化と都市空間経済論 ……1
　Ⅰ　はじめに……1
　Ⅱ　集積経済の発展様式と中心地形成の空間的契機……3
　Ⅲ　都市化と中心‐周辺空間システム……7
　Ⅳ　都市階層系と中心‐周辺空間システム……10
　Ⅴ　地方都市中心市街地の空洞化をとらえる視点……13

第2章　地方都市中心市街地の空洞化の三重奏 ……16
　Ⅰ　地方都市中心市街地の空洞化の三重奏……16
　Ⅱ　都市システムにおける地方中核都市の位置……17
　Ⅲ　都市規模別人口動向と中心市街地の空洞化……21
　　　1 減少・流出がとまらない東北地域の人口　21　2 上昇する都市人口規模の分解軸　21　3 地方中核都市も分解軸上にある東北地域　23　4 人口減少と高齢化が進む東北地域の都市中心部　24
　Ⅳ　地方中核都市の郊外化と空洞化……25
　Ⅴ　地方中核都市における商業活動と大型店立地……29
　　　1 分析対象の30都市について　29　2 30都市の小売業動向　33　3 30都市における大型店の立地動向　35
　Ⅵ　まとめ……36

第3章　改正大店法・消費不況と大型店の出店戦略 ……39
　Ⅰ　改正大店法と消費不況のダブルパンチ……39
　Ⅱ　大手スーパーの巨大化・複合化戦略……41
　　　1 施設の巨大化・複合化をはかる大手スーパー　41　2 巨大流通外資の参入　42　3 都心部商業施設の大型化と淘汰　43

v

4 規模拡大をはかる非大手流通資本 44
  III 大手スーパーの経営戦略転換……45
     1 多角化戦略の行き詰まり 45　2 物流・業態設計の見直し 46　3 地域密着に向けての経営組織の分権化 47　4 本格化した店舗のS＆B 48
  IV 大型店の出店規制への動き……49
  V まとめ……51

第4章　改正大店法下での大型店舗網の再構築 ……………………………54
　　　──ジャスコを事例として──

  I 大手スーパー店舗網再構築のとらえ方……54
     1 大手スーパーの経営指標 54　2 大手スーパーの店舗展開 56　3 大手スーパーの店舗網再構築のとらえ方 57
  II ジャスコの経営戦略と店舗展開……58
     1 提携・合併による規模拡大と営業店舗の全国展開──1970年代まで 58　2 海外商品の開発輸入と店舗のS&B──1980年代 61　3 新業態の投入と商圏の重層的掌握──1990年代 63
  III ジャスコの店舗経営指標の地区別動向……66
     1 ジャスコ店舗動向と地区別売上高 66　2 店舗規模と売場面積効率 67　3 従業員販売高効率 68
  IV ジャスコの店舗再構築の論理……69
     1 店舗新設と売上効果 70　2 増床と売上効果 70　3 業態転換と売上効果 73　4 移築増床と売上効果 75　5 店舗廃止の論理 77　6 店舗網の重層的構築 78
  V まとめ……80

第5章　地方都市中心部商業集積の空洞化 ……………………………83

  I 大店舗売場面積の急激な拡大と小売業の業態変化……83
     1 大店舗売場面積の急激な拡大 83　2 東北地方で急速に拡大した大型店売場面積 84　3 業態の専門店・中心店からスーパー・コンビニへ 86
  II 地方都市の中心市街地と商業集積地区特性……89
     1 中心市街地と商業集積地区 89　2 全国における総小売業と商業集積地区小売業 91　3 商業集積地区の地方ブロック別特性 93　4 都市人口規模別商業集積地区の動向 95

Ⅲ　福島県内商業集積地区の動向……98
　　　　　1 立地特性編数値データの再集計　98　　*2* 福島県内中心商店街における商業集積動向　100　　*3* 都市階層別にみた商業集積地区の動向　101
　　　Ⅳ　まとめ……104

第6章　商店街の盛衰分析と再構築の視点 ………………………107
　　　Ⅰ　消費者の要望に応えられない商店街への不満……107
　　　　　1 消費者の便利さ要求と低い商店街の利用頻度　107　　*2* 地方都市中心部の活気低下と商店街の役割　112
　　　Ⅱ　商店街の盛衰分岐はどこにあるのか……117
　　　　　1 商店街の特性と盛衰分岐　117　　*2* 商店街の空き店舗発生の原因と結果　121　　*3* 業種の転換と新規出店の特徴　123
　　　Ⅲ　地方都市における中心商店街再構築の方向性……126
　　　　　1 商店街の活性化・近代化事業の展開　126　　*2* 求められる中心部と商店街の役割　129
　　　Ⅳ　地域の視点から商店街の再構築を……132

第7章　地方中核都市における中心市街地活性化基本計画 ………136
　　　Ⅰ　地方中核都市の中心市街地商業の空洞化……136
　　　　　1 中心市街地の商業活動　136　　*2* 中心市街地の歩行者通行量の変化　137　　*3* 中心市街地の回遊性の希薄さ　140
　　　Ⅱ　まちづくり三法……141
　　　　　1 まちづくり三法の施行　141　　*2* 中心市街地活性化基本計画と中心市街地の性格　142　　*3* 中心市街地の空洞化原因に対する認識の変化　145
　　　Ⅲ　中心市街地活性化基本計画と中心市街地の特徴……146
　　　　　1 中心市街地活性化基本計画とは　146　　*2* 基本計画からみる中心市街地の特徴と活性化取り組み状況　148
　　　Ⅳ　地方中核都市における中心市街地再構築の視点……151
　　　　　1 人口規模40万人以上の地方都市　151　　*2* 人口規模20～30万人の地方都市　152　　*3* 人口規模10万人台の地方都市　153
　　　Ⅴ　まとめ……154

第8章　中心市街地活性化基本計画とTMO ……………………156

I　基本計画におけるTMOの位置……156
    II　TMO構想・計画の認定状況と諸問題……157
        1 TMO構想の認定状況と主な事業計画　157　　2 TMOの組織形態と設立　158　　3 TMOの運営・支援体制　163
    III　地方中小都市における中心市街地の活性化とTMO……164
        ──福島県内を中心に──
        1 特定会社型TMOの事業　164　　2 特定会社型TMOの事務局体制　166　　3 TMOとまちづくり運動　167　　4 地方中小都市中心市街地での定住化の促進　169

第9章　大型店の出店攻勢と地方中核都市近郊商店街の対応 ……171
        ──改正大店法下での福島県内4町を事例として──
    I　はじめに……171
        1 課題と研究対象の限定　171　　2 地方中核都市近郊4町の地域経済的概観　173
    II　福島県内での大型店出店攻勢と地域商業空洞化……176
        1 大型店出店攻勢が続く福島県　176　　2 厳しい経営状況にある福島県内小売業　178　　3 大型店出店は商店街に悪影響　180
    III　消費購買力の流出と商店街の停滞……182
        1 平地区への消費購買力流出と商店数半減──好間町商店街　182　　2 買回品は郡山へ，最寄品は須賀川へ──鏡石駅前地区商店街　184　　3 ベニマル伊達店に奪われた最寄品購買力──伊達町商店街　186　　4 流出原因は個店の努力不足と魅力のない商店街──三春町商店街　189
    IV　「価格破壊」対応の困難性と地域商業集積づくり……192
        1 きびしい個店レベルでの対応　192　　2 商店街レベルでの大型店や空き店舗対策　193　　3 商工会による地域活性化への取り組み状況　195　　4 商工会等地域振興支援事業の展開（1993〜95年度）　196
    V　地方中核都市近郊での商店街活性化への取り組み……200
        1 バイパス沿いの複合型SCを構想──いわき市好間町　200　　2 駅前地区の回遊性強化に向かう──鏡石町　204　　3 商工振興条例制定で新たな対応を模索する──伊達町　206　　4 町の中心部再開発と結合させる展開──三春町　208
    VI　まとめ……211

目　次

第10章　修景とワークショップのまちづくり …………………………217
　　　　──会津若松市七日町通り──

　　Ⅰ　七日町商店街の盛衰について……217
　　Ⅱ　まちづくりの運動と景観協定……220
　　Ⅲ　修景事業の経過……223
　　Ⅳ　ワークショップとまちづくり……225
　　Ⅴ　ワークショップと修景事業効果の発現……230
　　Ⅵ　まちづくりは人間関係の再構築から……232

第11章　ミニ資料館のまちづくり …………………………………………235
　　　　──山形県高畠町中央通り商店街──

　　Ⅰ　過疎地域の商店街……235
　　Ⅱ　中心市街地活性化基本計画の策定へ……237
　　Ⅲ　中央通り商店街の活動とその効果……239
　　Ⅳ　商工会型TMOと事業展開に向けて……242

終　章　本書の要約と若干の展望 ……………………………………………247

参考文献

あとがき

装幀・高須賀優

ix

第1章　地方都市の中心市街地空洞化と都市空間経済論

I　はじめに

　地方都市における中心市街地の空洞化問題は，1990年代以降，深刻さが増し，単に中心市街地が業務空間としてだけでなく，生活空間としても閾値を確保しうるかの限界にきている。これへの対策として，「中心市街地における市街地の整備改善及び商業等の活性化の一体的推進に関する法律（以下，中心市街地活性化法）」が1998年に制定された。この法律の目的は中心市街地における経済面での危機と空間面での危機とを一体的に解決していこうとすることにある。つまり中心市街地の空洞化は経済問題と空間問題とを同時に抱えていることから，都市空間経済問題として把握することが必要となる。

　本章では地方都市における中心市街地の空洞化を都市空間経済問題としてとりあげる。取り組むべき課題の第1は「中心市街地」をどのように把握するかである。中心（地）が形成されていなければ，その「空洞化」を議論することはできない。中心市街地は都市空間における「中心」に位置し，経済空間システムの「要」としての役割を果たしている。この経済システムの要を創りだす原動力は「集積経済」である。そこでこの中心を形成する集積経済が何を原動力として構築されるのか，空間的契機としてどのような内部構造をもつのかを第1の検討課題としたい。

　空間的契機をもって構築される集積経済は，空間的には凝縮されて表現されるものの，広がりとしての一定の場所を要求する。集積経済によって占拠された場所には経済的中心性が付与され，その中心性を持つ中心（地）は周辺に対して経済的影響力を持ち，中心-周辺という空間経済様式（以下，空間システム）を編成する。中心（地）はすべての場所に均等に配置されるわけでは

ないし，また中心地はいったん形成されると，集積経済の効果が働く限り，長期的に固定される傾向がある。従って限られた中心(地)がどのような空間的契機をもって，どの場所に形成されるかを検討することは，空間システムを理解するうえで重要である。本章ではこれを第2の課題とし，第1課題とあわせて，第II節において検討する。

集積経済を原動力として形成される中心(地)は，外部経済を発生させ，これが更なる経済集積をもたらす性向を持つ。こうした性向は空間システムの外延的拡大として展開し，景観的には都市化という様相を示す。この外延的拡大は中心部の経済集積の増大を原動力としている。しかし集積経済は場所性をもつことからブラックホール的な集中は不可能であり，また混雑など外部不経済が発生することから，中心性の空間的分散が必要とされる。この中心性の空間的分散といった現象は，中心性の後退を引き起こす可能性がある。つまり都市化が中心市街地の空洞化を誘発する原因にもなりうるので，これを第3の課題とし，第III節において検討する。

空間システムの外延的拡大は，やがて隣接する空間システムとの競合を引き起こす。空間システム間の競合は中心地間の競合であり，競合の行き着く先は中心地間の序列化である。この中心地間の序列化は，中心地間における垂直的な機能分担を意味し，中心地間の中心‐周辺という新たな空間システムを構築することになる。より下位に位置づけられた中心地はより高次の経済機能を獲得できず，状況によっては上位の中心地にそれまで保持していた経済機能を吸収される。中心市街地の空洞化は，中心地が広域的な空間システムのなかで周辺化するということで発生する。これが第4課題であり，第IV節において考察する。

第5の課題は「地方都市」ということにかかわる。地方都市は，これまでの課題設定で一定明らかになったように，地方という次元では中心性をもつものの，全国という次元では首都との関係をみてもわかるように周辺として規定される。加えて21世紀の日本は少子高齢社会にあり，特に地方においては人口減少が進んでいる。すなわち地方都市における中心市街地の空洞化問題は，こうした三重の過程のもとで把握しなければならない。これらを第V

節において整理したい。

II 集積経済の発展様式と中心地形成の空間的契機

　集積経済は外部経済としての社会的生産力を源泉としている。この社会的生産力は集積経済空間において発現する。それは「労働の空間範囲を制限し労働過程を近接させることが，生産手段の節約や集団力としての社会的生産力の創造をもたらす」［山川，1993，262頁］からである。集積経済はこの社会的な生産力段階に応じて異なった空間システムを要求する。外部経済としての空間システムを検討するうえでは，地域特化経済，都市化経済，世界都市化経済の3段階に区分するのが妥当である。
　地域特化経済の基本的性格は費用節約にある［A. マーシャル，1966］。地域特化経済の典型例は農業分野においては野菜や果実などの「産地」である。この産地としての形態は，基本的には同業種企業の地域的集積として特徴づけられるので，農業のみならず，製造業，商業，サービス業などすべての産業分野において観察することができる。同業種の地域的集中はさまざまな外部経済を発生させる。この外部経済を活用して，財・サービスの生産に必要な労働・輸送・情報などの入手にかかわる費用を節約できる。すなわち労働過程の近接性は産地において生産にかかわる情報交換や技能向上を比較的容易にしている。また産地全体として規模経済と相対的に変動の少ない安定出荷が可能なことから，輸送における費用削減も可能となる。これらは協同組織化されることで，制度的にもより確実なものとなる。
　地域特化経済は費用節約型経済であるが，それを最もよく特徴づけるのが相対的に安価な労働力の活用である。相対的に安価な労働力は基本的に職住一体の地域社会から提供される。職住一体の産地では職住分離の就業形態と異なり，通勤時間を必要としないので，労働時間と生活時間との区別があいまいになる傾向がある。つまり労働時間が生活時間に食い込み，長時間労働が比較的容易に行なわれる。ただし安価な賃金水準であっても，長時間労働

3

を行なうことで所得水準を確保することができる。また職住一体の地域社会は地域特化経済を社会的にも担保しており，産地が持続する要因の1つとなっている。

　地域特化経済の空間的特性は，職住一体の地域社会であることからもわかるように，職住混在の土地利用パターンをとる。空間システムにおける中心－周辺の関係は，未分化な段階にとどまるものもあるが，地域特化経済の経済循環を集約する機能が概ね中心をしめる。例えば零細自営業や中小企業のみからなる産地であれば，流通機能を分担する商人や組合が中心を占め，大企業によって系列的に組織されている産地であれば，大企業がその中心を占めることになる。

　地域特化経済が資本主義市場経済以前から存在していたのに対して，都市化経済は資本主義市場経済の申し子として生まれた。都市化経済の原動力は機械制大工業による大量生産システムに求められる。大量生産システムはまず原材料を大量発注するため，より安価に購入することができるだけでなく，多少遠方からであってもよりよい品質のものを購入することができる。また製造工程においては労働生産性の高い機械設備を導入しており，規模経済から製品コストを下げることができるので，より広い範囲の市場に販売することができる。必要な労働力についても相対的に高い賃金で獲得することができる。

　このような大量生産システムを効率的に稼動させるためには，それにふさわしい空間システムが必要となる。その空間システムの基本は職－住の分離であり，都心－郊外(中心－周辺)の構築である。大量生産システムを採用する工場は，より広くより安い工場用地を求めて，都市の周辺部に転出していく。それは都市の郊外部であったり，都市の臨海部であったりする。しかし工場は郊外部や臨海部に進出しても，逆に本社機能は都心部にとどまるあるいは移転したりする。労働者の住宅もはじめは下町に集中していたものが，工場の郊外進出とともに，郊外で供給されるようになった。都心は本社機能や行政機能などいわゆる中枢管理機能やこれに関連する業務機能によって求心的に構成され，郊外には工場や住宅が離心的に配置されることになった。

第1章　地方都市の中心市街地空洞化と都市空間経済論

こうした空間システムの構築には，鉄道や道路などの交通網の整備だけではなく，都市生活に必要な上下水道をはじめとした社会資本の整備が必要不可欠であった[4][山川，1992]。

この空間システムのなかで外部経済としての都市化経済が創出されるのであり，その創出過程は次の通りである。都心に通勤する労働者は雇用者によって拘束された時間であるにもかかわらず，この時間に対して賃金は支払われない。これは延長された無償の労働時間であると解釈できる。ただし，通勤が都心という制限された「場」に集中することによって，労働過程が近接し，研究・開発・事務労働にかかわる生産性を向上させることができる。特に研究・開発の労働過程では，文字ないしは記号化された膨大な情報の蓄積もさることながら，これらを背景とした感性にかかわる文字化されない生の情報の入手が必要であり，これは都心以外の場所ではほとんど入手不可能である。これには都心という場所にかかわる外部経済であるので，無償の通勤労働を都市化経済の源泉として理解することができよう[4]。

さて都心における従業者ベースでの機能構成を都市人口規模別にみると，国内大都市・地方中枢都市クラス（概ね100万人以上）では業務系60〜70％，商業系25〜30％，その他5〜10％であり，地方中核都市クラス（人口30〜60万人）では業務系50〜60％，商業系30〜40％，その他10％であり，地域中心都市クラス（人口10〜20万人）では業務系35％，商業系55％，その他10％となっている。都心機能は，人口規模が大きいほど業務系の比率が高く，人口規模が小さくなるほど商業系の比率が高くなるのである。また業務系でも商業系でも都市人口規模に応じて機能の内容が異なるが，人口規模が大きい都市ほどより広域的に影響をもつ機能が集中する。

都心の空間規模と内部構造をみると，国内大都市・地方中枢都市の都心は$3〜8 km^2$の広さをもち，そのなかに複数の機能特化ゾーン（オフィスゾーン，官庁ゾーン，歓楽ゾーン，商業ゾーン）がみられ，副都心の形成もみられる。地方中核都市の都心は$1〜2 km^2$の広さを持ち，少数の機能特化ゾーン（商業・歓楽ゾーン，オフィスゾーンなど）がみられ，主として一極集中型であり，副都心の形成はほとんどみられない。地域中心都市の都心は$1 km^2$以下で

あり，街としての機能特化集積ゾーンの形成はあいまいである。

　都心のネットワーク構造と水準をみると，国内大都市・地方中枢都市は都心に接続する広域鉄道本数を4路線以上，地下鉄を1路線以上，国際空港を1つもっている。これに対して地方中核都市は地下鉄や国際空港をもたず，広域鉄道本数は2〜4路線にとどまる。地域中心都市は地下鉄や国際空港をもたず，広域鉄道本数も2路線以下である。道路に関しては，環状道路が形をなしつつあるのは大都市・地方中枢都市であり，地方中核都市や地域中心都市はバイパスの整備が完了するにとどまる［野村総合研究所，1993］。

　第3の集積経済は世界都市化経済である。世界都市化経済が都市化経済と異なるのは，都市化経済が通勤労働を軸にして形成され，通勤圏ないしは都市圏として孤立する閉鎖型の空間システムを前提としているのに対して，都市圏を超えた開放型の空間システムを前提としていることである。ただし空間集積が発現するのは，第III節以降で検討するように，資本と労働といった生産要素間に移動性の格差ないしは制限がある場合である。世界都市の状況をみてもわかるように，資本の流動化が著しく進んでいるにもかかわらず，労働の流動化には差別的な空間的制限が加えられている。賃金水準の高い労働に対しては空間制限をゆるやかに，賃金水準の低い労働に対しては空間制限をきつくしている。

　これにより国家間における賃金格差は国内の地域間におけるよりもかなり大きくなっている。このより大きな賃金格差を活用するのが世界都市化経済であり，この世界都市化経済を源泉として成立するのが世界都市である［S. サッセン，1992］。世界都市化経済は世界都市という空間システムを要求するのである。世界都市が成り立つためには，高速交通体系を活用した人流・物流システムの整備，消費市場動向の把握と産消直結，そして金融や商品，労働管理の徹底化などが，インターネットやイントラネットといった電脳情報システムの高度化が必要となるのであり，世界都市化経済は地球経済を相手にすることから，24時間労働を可能とするフローとしての空間システムを要求するのである。(5)

　世界都市に関して，その都心の機能構成を従業者ベースでみると，業務系

60～70％，商業系15～20％，その他10～20％であり，国内大都市・地方中枢都市と異なるは，業務系の比率はかわらないものの，商業系の比率が後退し，その他系の比率が高いことである。ただし世界都市の業務系は世界企業本社や国際金融保険取引・商品取引業務，国際コンベンション，高度知識技能サービス，メディア産業などを中心として構成されている。また商業系の比率は小さいとはいえ，その集積量についてはより大きく，しかも世界的な有名百貨店や高級専門店が立地するなど集積の質も高い。注目すべきはその他に含まれる文化・娯楽系の機能であり，美術館・博物館・劇場・コンサートホールなどについても世界的水準の質の高い施設が立地している。

都心の空間規模は4～8 km^2 であり，空間内の機能特化ゾーン(劇場街・金融街・商業街など)が「街」という景観をもって現れる。産業立地のすみわけがかなり明確であり，都心内に小公園，都心に隣接して大規模公園がある。都心のネットワークで特徴的なのは，地下鉄の路線数が4本以上になっていることや，複数の国際空港をもち，環状道路も1本以上整備されていることである［野村総合研究所，1993］。

III 都市化と中心‐周辺空間システム

中心を形成・発展させる原動力が明らかになり，しかもその高次の中心機能を軸として編成される都市の位置が決まってくると，空間システムの構築における次の課題は，周辺部がどのように空間編成されるかに向けられる。

都市周辺部の空間編成は資本主義市場経済にあっては都市化として表現される。都市化はそれを都市形成という内容でとらえるのであれば，近代以前にも存在したが，この都市形成が何を原動力としながら行なわれてきたかによって，都市の空間景観は異なる。山口恵一郎［1984］は近代的都市化と近世的都市化とを区別し，近世的都市化は「一種の商業革命の所産」であり，近代的都市化は産業革命による工業化を主軸として推進されるとしている。工業の郊外への張り付きを追いかけるように住宅地の郊外化も進んだ。この

ように近世的都市化と近代的都市化との空間的意味の違いは,「郊外」が意識されるようになるか否かにある。

郊外の形成は地域分業としての中心-周辺関係が空間システムとして確立していくことを意味する。機能別の空間編成がより明確になることである。それは二分法的に言えば,中心が業務地区としての,そして周辺が住宅地区としての土地利用になることである。ところが郊外も住宅地の形成が進むと,生活が生み出す潜在的需要やそのための地域労働市場が形成されるようになる。アメリカ合衆国では工業と住宅を受け入れた地域には商業やサービス業が張り付き,いち早くエッジシティ[Joel Garreau, 1991]が誕生し,広域的にはメガロポリスという空間システムが構築された[J. ゴットマン, 1967]。日本においても東京圏と京阪神圏,名古屋圏との間で都市圏格差を持ちながらも,まず人口の郊外化と産業の郊外化が先行して進み,消費者空間行動がこれらを追いかけるように変容してきている。1980年代までは通勤・通学にかかわる空間流動が構造的な変化を見せるまでにはいたっていなかった。1990年代に入ると生活空間行動での大都市圏周辺地域の「自立化」が目立つようになる。

郊外における都市化は都市空間の外延的拡大として観察され,通常その土地利用のあり方は付値地代によって調整され,利用目的によって地帯化される。この考え方は,チューネン孤立国の理論に遡る[近藤康男, 1974]。チューネンは,農業経営組織(農業生産様式)が同一自然条件のもとでは消費の立地と生産の立地との距離によって規定されて分化し,その空間的配置は同心円構造となって現れることを明らかにした。チューネンの理論的意義は,市場に近い地域ほど単位面積当たり収益の高い農業経営組織が成立・立地することがミクロレベルで合理的であるだけでなく,これに従った経営組織の空間編成が成立すると,農業地域全体からみても収益が最大となり,マクロレベルとしても合理的になることを証明したことである。

このチューネン圏モデルにおいては,単位面積収益性の高さは市場への距離の短さと関連しているので,この収益性の高さを地代負担力の高さとして読み替えると,地代は距離の関数として表現することができる。そして経済

第1章　地方都市の中心市街地空洞化と都市空間経済論

組織は地代負担力に対応して，中心から周辺にむけて配置される。都市空間は同心円構造として構築される［W. アロンゾ，1966］。ところがチューネンに従えば，この収益性の高さを反映した地代負担の高さは，逆比例する距離の関数である。輸送費用の大きさは地代負担の小ささで相殺されることになるので，空間的位置が確定できない。つまり輸送費用と地代費用との関係からのみでは，中心 - 周辺としての空間システムは構築できないのである。

そこで登場するのが，輸送費用を取引費用と通勤費用とに分割して，都市内での空間分業をそれぞれのパラメータの値の違いによって説明しようとする藤田 - 小川モデルである。すなわちオフィス・住宅混合地区のみの第1段階の土地利用パターンが，通勤費用の低下とともに（あるいは取引費用の相対的上昇とともに），部分的に職住分離地区が存在するという第2段階の土地利用に移る。そして，取引費用と通勤費用のパラメータ比がある臨界値を超える第3段階になると，2つのCBDが急に出現し，完全な職住分離となる。さらに第2の臨界値を超えて第4段階に入ると，今度は3つのCBDがある土地利用に移行する。そして第3の臨界値を超えて第5段階に入ると，中心部の1つのCBDに落ち着くことになる［中村良平他，1996，82-83頁］。

問題は取引費用と通勤費用とのパラメータをどのように設定するかにある。このパラメータの違いとは，要素間の空間的移動性に格差を導入することにほかならない。要素の空間移動性に格差がなければ，空間システムを構築する原動力としての集積経済は成立しない。要素が完全なる移動性を持ったり，あるいは完全なる非移動性をもったりすると，システムとしての空間は構築されない。レッシュは第Ⅳ節で考察するように，集中力と分散力とにわけて空間システムの構築をはかる。上述した取引費用と通勤費用とのパラメータの関係も同様な意味をもつ。藤田・クルーグマン・ベナブルス（以下，藤田他）はこれらを集積力と分散力としてあらわしている。藤田他は集積力としては連関効果，厚みのある市場，知識のスピルオーバー，その他純粋な外部経済などをあげている。また分散力としては，移動不可能な要素，地代，通勤，混雑，その他の純粋な外部不経済などをあげている［藤田昌久他，2000，344頁］。

9

藤田他の理論モデルは空間システムを構築するにあたって大きな貢献をしている。その貢献の第1はブラックボックスであった「集積経済」を「前方連関効果」と「後方連関効果」とに区別した上で，これらを「循環的論理」として構成したことである。前方連関効果とは供給を通じての経済効果であり，例えば輸送費用を多くかけることなく中間製品や最終製品を相対的に安く購入できることである。後方連関効果とは需要を通じての経済効果であり，労働力移動が不完全であることから労働需要が逼迫し，相対的に高い名目賃金を獲得できることである。いずれの場合も集積力と分散力との対抗関係として表現されるが，要素間における空間的移動性の格差を前提として集積経済の発生を議論できるのである［山川充夫，1986及び1988］

　空間システムを構築するにあたっての第2の貢献は「国民経済の工業地帯と農業地帯という大きな区分から高度に階層的な都市システムの自然的発生，さらには国際貿易におけるプロダクト・サイクルの動学過程に至る，極めて広範囲の現象に対して洞察を与え」［藤田昌久他，2000，343頁］たことである。また直線市場のみならず，三角形市場，円環市場において，集中と分散の分岐点および集積地点の立地場所がいかなる過程で決まっていくかを，パラメータおよび数値シミュレーションを駆使して，視覚的にもあきらかにしている。これらの組み合わせから，中心地の空洞化を空間システムとして把握していくことが可能となるのである。

Ⅳ　都市階層系と中心‐周辺空間システム

　集積経済は空間的契機をもつことで中心‐周辺の空間システムを形成するが，空間システムの次の大きな課題はその中心がどこに配置されるかにある。集積経済のあり様は，逆に空間システムの性格によっても規定されるからである。空間システムの性格は，基本的には集積経済の拠点である中心地の空間的な立地配置によって，表現することができる。そして中心地が複合的かつ重層的性格をもつことで，中心地体系としての都市空間システムが構築さ

れていくのである。まずは均質な市場空間に着目してみよう。

　レッシュは均質な平面経済空間において，規模の経済による生産費用の節約と，より広い市場を獲得するために必要とされる輸送費用の追加との関係で「市場圏」の基本を確立する。[8]輸送費用の追加は販売価格に上乗せされるので，中心から離れるにしたがって需要が後退し，やがて市場圏は需要がゼロになる空間的限界を迎える。市場圏の空間的限界までの距離は輸送費用から計算することができる。幾何学的には競合相手がいなければ市場圏は円形になるが，競合相手が多くなると全市場圏は正六角形の蜂の巣状で構成されることになる。ただし市場圏の大きさは財やサービスの種類によって異なるので，全市場圏は大きさの異なった個別の蜂の巣状の市場圏によって重層的に覆われ，網状組織が形成される。その際「この網を重ねるに際して，すべての網が少なくとも1つの中心を共通にするようにすることができる。ここに大都市が成立し，大きな地方的需要の利益が生ずる」[A. レッシュ，1968，148頁]。

　しかし空間システムの構築にはその骨格をなす社会資本が整備されていなければならない。レッシュによって明らかにされた市場原理から形成される網状組織に，他の原理が導入されることでどのように変形するのかを帰納法的に考察し，図式化したのがW. クリスタラーである。クリスタラーは西南ドイツの都市の規模と空間的分布を検討し，空間システムは基本的には市場（供給）原理で構築されるものの，交通原理と行政（隔離）原理とによって偏倚されるものとして考察した[W. クリスタラー，1969]。

　基本をなす市場原理はレッシュの考え方と共通する面をもっており，正六角形の重層的な網状市場を形成する。これに対して交通原理による空間システムは，遠距離交通路が高次中心地間を直線的に連結させていることを前提とするので，下位の中心地はこの線に沿って分布することになる。行政原理による空間システムは，行政境界付近には中心地がなく，行政地域の中心が最上位の中心地を占め，下位の中心地はその周辺に立地することを前提としているので，「下位の中心地はただひとつの上位中心地に従属する。すなわち，下位の中心地はその上位の中心地の境界上には位置しない」[富田和暁，

1991，120頁〕ことになる。

　ところでクリスタラーの空間システムが市場原理を基本とし，交通原理，行政原理で偏倚を受けて形成されるとしているが，その意味は空間システムを形成する中心地の数の違いに求められている。すなわち市場原理は正六角形の網状市場を重層的に形成するが，ここからは上位の中心地が3つの下位の中心地を領域として収め，しかもそのうちの1つは上位の中心地と共有するものとして描かれる。したがって市場原理による階層別の中心地数は3の倍数で変化する。これに対して，交通原理では4の倍数で，行政原理では7の倍数で変化する。階層的な変化の倍数間隔が最も少ない市場原理が空間システムを形成する基本原理となり，倍数間隔のより大きな交通原理，市場原理を偏倚させる原理として整理するのである。

　このように均質な経済(市場)空間においても，まずは集積経済の概念を導入することで市場原理を通じて中心地が形成されるが，A. ウェーバー〔1946〕によって定式化された「輸送費」概念を導入することで，この中心地が多様な財・サービスの市場網の拠点となることが明瞭になった。市場網の重層化は，新たな段階の集積経済を生み出し，より高次の中心地としての都市を形成していく原動力を生む。この新たな原動力の登場は新しい階層構造を空間システムに持ち込むが，編成原理である中心‐周辺は階層構造を介して貫徹することがわかる。次いでインフラとしての交通網の整備や行政原理は，市場原理で設計される空間システムを偏倚させるが，これらは空間システムに豊かな内容を盛り込む役割を演じているのである。

　しかしレッシュやクリスタラーは，市場空間を所与のものとして階層的空間システムを構築するのにとどまっている。もちろん市場空間は人口増加にともなって変化していく。この変化は当然，空間システムを偏倚させるが，どのような偏倚となるのかの説明は弱い。藤田他は都市システムの変化を自己組織化としてとらえ，空間が外延的に拡大していく過程で，都市のスクラップ＆ビルドがどのように行なわれるのかを明らかにした〔藤田他，2000，193-203頁〕。本章との関係で関心を呼ぶのは，中位都市が低次都市に移行する過程や低次都市が消滅する過程の説明である。地方都市は国民経済次元で

は高次都市になることはできず，中位都市あるいは低次都市にとどまるからである。

V　地方都市中心市街地の空洞化をとらえる視点

　以上の議論を本章の課題である中心市街地の空洞化問題にひきつけて整理しておこう。まずは中心地を形成する原動力となる集積経済の型との関係である。地方都市は繰り返し述べてきたように，国民経済の空間システムの中では中心に位置することができない。地方都市の空間システムを構築する推進力は，国民経済の次元では世界経済化が進んでいるにもかかわらず，都市化経済にとどまることになる。この都市化経済を推進する地方都市中心部の機能は人口規模によって異なるが，その基軸となるのは広域的な業務系および商業系である。人口規模が小さい都市ほど，中心地が商業系機能に依存する比率は高くなる。したがって商業系機能が中心市街地から郊外に流出することは，地方都市の中心性を急速に弱体化させる要因となる［日本政策投資銀行，2001］。

　地方都市における中心市街地の空洞化は，藤田他モデルにおける直線市場，円環市場としての競技場経済，交通ハブ経済などの組み合わせによって，推測していくことが可能である。現実の空間システムは市場原理を基本としつつも交通原理に大きく規定されているので，主要鉄道や主要道路の配置と交差状況から，集積地点をあぶりだすことができる。道路におけるバイパスの整備，さらには環状道路の整備が新たな業務系・商業系の集積地を生み出していることは経験的にもわかることである。交通網の整備は移動を容易にする方向に作用しているのである。

　中心市街地の業務系及び商業系機能の流出先は郊外にとどまらない。国際経済化あるいは世界経済化が進むと，地方都市の存立基盤である地域特化経済や都市化経済は，世界都市化経済のなかに組み込まれ，地方都市の中心性は弱体化する。すなわち世界都市は世界的な諸機能を導入して生き残りを図

ろうとするが，その諸機能を安定的に維持するためにも国民経済内での集積経済シェアをさらに高めなければならない［ポール，L. 他，1997］。より高次の機能はそれに見合う市場規模を必要とし，それを拡大するためには都市間交通の高速化と低廉化とが要請される。都市間交通が高速化・低廉化すると企業の事業所統廃合が可能となるので，業務系機能も下位の都市から上位の都市に流出していく。かくして地方都市の中心性を維持してきた機能が上位都市との直接的な競合のなかで失われていくのである。

　もう一つの重要な点は，1990年代以降，少子高齢化の影響が特に地方において顕著に現れていることである。地方圏における地域システムは，1980年代までは右肩上がりの経済を前提として構築すればよかった。しかし1990年代以降は需要減退という局面で構築しなければならない［山川充夫，2001］。藤田他モデルによれば，右肩上がりの成長経済を前提とした都市システムにおいても，地方都市のスクラップ＆ビルドは避けられないが，需要停滞の局面ではどのような動態として地域システムが描かれることになるのであろうか。中山間地域では現実にこのことが進んでおり，地域中小都市の存立基盤は確実に脆弱化している。

　このように地方都市における中心市街地の空洞化は，三重の過程として進行していることが明らかとなったが，その空洞化への対処としてはどのようなものがあるのであろうか。集積経済は理論的には要素間に空間的移動性の格差があることで成り立っている。中心性が高い都市は空間的移動性の高い要素を軸にして集積経済を構築している。中心性が低い都市は，都市間競争が厳しくなる中では相対的に移動しにくい要素に着目し，これを獲得する空間整備を行なう必要がある。少子高齢社会では人口の空間的流動性がますます二極化していく可能性が高いので，中心部の機能構築と空間整備は定着性の強い人口に焦点を当てて行なわれる必要があろう。

(1) 原典としては社会科学研究所監修・資本論翻訳委員会訳『K. マルクス　資本論3分冊』新日本出版社，1983年3月，の第4編11～13章を参照のこと。

(2) 生産力段階を基盤とした生産様式の発展方向は主導工業の立地を機軸として地域構造を形成していく［柳井雅人，1997］。
(3) 詳細な実態は，竹内淳彦［1983年］。なお，地域特化経済の存在が都市形成に資する場合は「都市の工業」としての意味を持ち，資さない場合には「村落の工業」として性格づけられることにも注意すべきである［板倉勝高，1972］。竹内が研究対象としたのは前者である。
(4) 政治経済学的にはこの交流労働は通勤労働と2つの剰余価値形態を社会的に生産することに寄与する。第1の形態は通勤としての外延的に時間延長された不払い労働であり，これは絶対的剰余価値を個別資本に対してではなく，社会的ないしは総資本に対して生産することを意味する。この剰余価値は外部経済としての都市化経済にプールされ，第2の形態である研究・開発活動での労働交流をより円滑化するのに資することで，個別資本において相対的剰余価値が生産されることになる［山川，1994］。
(5) 政治経済学的にいえば，電脳情報システムによってより大きな相対的剰余価値の生産を可能とするが，24時間労働を強いられるということでは，絶対的剰余価値の生産もより厳しく追求されているのである。
(6) チューネンの距離概念はA. ウェーバーの輸送費用とは異なる特殊な「氷塊型」輸送費用で構成されている。
(7) Central Business District（中心業務地区）。
(8) 市場圏を構成する経済的な諸力として集中化の作用と分散化の作用とをあげている。「集中化の作用を行なう諸力とは特化の利益と大規模生産の利益であり，分散化の作用をなす諸力とは生産の多角化と低廉な運送費の利益である」。そして「特化の利益と不利益とは，大量生産の利益のなかに算入されるから，後者のみを運送費と対比する」［A. レッシュ，1968，126頁］。

第2章　地方都市中心市街地の空洞化の三重奏

I　地方都市中心市街地の空洞化の三重奏

　地方圏においては10万人未満の地域中心都市の多くが人口を減少させている。また20万人前後の地方中核都市も，1990年代には人口増減の分岐点にたたされている［米山，1997］。地方中核都市を支える経済的機能はすでに農業などの第一次産業とか工業などの第二次産業ではなく，商業・金融・サービス業などの第三次産業である［森川，1991］。地方都市における第三次産業は主として販売従業者およびサービス職業従事者から成り立ち，これらは県庁所在地に集中している。この第三次産業の経済活動が地方都市の都心部で展開し，これらの立地が中心部を形づくっていた［森川，1990］。

　しかしこのうち商業的機能が地方都市の中心市街地から撤退し，郊外に展開しつつある。この商業的機能が中心市街地から郊外へ転出していく要因は大型店の新規立地あるいは再編による立地移動とに求められる。大型店の郊外への立地移動は中心市街地の地価高騰，消費者ニーズの変化，モータリゼーションの進展などを契機としているが［島ら，1998］，やはり大店法の「改正」[1]による出店規制緩和の影響が大きい。特に地方都市ではバイパスなど道路網の整備が交通体系を鉄道中心から自動車中心に移行させ，自家用車による消費者の店舗へのアクセス利便性を向上させた［永家，1998］。さらに郊外の工場団地に造成され事業所が誘致ないしは移転されたことが，住宅団地の造成が人口を郊外に移動させてきた。大型店は中心市街地に比べて大区画でしかも安価な土地を入手することができ，しかもアクセス利便性が向上している郊外にその立地を求めた［悴田，1990］。

　商業的機能が中心市街地から撤退することにより，地方都市に残された広

域的機能は業務機能に限られつつある。地方都市は大企業の本社がほとんどなく，県庁の存否が中心市街地のあり方にかなり影響する［松村，1992］。県庁が存在する地方都市には，これとの接触を必要とする外郭団体や業界団体，大企業支店，地場企業本社が立地し，同時にさまざまな広域的行政・住民サービスの拠点施設も立地している［池沢・日野，1992］。もちろん自動車交通体系が整備された地方都市では，これらの広域的機能も郊外に分散する可能性は十分にあり，中心市街地はまさに空洞化の危機的な局面にたたされている［後藤，1997］。中心市街地の空洞化は地方における地域問題として提起されているのである。

東北地方における中心商店街の最近の動向については，千葉昭彦が地方中枢都市としての仙台市［千葉，1997］，地方中核都市としての青森市や弘前市，秋田市［千葉，1998］，地域中心都市としての鶴岡市と白河市［千葉，1999］を検討している。また山川充夫は福島県内における農村地域における商店街再構築にかかわる調査事業の動向と，福島県内の地方中核都市近郊における商店街の空洞化問題と再構築への取り組みを事例的に検討している［山川，1997］。

本章は以下において，第II節では都市システムにおいて地方中核都市がどのような位置にあるのかを，第III節では都市規模別に人口動向を概観しつつ，地方中核都市における諸機能の郊外化と中心部の空洞化を紹介する。そして第IV節では地方中核都市レベルの中心市街地空洞化の過程を，福島市と青森市とを事例として概観する。

II 都市システムにおける地方中核都市の位置

地方中核都市は各種の活動機能が集積し，政治・経済・教育・文化・社会等の活動に関わる私的ないしは公共的サービスを，通勤を機軸として形成される日常生活圏域に提供する役割を担ってきた。しかし近年における交通・通信手段の発達と所得水準の上昇は，情報入手の容易性，移動に関わる時間

の絶対的短縮，移動費用の相対的軽減化をもたらしており，住民はより高次の私的・公的サービスへのアクセスを求めるようになった。このような変化が地方ブロック内においては，地方中枢都市圏の著しい人口成長と地方中核都市圏の人口増減の二極分化といった傾向を生み出している［国土庁計画・調整局，1993，63-64頁；経済企画庁総合計画局，1996，45-47頁；矢田俊文，1999，第10章］。

　95年国勢調査によれば，全国の665都市のうち，10％の通勤・通学エリア(2)を周辺部にもつ都市圏は452を数える。このうち人口15万人以上をもつ都市圏は180である。90〜95年におけるこれらの都市圏の盛衰を地域ブロック別でみると，甲信越，南関東，北関東，東北などでは中心都市・周辺部とも増加している「発展型」が多く，北海道，中国，四国，九州などでは中心都市・周辺部とも減少している「衰退型」，周辺部は増加しているものの中心都市及び都市圏全体では減少している「ドーナツ型マイナス」，中心部は増加しているものの周辺部及び都市圏全体では減少している「集中型マイナス」などが多い［大石他，1999，1-20頁］。

　この180都市圏の盛衰分岐を商工業との関係でみると，成長する都市圏には4つの特徴がある。第1は産業構造の転換がうまくいった都市圏で，宇都宮などの北関東の都市圏が代表事例である。第2は空港や高速道路など高速交通網の恩恵をうけた都市圏であり，高速道との結節点にあり運輸業が集中進出した岡山市や，空港の影響を受けた成田市などがその事例である。第3は商業や情報など中心都市の機能を強化して拠点性を高めた都市圏である。第4は県庁所在地など政治的拠点性の強い都市圏である［金子弘道他，1999，1-13頁］。

　地方中核都市における近年のもう一つの特徴は，都心部で「空洞化」現象が著しくなっていることである。後藤の研究によれば，1981〜1991年の10年間において，「地方都市では，自治体人口が増加しながらもAD（都心型従業者集積地区）従業者数が減少する『都心分散都市』が多く，商業機能の郊外化が示されている」こと，「地方都市での都心の盛衰分岐点は，県庁都市ではAD従業者数が約4万人，一般地方都市では2万人台で，差がみられる」

ことが明らかとなっている［後藤，1997，639頁］。

　都心は多様な機能から構成されている。野村総合研究所［第2章，1993］は多様な諸機能を概ね6つに整理する。第1は業務系機能であり，これには経済業務機能，行政・司法業務機能，情報・交流業務機能などが含まれる。第2は商業系機能であり，これには財販売機能や飲食サービス機能などが含まれる。第3は文化・娯楽系機能であり，これには文化・教育機能や娯楽・スポーツ機能などが入る。第4は居住・生活系機能であり，教育機能と生活サービス機能とが入る。第5は交通・物流系機能であり，第6はアメニティ機能である。都心部ではこれらの機能がミックスしながら空間を利用しているのである。

　もちろん都市規模によって機能の中身は異なるが，ほぼ全ての業務機能が揃うためには人口規模が100万人を超えることが必要となる。特に明確な差が出てくる業務機能としては，中枢管理業務機能，高度知識技能サービス機能，知識創造業務機能，国家行政業務機能，情報生産流通機能，情報通信処理機能などがそれである。これに対して都心の商業機能集積は都市圏人口に対応している。もとより都心部商業機能は都市規模が大きくなるほど知識・情報の集散及び創造の拠点性としての性格が高まることはあきらかである。

　ところで地方中核都市の中心市街地の空洞化をとらえる経済地理学的方法は概ね3つある。第1は都市化理論の延長としてである。これによれば付け値地代競争により地代負担の大きい経済機能が中心部に集まり，より地代負担の小さい経済機能が外縁部に押し出され，均衡したところで新たなチューネン圏的地域構造に再編されるということになる。しかし現局面における中心部の空洞化は，この理論ではより高い地代負担を可能とする経済機能が進出してくるまでの過渡的な現象として理解するほかない［木内他，1964］[3]。

　第2は都市（階層）システム論からの視点である。日本の都市システムは首都東京を頂点とするピラミッド型階層構造に特徴がある［森川，1998］。都市システムにおける下位階層の中心性としての地域中心都市は，多くの場合，その周辺にある農業や地場産業によって支持されてきた。しかし経済のグローバル化の進展のもとで経済的支持基盤が衰退し，その中心性が壊滅状況に

追い込まれている。これに対して中位階層としての地方中核都市はその中心性を商業活動に依存する割合が高く，交通体系の変化によって二極分化に直面している。もちろんこれは新たな都市システムへの再編成への道でもある。その典型は産業空間としての商店街の崩壊と企業空間としてのショッピングセンター構築にみられる。しかし企業空間は公共空間としての中心性をもちえない。

　第3は空間編成論としてのとらえ方である。このとらえ方は第1及び第2の議論を物的基盤とすることではじめて内容のある議論を展開しうる。資本主義が地域経済を空間システムとして再編成する目的は，都心部を空洞化させることで，一方で地代負担を低下させつつ，他方で新たな公共投資を呼び込むことで，新たな超過利潤の獲得可能性を高めようとするところにある[D. ハーヴェイ，1991]。その典型を大型店の立地行動にみることができる。つまり空間編成論としては先行的な社会資本整備，市街地整備や公共投資による建造環境の整備が，大型店による中心性の奪取，つまり超過利潤を生み出す契機となっていることに着目しなければならない。

　中心市街地の空洞化は景気の低迷とあいまって国政問題として取り上げられるようになり，1998年3月に「中心市街地における市街地の整備改善及び商業等の活性化の一体的推進に関する法律(中心市街地整備改善活性化法)」が施行されることになった。これらの予算を獲得するために，1999年11月5日現在では179市町村180地区について基本計画を策定しており，①商業などの魅力を高めるには商店街の環境整備や商業のサービス向上が必要なこと，②文化・交流・福祉などについては施設整備の強化が必要なこと，③街を訪れる人に目を向けるために観光資源や歴史的遺産を活用すること，④歩きやすい環境や公園等の憩いの場，街並み・景観の整備で，快適に過ごせる環境を整えること，⑤幹線道路や駐車場及び案内システムを整備してアクセスしやすくすること，⑥TMOなどの核になる組織をつくること等に施策の関心が集まっている。

III　都市規模別人口動向と中心市街地の空洞化

1　減少・流出がとまらない東北地域の人口

「2000年国勢調査速報」によれば，1995年から2000年の5年間(以下，90年代後半)に人口は135万人増加し，その増加率は1.1％(年率0.2％)であり，第2次大戦以後で最低となった。都道府県別にみると，人口は東京圏・大阪圏・名古屋圏に含まれる都府県で増加した。特に東京都が減少から全国平均を上回る増加率に転じたのは，国土構造における一極集中化傾向の再来を象徴している。これに対して北海道・東北・中国・四国・九州地域では多くの道県で減少し，地方中枢都市を抱える宮城県と福岡県のみが増加している。

東北地域では6県中5県において人口が減少しており，特に青森・秋田・山形の3県は減少傾向に歯止めがかかっていない。また岩手・福島両県は人口が増加から減少に転じた。東北地域では宮城県が唯一，人口増加を続けている。90年代後半での東北地域の人口動向を自然増減と社会増減とに分解してみると，自然人口・社会人口のいずれもが増加したのは宮城県だけであり，青森・岩手・福島の3県では社会減少が自然増加を上回っており，秋田・山形の両県では自然人口・社会人口ともに減少している。特に秋田県はここ10年間自然減少が続いている。福島県は90年代前半では人口の社会増加がみられたが，90年代後半には社会減少に転じた。

2　上昇する都市人口規模の分解軸

人口階級別の市町村数をみると，90年代後半では市部においては人口5万～10万未満と3万～5万未満クラスの市の数が減少し，10万～20万未満クラス以上及び3万未満クラスが増加した(表2-1)。町村部では5000～1万未満クラスから2万～3万未満クラスの間で減少し，5000未満クラスおよび3万以上クラスで増加した。

人口数では100万以上のクラスは90年代前半では減少したが，これは大都市における郊外化が原因と思われる。90年代後半で増加したのは仙台市が新

表 2-1 全国人口階級別にみた市町村数及び人口数の動向

人口階級	市町村数[1]					人口 (1000人)				
	1980年	1985年	1990年	1995年	2000年	1980年	1985年	1990年	1995年	2000年
総数	3,256	3,254	3,248	3,293	3,230	117,060	121,043	123,611	125,570	126,919
市	647	652	656	665	672	89,187	92,899	95,644	98,009	99,859
100万以上	10	11	11	11	12	23,298	24,889	25,296	25,290	26,848
50万～100万未満	9	10	10	11	11	5,743	6,019	6,383	7,137	6,810
30万～60万	36	39	44	43	43	13,709	14,852	16,849	16,673	16,727
20万～30万	42	33	38	41	41	10,345	9,697	9,260	10,139	10,131
10万～20万	96	105	106	115	122	12,965	14,300	14,565	15,610	16,487
5万～10万	207	216	219	220	217	14,115	14,778	15,244	15,367	15,107
3万～5万	198	179	165	156	152	7,764	7,019	6,487	6,150	6,003
3万未満	49	53	63	68	74	1,248	1,341	1,561	1,643	1,746
町村	2,609	2,602	2,590	2,568	2,558	27,873	28,160	27,968	27,561	27,061
3万以上	59	83	103	113	117	2,278	3,082	3,887	4,237	4,406
2万～3万未満	229	238	223	218	139	5,536	5,721	5,339	5,214	4,811
1万～2万	809	771	738	701	886	11,277	10,732	10,254	9,770	9,609
5千～1万	964	340	837	859	832	7,051	6,855	6,528	6,240	6,020
5千未満	548	570	629	877	724	1,731	1,769	1,960	2,100	2,214

注：1) 東京都特別区部は 1 市として計算した。
出所：総務省統計局統計センター編「平成12年国勢調査報告——全国都道府県市区町村人口（要計表による人口）」統計センターホームページ、2002年12月21日。

22

第2章　地方都市中心市街地の空洞化の三重奏

たに100万都市クラスに参入したからである。これに対して50万〜100万未満クラスは仙台市が抜けて新潟市が加わったものの，カバーできずに減少した。

　30万〜50万未満クラスは，90年代前半に減少したものの，90年代後半には若干の回復を見せた。20万〜30万未満クラスでは，80年代後半までは市数が微減し，人口数も減少したが，90年代前半には市数・人口数ともに増加したものの，90年代後半には人口数が若干ながら後退した。これは地方中核都市においても中心部人口の空洞化が進んでいることを反映したものと思われる。

　人口10万〜20万クラスは80年代以降一貫して増加している。これに対して人口5万〜10万未満クラスは90年代前半までは市数・人口数ともに増加したが，90年代後半には減少に転じた。さらに人口3万〜5万未満クラスは市数・人口数ともに80年代後半以降，後退している。都市人口数の分解軸が上昇してきているものと推測される。

　人口3万未満クラスの市部は市数・人口数ともに80年代以降一貫して増加しているが，その増加数は90年代後半においては10万人弱であり，同期間における3万未満クラスの町村部の人口減少をまったくカバーできていない。町村部の3万以上クラスは町村数・人口数ともに伸びている。町村部の2万〜3万未満，1万〜2万未満，5000〜1万未満の各クラスは町村数・人口数ともに後退してきている。これらのクラスでも町村の人口数分解軸が上昇している。人口5000未満クラスが町村数・人口数ともにかなり増加してきていることもその例証となるであろう。

3　地方中核都市も分解軸上にある東北地域

　大都市の郊外化のみならず，地方中核都市における中心部の空洞化と過疎地域における過疎化とが，さらに進んでいることが観察できる。これを東北地域の90年代後半における市区町村別人口動向から確認しておこう。90年代後半において人口増加率がプラスになっている市町村は，概ね4種類に区分できよう。第1は仙台市（ただし人口数は区単位で表示）・青森市・盛岡市・秋田市・山形市・福島市・郡山市といった地方中枢・中核都市である。もちろん地方中核都市であっても弘前市・八戸市・石巻市・いわき市などは減少し

ている。

　第2は白河市から盛岡市に至る東北新幹線沿いの人口5万前後の都市である。これは「21世紀の国土のグランドデザイン」において「都市軸」として表現された都市群である。これらの都市は東北縦貫自動車道の北伸とともに進出工場が張り付き，工業化が相対的に進んできた地域に立地している。例えば岩手県における水沢市・花巻市・北上市・一関市などがその典型である。

　第3は地方中枢・中核都市に隣接する町村であり，もちろん工業化なども進んではいるものの，地方中枢・中核都市の郊外化としての宅地化が進んだことによって，人口が増加している地域である。そして近年，これらの郊外部に大型店が立地し，中心都市の中心部の空洞化に拍車をかけている。例えば八戸市郊外の下田町，盛岡市郊外の滝沢村，仙台市郊外の利府町・富谷町・柴田町，秋田市郊外の天王町，山形市郊外の山辺町，福島市郊外の伊達町，郡山市郊外の本宮町，いわき市郊外の広野町などがその典型である。

　第4は人口密度の低い地域においてであり，これには例えば青森県六ヶ所村では核燃料再処理工場の立地と稼働との関係で，また福島県桧枝岐村では尾瀬観光との関係で，人口が増加している。

　逆に人口が減少しているのは，ほとんどが中山間地域である。加えて人口規模が大きい八戸市・弘前市・石巻市・塩竈市・会津若松市・いわき市などの地方中核都市においても人口減少は見られる。

4　人口減少と高齢化が進む東北地域の都市中心部

　東北地域における中心部の空洞化と高齢化は急速に進んでいる(図2-1)。東北地域の62都市における中心部の人口は，1980年代以降には減少し続け，80年代においては周辺部で，90年代にはいると郊外部で人口が増加した。若年人口(0〜14歳)はいずれの地帯においても減少しているが，特に中心部の減少は大きく，80年代から90年代にかけて中心部と周辺部との人口数が逆転した。青壮年人口(15〜64歳)は，周辺部と郊外部では一貫して増加したが，中心部では80年代以降，一貫して減少している。

　高齢者人口は，いずれの地帯においても80年代以降，一貫して増加してい

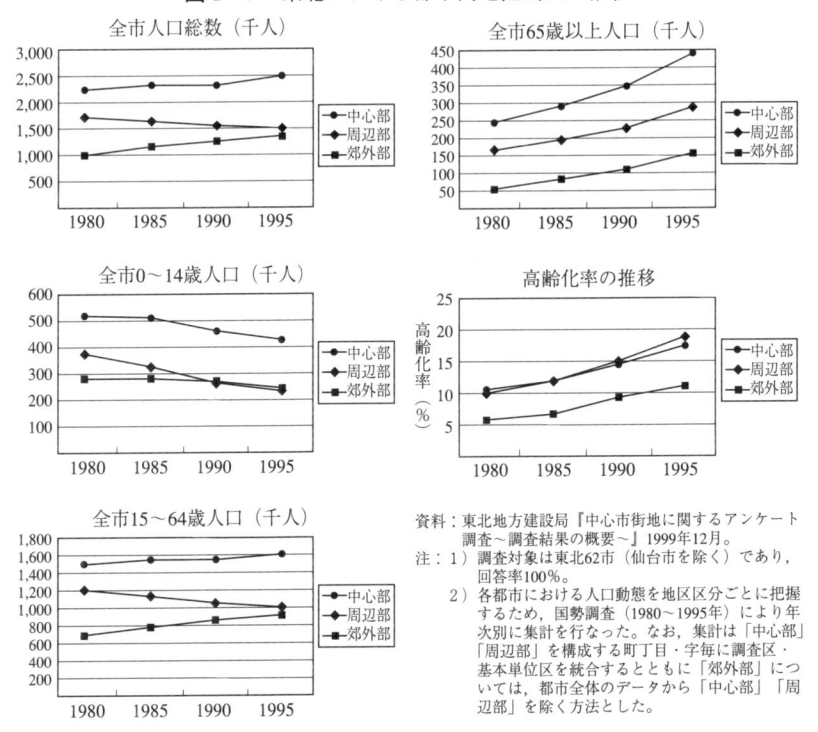

第2章　地方都市中心市街地の空洞化の三重奏

図2-1　東北における都市内地区別人口推移

資料：東北地方建設局『中心市街地に関するアンケート調査〜調査結果の概要〜』1999年12月。
注：1）調査対象は東北62市（仙台市を除く）であり，回答率100％。
　　2）各都市における人口動態を地区区分ごとに把握するため，国勢調査（1980〜1995年）により年次別に集計を行なった。なお，集計は「中心部」「周辺部」を構成する町丁目・字毎に調査区・基本単位区を統合するとともに「郊外部」については，都市全体のデータから「中心部」「周辺部」を除く方法とした。

る。特に中心部と郊外部での伸びが大きい。かくして高齢者比率は中心部と郊外部が，周辺部に比べて高くなっている。80年代後半には中心部の高齢者比率が郊外部の高齢者比率を上回るようになり，その後も格差が大きくなっている。21世紀における高齢化問題は，その重点が過疎地域から都市中心部へ移行してきているとみてよい。

IV　地方中核都市の郊外化と空洞化

　都市圏人口規模によって，中心部と郊外部との機能分化の程度は異なる。「日本における大都市圏では郊外において，さまざまな機能にわたり集積度

が高く，しかもコンパクトな核は，見出しがたい」が，「分散的な多数の核とその錯綜する勢力圏の集合として，郊外は全体として自立化の傾向をしめしている」［藤井，1990，59頁］。しかしその「自立化」はなお「生活空間としての郊外」であり，「郊外の地方都市化」［川口，1990及び1992］にとどまっているものの，「郊外市場」［荒井，1986］としての成長をとげてきている。一方における郊外の自立化が相対的ではあっても生活機能を機軸にして進むということは，中心部の機能の一部を分担するということであり，他方において中心部における業務機能の高度化が進まなければ，中心部の経済機能は空洞化していくことになる。

　郊外の自立化の現象は地方都市においても着実に進んでいる。今直面している郊外化は地方中核都市であり，ここでの問題は郊外の自立化が未成熟な段階での中心市街地の空洞化の進展である。しかしそれは何よりもまず大規模住宅地開発からはじまる［千葉昭彦，1997及び1998］。宅地開発が進み，道路網が整備されてくると，大規模小売店出店規制の緩和とあいまって，郊外に大型店が立地するようになる。当初のうちは中心部商業と郊外部商業とは購買行動において棲み分け的な分業関係［伊東，1986］をもっていたが，郊外部における積極的な店舗展開が進むことで，次第に中心部商業は厳しい状況に追い込まれてきている［藤井，1986］。通勤・通学の空間的流動状況からすると，大都市圏［石川，1990］のみならず地方中枢都市圏［山田誠，1999］においても「郊外化」現象がすでに確定している。また今回収集した報告書での記述からすれば，宇都宮市など40万人の都市レベルにおいては，郊外部の自立化のメカニズムが働き始めているとの枠組みが提唱されている(図2-2)。

　さらに人口30万人前後の地方中核都市においても単に大型店の郊外立地のみならず，公共的施設を含む大規模事業所の郊外への移転が進んでおり，これが中心市街地の空洞化に拍車をかけている。福島市の事例からすると，中心市街地の空洞化は，①主要国道のバイパスや都市計画道路が整備され，主要な交通体系から公共交通から自家用車交通に移行したにもかかわらず駐車場の整備などが遅れ，アクセス条件を悪くしたこと，②道路整備と相関して工業団地・流通団地などの大型就業拠点が郊外に誘致・移転したことで昼間

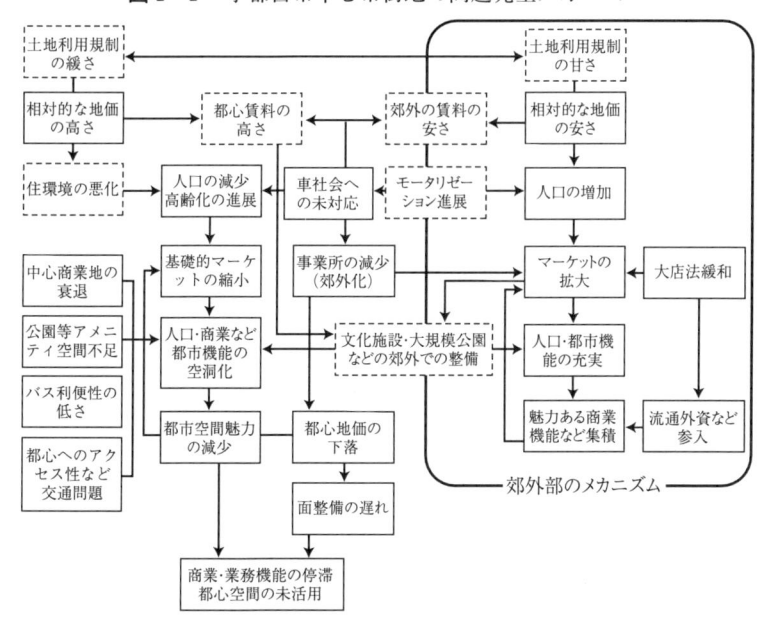

第2章 地方都市中心市街地の空洞化の三重奏

図2-2 宇都宮市中心市街地の問題発生メカニズム

資料：宇都宮市『宇都宮市中心市街地活性化基本計画〈概要版〉』1999年3月より引用。

人口が減少したこと，③大規模住宅団地などの生活拠点が郊外に形成されことで夜間人口が減少したこと，④大学などの教育拠点が郊外に移転したことで大学生等の若者が集まりにくくなったこと等が，直接的な原因となっている。さらに，⑤少子化が加わって高齢化が進んだこと，⑥集客施設をもっていないこと等が，中心市街地の賑わい性や魅力度を低下させた。大型店の中心部での閉店や郊外への出店は，このような一連の空洞化の流れを締めくくる現象としてみることができる（図2-3）［福島市，1999，5-9頁］。

また青森市の場合は次のとおりである。1960年代後半以降の急激な人口増加や核家族化，戸建住宅志向の高まり等により住宅需要が増大し，幹線道路整備など都市基盤整備やモータリゼーションの進展とも相俟って，市街地が急激に郊外へと拡大した。人口集中地区(DID)は65年から95年までの30年間で2.9倍に広がっているが，DID内人口は1.6倍の伸びにとどまっており，

図2-3　福島市内の大型店分布（1998年7月現在）

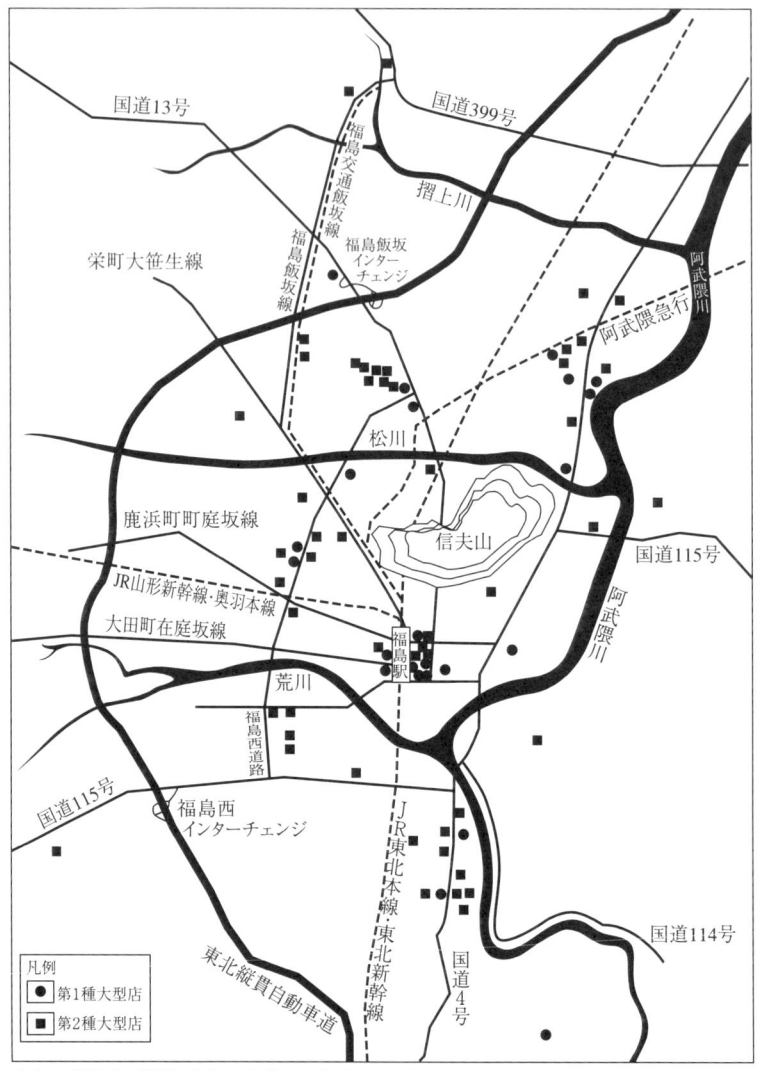

資料：福島市『福島市中心市街地活性化基本計画』1998年。

低密度で市街地が拡大してきたことが伺える。このような市街地の拡大，幹線道路整備，モータリゼーションの進展等により，郊外型大型店の出店や公共施設等の郊外移転が相次いでいる。

　中心市街地から郊外へ転出した大規模事業所は次のとおりである。70年に卸売市場(97年度水産物年間取扱高587億円)の転出，81年に県立中央病院(96年度1日平均患者数は入院644人，外来1522人)の転出，85年に青函連絡船廃止，90年にみなみ百貨店の転出，93年に東奥日報社(従業員数は482人)と県立図書館(登録者数2万9576人，97年度貸出冊数24万冊)などがある。特に大店法の規制緩和がなされた91年以降は郊外型大型店の出店ペースが上がっており，法改正直前の91年9月から97年9月までの間に大型店の売場面積は約27％増加し，市全体の売場面積の52％を占めるほどになった。

　さらに2000年には市の西部地区及び南部地区に，これまでにない大規模の大型店の出店が予定されている。西部地区には売場面積4万1405m²，映画館等1万665m²をもつ西バイパスパワーセンターが，南部地区には売場面積2万5590m²のイトーヨーカ堂ショッピングセンターが計画されている［青森市，1998，3頁］。

V　地方中核都市における商業活動と大型店立地

1　分析対象の30都市について

　本節においては，30都市を分析の対象とする(表2-2)。この30都市に限定する理由の第1は地方中核都市レベルにおける中心市街地の空洞化状況と活性化の方向性とを考察の目的としていることである。第2の理由は地方中核都市クラスの人口規模を持つ都市であっても，大都市圏と地方圏とでは空洞化の現れ方が異なることが予想され，本章においては地方圏の地方中核都市クラスにおける中心市街地の空洞化を対象としているからである。第3の理由は3大都市圏以外の地方中核都市のうち，上記30都市の「中心市街地活性化基本計画」が入手可能であったという技術的な限定によるものである。

表2-2　30都市人口規模別

人口数	商　店　数 (1982年=100%)						従　業　者　数 (1982年=100%)			
(1995年)	1982年	1985年	1988年	1991年	1994年	1997年	1982年	1985年	1988年	1991年	1994年
50万人以上	100.0	93.5	95.8	98.2	90.4	84.7	100.0	99.9	108.1	113.0	117.7
40万人	100.0	96.2	98.1	99.1	91.6	85.9	100.0	98.8	105.7	111.4	115.8
30万人	100.0	93.1	95.6	93.9	88.7	84.1	100.0	98.9	107.4	107.3	111.3
20万人	100.0	94.9	95.3	95.0	91.9	85.9	100.0	99.7	104.3	106.6	112.8
10万人	100.0	95.2	93.5	94.2	89.0	84.2	100.0	82.3	99.2	99.5	106.9
30都市計	100.0	94.4	95.6	95.8	90.4	85.0	100.0	97.1	105.3	107.7	112.9
全国計	100.0	94.6	94.1	93.3	87.1	82.5	100.0	99.4	107.6	109.9	115.9

都市別	人口数	商　店　数 (店)						従　業　者　数 (人)			
	(1995年)	1982年	1985年	1988年	1991年	1994年	1997年	1982年	1985年	1988年	1991年	1994年
熊本市	650,341	8,221	7,550	7,732	8,665	7,906	7,381	38,566	37,518	39,733	42,623	43,762
岡山市	615,757	8,040	7,558	7,909	7,619	6,987	6,649	33,006	33,310	36,654	37,427	39,641
鹿児島市	546,282	7,803	7,398	7,422	7,344	6,863	6,342	29,988	30,676	33,436	34,675	36,097
松山市	460,968	5,809	5,597	5,859	5,961	5,490	5,068	24,864	25,376	26,911	28,693	28,888
金沢市	453,975	6,861	6,659	6,665	6,754	6,299	5,857	27,694	27,744	28,902	31,100	32,533
宇都宮市	435,357	5,589	5,318	5,386	5,388	4,943	4,754	25,675	24,184	26,872	27,343	29,180
和歌山市	393,885	6,225	5,926	5,451	5,266	4,823	4,531	22,251	23,071	22,992	22,288	22,167
福山市	374,517	5,108	4,149	5,041	5,031	4,774	4,484	20,944	21,351	22,801	22,503	24,214
郡山市	326,833	3,945	3,801	3,929	3,902	3,727	3,640	16,439	16,203	18,079	18,776	20,242
高松市	331,004	5,089	4,921	4,921	4,978	4,824	4,487	21,154	21,375	24,410	23,472	25,809
高知市	321,999	5,780	5,443	5,614	5,400	5,010	4,753	23,329	22,255	25,230	25,019	23,476
秋田市	311,948	4,525	4,219	4,333	4,212	3,948	3,755	19,233	18,400	19,544	20,716	21,238
宮崎市	300,068	4,442	4,246	4,279	4,184	4,029	3,890	19,295	18,378	20,107	20,243	21,602
青森市	294,167	4,602	4,448	4,108	4,318	4,030	3,642	18,924	19,566	18,448	19,920	20,429
函館市	298,881	4,620	4,326	4,306	4,314	4,162	3,877	20,042	19,432	19,879	20,327	21,760
福島市	285,754	3,442	3,301	3,337	3,366	3,918	3,614	14,914	14,837	16,009	16,831	17,778
徳島市	268,706	4,610	4,384	4,567	4,560	4,327	4,212	16,411	16,689	17,840	18,782	19,556
福井市	255,604	4,522	4,322	4,434	4,300	3,982	3,795	16,687	17,230	18,727	18,795	19,164
山形市	254,488	3,700	3,500	3,727	3,621	3,557	3,289	15,419	15,079	16,414	16,066	18,324
水戸市	246,347	3,378	3,270	3,359	3,362	3,102	3,075	16,083	16,656	17,997	18,432	18,744
佐世保市	244,909	4,100	3,816	3,703	3,549	3,332	2,937	16,278	15,630	15,927	15,463	16,333
松本市	205,523	3,329	3,076	3,069	3,106	2,970	2,728	14,054	13,206	13,640	14,079	15,705
長岡市	190,470	2,835	2,760	2,500	2,491	2,354	2,171	11,710	11,508	10,278	10,393	10,812
佐賀市	171,231	2,925	2,815	2,609	2,683	2,551	2,347	12,218	12,072	11,507	11,386	12,701
小樽市	157,022	2,740	2,570	2,479	2,414	2,276	1,960	11,122	10,804	10,606	10,315	10,933
松江市	147,416	2,122	1,999	2,103	2,108	1,978	1,913	9,669	9,227	10,040	9,942	10,534
山口市	135,579	1,720	1,628	1,687	1,666	1,557	1,514	7,236	7,057	7,808	7,649	8,044
上越市	132,205	2,189	2,089	2,218	2,175	2,050	2,045	8,901	8,627	8,450	9,394	9,701
石巻市	121,208	2,236	2,091	2,082	2,152	2,005	1,936	8,488	8,223	8,700	8,879	9,450
東広島市	113,939	906	865	855	953	960	996	3,807	3,884	4,138	4,809	6,027
30都市計	9,046,383	131,413	124,045	125,684	125,842	118,734	111,642	544,401	539,568	573,360	586,323	614,844
全国計	125,570,246	1,721,465	1,628,644	1,619,752	1,605,583	1,499,923	1,419,696	6,369,426	6,328,614	6,851,335	7,000,226	7,384,181

注：全国の売場面積に関するデータは88年以前においては集計されていない。
資料：人口数は総務庁統計局『平成7年国勢調査　全国都道府県市区町村別人口及び世帯数(確

第 2 章 地方都市中心市街地の空洞化の三重奏

の小売商業指数動向

	年　間　販　売　額 (1982年＝100%)						売　場　面　積 (1982年＝100%)					
1997年	1982年	1985年	1988年	1991年	1994年	1997年	1982年	1985年	1988年	1991年	1994年	1997年
113.4	100.0	101.9	122.8	148.7	156.1	153.0	100.0	95.5	103.3	113.7	121.8	125.7
117.0	100.0	106.4	121.8	155.3	151.5	161.7	100.0	96.3	100.8	113.4	124.8	136.2
112.7	100.0	107.5	125.9	149.6	159.0	166.7	100.0	96.0	101.8	98.4	127.4	132.3
109.3	100.0	96.9	117.4	142.8	144.9	147.8	100.0	100.0	109.2	115.3	120.8	129.5
106.7	100.0	105.7	108.8	129.2	136.9	147.0	100.0	100.2	110.9	116.1	128.6	141.6
111.7	100.0	102.8	120.2	145.8	150.6	155.6	100.0	97.5	105.1	110.3	124.3	132.0
115.4	100.0	108.2	122.2	151.4	152.5	157.2						
	年　間　販　売　額 (億円)						売　場　面　積 (千m²)					
1997年	1982年	1985年	1988年	1991年	1994年	1997年	1982年	1985年	1988年	1991年	1994年	1997年
42,379	5,726	5,293	6,528	8,092	8,092	8,204	578	542	606	629	623	692
38,545	5,354	5,731	6,888	8,194	9,097	8,500	566	533	570	675	766	747
34,254	4,196	4,545	5,339	6,435	6,664	6,675	429	427	449	485	527	538
30,289	3,742	4,085	4,705	5,586	5,686	6,199	405	401	409	458	503	578
31,192	4,453	4,676	5,093	6,570	6,583	6,723	478	434	449	461	563	566
30,035	4,211	4,436	5,314	7,111	6,520	7,142	400	400	435	536	535	603
22,721	3,205	3,609	3,623	4,350	4,387	4,655	342	327	339	361	433	406
24,432	3,042	3,423	3,851	4,648	4,953	5,067	326	341	379	407	556	515
20,984	2,614	2,778	3,340	3,964	4,426	4,477	268	262	282	325	347	395
24,904	3,446	3,940	5,460	6,794	7,093	7,401	378	345	366	406	397	513
24,940	3,361	3,277	3,871	4,156	4,285	4,871	318	316	329	360	425	398
21,340	2,846	2,924	3,362	3,824	4,234	4,488	313	290	305	331	382	385
21,402	2,483	2,621	2,938	3,684	4,005	4,042	313	286	299	316	337	375
19,070	2,829	2,983	2,957	3,583	3,902	3,851	275	275	291	301	308	356
21,119	3,249	3,403	3,541	4,279	4,123	4,242	300	306	324	352	365	393
19,233	2,279	2,423	2,707	3,343	3,477	3,766	234	220	248	262	269	315
19,059	2,448	2,826	2,996	3,663	3,729	3,636	264	294	351	366	344	348
18,363	2,584	2,979	3,293	3,965	4,061	4,167	306	295	332	358	384	395
17,321	2,344	2,413	2,760	3,153	3,464	3,643	251	252	274	288	310	343
18,997	2,762	3,159	3,526	4,622	4,073	4,286	281	279	299	325	350	373
14,599	1,998	2,034	2,227	2,560	2,747	2,648	212	217	225	224	240	231
14,821	2,196	2,379	2,632	3,221	3,317	3,295	217	201	212	222	257	276
10,244	1,793	1,852	1,563	1,840	1,932	2,131	177	163	186	184	187	189
11,767	1,672	1,828	1,566	1,903	2,057	1,994	184	180	197	217	228	231
10,299	1,471	1,470	1,492	1,792	1,786	1,848	132	133	156	146	156	154
10,352	1,369	1,462	1,783	1,926	1,915	2,086	145	142	152	165	206	192
8,506	1,034	1,111	1,293	1,473	1,546	1,687	103	117	126	124	140	173
10,155	1,276	1,358	1,537	1,777	1,971	2,225	135	132	158	165	174	248
9,758	1,125	1,213	1,287	1,553	1,668	1,801	125	137	134	141	158	180
6,960	592	631	728	1,082	1,271	1,413	60	59	68	90	115	135
608,040	81,699	86,862	98,190	119,143	123,054	127,163	8,515	8,306	8,950	9,680	10,585	11,243
7,350,712	939,712	1,017,188	1,148,399	1,422,911	1,433,254	1,477,431				109,901	121,624	128,084

定数)』1997年，商店数等は通商産業大臣官房統計調査部『商業統計表』各年。

31

その結果，30都市が本章での分析対象となった。都市人口規模別にみると，60万人台の都市が2つ(熊本市，岡山市)，50万人台が1つ(鹿児島市)，40万人台が3つ(松山市，金沢市，宇都宮市)，30万人台が7つ(和歌山市，福山市，郡山市，高松市，高知市，秋田市，宮崎市)，20万人台が9つ(青森市，函館市，福島市，徳島市，福井市，山形市，水戸市，佐世保市，松本市)，10万人台が8つ(長岡市，佐賀市，小樽市，松江市，山口市，上越市，石巻市，東広島市)であった。

　これらの都市のうち概ね人口規模40万人以上の都市は，いずれも全国レベルないしは地方ブロックレベルでの位置をもっている。(5)熊本市と鹿児島市は福岡市に格差をつけられつつも，なお九州における主要な位置を確保している。岡山市は西国土軸と西日本中央連携軸との交点として，松山市は西日本における有数の地方中核都市として，金沢市は北陸の中枢的な都市として，宇都宮市は北東軸における都市サービス拠点として，それぞれ広域的な位置を確保している。

　人口30万人前後以上の都市は，国土軸と地域連携軸等との交差点に位置してその有利性を発揮している都市と，高速交通体系の延伸整備で国土軸へのアクセスがより便利になった都市とがあり，それぞれ各県内で広域的な位置を確保している。前者には山陽自動車道と本四連絡道路(尾道～今治ルート)など「瀬戸内の十字路」にある福山市，東北新幹線・東北自動車道と磐越自動車道とが交叉し「首都圏と東北，太平洋側と日本海側の接点」にある郡山市，本四3橋と四国横断自動車道が整備されることで「環瀬戸内交流圏の拠点都市」として役割が期待される高松市，東北新幹線・東北自動車道と米沢方面の玄関口になっている福島市などがある。

　高速道路網の延伸で国土軸へのアクセスが容易になったのは「近畿自動車道紀勢線松原‐和歌山間の全面開通で国土軸へのアクセスが格段に改善された」和歌山市，中国横断自動車道で結ばれた高知市，「秋田新幹線も開通した」秋田市，「東北新幹線八戸・新青森(石江)地区間が着工されようとする」青森市，九州縦貫道で結ばれた宮崎市，「北海道の本州を結ぶ交通の要衝」にある函館市，「近畿圏や中部圏と鉄道や高速道路」で結ばれ「北陸の玄関

口」となっている福井市，明石海峡大橋の完成と四国縦貫自動車道の整備が進むことで「四国の東玄関」となる徳島市，山形新幹線で東京と直結され，東北横断道酒田線・仙山線で仙台と結ばれ，東北中央自動車道も整備が進んでいる山形市などである。

　人口20万人台の都市は，高速交通体系の整備で地方中核都市としての求心力を高めてきている都市と，なお高速交通体系の恩恵を直接的に受けていない都市とに分けられる。前者の事例としては，県庁所在地としての水戸市，上越新幹線や関越・北陸自動車道など各種交通網の合流点であり，「首都圏から見た環日本海圏への玄関口」としての長岡市などがある。後者の事例としては「長崎県の北部に位置し，西九州北部の中核都市として発展してきた」佐世保市や「高規格道路や新幹線網からははずれている」松本市とがある。

　人口10万人台の地方都市は高速交通体系が整備されることで，より上位の都市に求心力を奪われる危機に直面している事例が多い。県都であるにもかかわらず，九州横断自動車道長崎大分線とJR長崎本線とで福岡都市圏に結びつくことで「共存を図りながら成長していく」道を模索する佐賀市，「札幌市とは国道5号と北海道横断自動車道で結ばれ，交通の便が良いが，業務機能や商業機能といった都市機能は隣接している札幌都市圏に吸収されつつある」小樽市，島根県の県都でありながらも米子市や出雲市の圏域との競争激化のなかで相対的な「活力低下が懸念される」松江市，「県央部の中心都市」にとどまる山口市，北陸自動車道と上信越自動車道が市内で合流するにもかかわらず「ICや鉄道の駅は分散している」上越市，なお国土軸へのアクセスが不便な石巻市などである。例外は東西国土軸に位置し，しかも地方中枢都市の広島市からの諸機能分散の受け皿となっている東広島市である。

2　30都市の小売業動向

　対象30都市は中心市街地活性化基本計画を策定しており，行政ベースにおいてはいずれも中心市街地の空洞化問題を抱えていることを意味する。都市間レベルと都市内レベルとがどのような関係にあるのか，まず都市レベルで

の小売商業4指標の動向をみておこう。

30都市の商店数は82〜85年及び91年〜94年〜97年にかけて大きく減少した。しかし全国平均に比較すればその減少率は小さい。30都市の都市人口規模別では，40万人台以上と20万人台の都市が相対的には落ち込みが小さい。30万人台と10万人台の都市が相対的に大きな落ち込みを示した(前掲，表2-1)。

従業者数は30都市平均では82〜85年では減少したが，その後は増加に転じ94年まで続いた。しかし94〜97年には減少したが，なお91年水準を上回った。50万人台の都市は94年までは一貫して増加したが，94〜97年にかけては減少した。40万人台の都市は88年以降，一貫して増加した。30万人台の都市では88年以降は傾向として増加した。20万人台の都市は85〜94年までは伸びたが，94〜97年では減少した。10万人台の都市は82〜85年での落ち込みが大きく，88年には82年水準にまで近づき，増加基調にはあるものの，他の都市との格差をなかなか解消できない状況にあった。

年間販売額は30都市平均では一貫して増加しており，97年には82年の1.56倍となった。しかしこれは全国平均の1.57倍をわずかに下回っている。都市人口規模別では30万人台以上と20万人台以下とでは異なった動きを見せた。30万人台以上の諸都市は82〜91年ではほぼ併行して販売額を増やした。91年以降では，50万人台の都市では94年までは増加したが，94〜97年には減少した。これに対して40万人台の都市は91〜94年には減少したものの，94〜97年では増加した。30万人台の都市はその後も一貫して増加していた。20万人台の都市は82〜85年に販売額を減少させたが，91年にかけては急増させ，その後は緩やかな増加にとどまった。10万人台の都市は他の都市に比べて比較的コンスタントな伸びを示してきた。

売場面積は30都市平均では82〜85年にかけて減少したが，その後増加し97年では82年の1.32倍になった。都市規模別では50万人台と40万人台でほぼ同様な動きを示し，82年から85年にかけては減少したものの，その後は一貫して増加した。30万人台は複雑な動きを示し，82〜85年と88〜91年では減少したが，91〜94年には急増した。20万人台と10万人台とは比較的に同様な動きを示し，82年〜85年には停滞していたものの，その後は一貫して増加してい

る。増加の程度は10万人台の都市の方が大きくなった。

　このように30都市の小売業の動向について，人口規模別に集計した指標からは30万人台の都市における商業の動きが，他の人口規模の都市に比べて比較的に複雑な動きを示していることがわかる。このことは30万人台の都市が盛衰分岐点に位置しているのであろうことを示唆している。

3　30都市における大型店の立地動向

　この都市レベルにおける小売業の相対的な盛衰分岐が，近年においては大型店の出店戦略に影響を受けていることは明らかである［山川，2000a及び2000b］。ところで対象30都市のうち，大型店の立地動向にかかわる情報が記載されていたのは，宇都宮市・秋田市・函館市・上越市を除く24都市であった。以下，人口規模別にみていこう。

　人口規模が40万人程度以上の都市では，郊外への大型店の活発な進出があるものの，岡山市にみられるように中心市街地には郊外の大型店に対抗しうるだけの大型店の集積がなお残存している。もちろん松山市におけるように中心市街地から第1種大型店が撤退する例もある。

　しかし人口規模が30万人台の都市になると，郊外への大型店の出店によって中心市街地の小売業売場面積のシェアや大型店売場面積のシェアが半分以下に落ち込むようになり，空洞化が目立つようになる。特に和歌山市は中心市街地に立地していた大型店の撤退や廃業あるいは郊外への移転によって空きビルが増加して，厳しい空洞化に直面している。郡山市においても同様な問題が指摘されている。他の都市においても同様であり，宮崎市では中心市街地のごく一部にのみ第1種大型店が残存している。

　人口規模が20万人台の都市では郊外のバイパス沿いに大型店が集中立地して「副都心」が形成されつつある。なお中心市街地は面目を保っているようであるが，中心商業地としての機能は解体されそうな動きがみられる。青森市や福島市にみられるように，公共的な施設の郊外流出が中心市街地に悪影響をもたらしていることには注意が必要である。中心市街地における人の流れは，水戸市でも見られるように，やはり大型店の立地に規定されることは

明らかである。中心市街地の中での大型店の立地はJR駅前に移動する事例も見られる。

　人口規模が10万人台の都市は中心市街地の商業はすでに空洞化している。郊外における個別の大型店の影響が強く出てきている。長岡市の求心力は駅前から郊外に移動しつつある。佐賀市や小樽市では中心市街地の総売場面積規模にも匹敵する巨大規模のスーパーが郊外に進出し，大きな影響を受けている。石巻市のように駅前に大型店が新規に立地（店舗入れ替え）したとしても，中心市街地まではその効果が及ばなくなっている。

　このように大型店の立地動向は，商業吸引力に決定的な役割を果たしており，その撤退や郊外移転は中心市街地の吸引力を確実に弱めている。人口規模で20〜30万人台の都市がその中心市街地の商業拠点が維持されるか否かの分岐に立たされており，都市人口規模が10万人台になると，中心市街地における商業集積の維持は非常に厳しい局面におかれている。

VI　まとめ

　地方都市は国民経済の空間システムの中では中心に位置することができない。地方都市の空間システムを構築する推進力は，人口規模によって異なるが，基軸となるのは広域的な業務系および商業系である。人口規模が小さい都市ほど，中心地が商業系機能に依存する比率が高くなる。したがって都市化によって商業系機能が中心市街地から郊外に流出することは，地方都市の中心性を急速に弱体化させる要因となる［日本政策投資銀行，2001］。

　中心市街地の空洞化は，藤田他モデル［藤田他，2000］における直線市場，円環市場としての競技場経済，交通ハブ経済などの組み合わせによって，空間経済として推測していくことが可能である。それは現実の空間システムが市場原理を基本としつつも交通原理に大きく規定されているので，主要鉄道や主要道路の配置と交差状況から，集積地点をあぶりだすことができるからである。地方都市の郊外では，バイパス・環状道路の整備と土地区画整理事

業との組み合わせによって，居住系や工業系の空間が形成されただけでなく，業務系や商業系の集積地が創り出されてきている。

　しかし中心市街地の業務系及び商業系機能の流出先は郊外にとどまらない。高速交通体系や情報通信体系の整備が都市間競争を激しくさせ，中心的諸機能が低位の都市から高位の都市に流出していることの方がむしろ深刻な問題である。これは通常「ストロー現象」と呼ばれるが，地方都市が単に地方圏レベルとか国民経済圏レベルでの都市間競争にとどまらない国際的ないしは地球的レベルにおける世界都市システム［ポール，L. 他，1997］のもとに再編成されながら巻き込まれている。経済の世界化が進むと，それまで地方都市の存立基盤であった地域特化経済は，国際競争に直接的にさらされることになり，ほとんどの場合は比較劣位のために弱体化あるいは崩壊させられる。また地方都市の都市化経済を支えてきた商業系・業務系機能も都市間競争による流出によって低下するので，地方都市の中心市街地は総体としての経済的基盤を失う事態に直面しているといえる。

　もう一つの重要な点は，1990年代以降，少子高齢化の影響が特に地方において顕著に現れていることである。少子高齢化問題は生産年齢人口の減少とあいまって，地方都市を生産の「場」から消費の「場」へと転換させつつある。それのみならず人口数それ自体がマイナスに転ずる状況にあっては，消費の「場」を機軸とする地域経済システムそのものが再構築を迫られる。地方圏においては，地域経済システムそのものが再構築を迫られ，その拠点としての地方中小都市はスクラップ＆ビルドを不可避としている。現実に中山間地域ではこのことが先に進んでいる。

　このように地方都市における中心市街地の空洞化は三重の過程として進行しているが，その空洞化への対処策にはどのようなものがあるのだろうか。中心市街地は都市における集積経済拠点であり，空間システムとしての集積経済は理論的には要素間に空間的移動性の格差の存在を発生の契機としている。中心性が高い都市は空間的移動性の高い要素を軸にして集積経済を構築している。これに対して地方における中心性が低い都市は，都市間競争が厳しくなる中では相対的に移動しにくい要素に着目した空間整備を行なってい

く必要がある。少子高齢社会では人口の空間的流動性がますます二極化していく可能性が高いので，地方における中心部の機能構築と空間整備は定着性の強い人口に焦点を当てて行なわれる必要があろう。

(1) 正式には「大規模小売店舗における小売業の事業活動の調整に関する法律」であり，1973年に制定され，78年・83年・91年に改正された。ここで「改正大店法」というのは91年に改正された大店法をいう。
(2) 東京23区と664市であり，町村は除いてある。
(3) 付け値曲線アプローチによる均衡土地利用と最適土地利用もこの考え方である。たとえば藤田昌久［1991］。
(4) また「スプロール」を「動学的には効率的かも知れない」［中村他，1996，90頁］とする考え方も逆説的にはD. ハーヴェイの考え方に通じる。
(5) これらの中には札幌・仙台・広島・福岡といった地方中枢都市に次ぐ，準地方中枢都市の位置にある都市も含まれているが，ここでは地方中核都市として一括する。

第3章　改正大店法・消費不況と大型店の出店戦略

　前章においては，大型店の出店動向が中心商店街の商業集積の後退をもたらし，地方都市の中心市街地を空洞化させている状況が明らかにされた。つまり大型店の出店戦略のみならず，すでに現実のものとなっている店舗撤退戦略が，中心市街地の空洞化に拍車をかけることになる。本章では大店法の改正が大型店の出店・退店状況にどのような変化をもたらしているのかを検討する。

I　改正大店法と消費不況のダブルパンチ

　規制緩和の目玉商品として登場した改正大店法(正式には大規模小売店舗法，1992年1月31日施行)がもたらしたものは，地域商業の担い手としての商店街の解体であった。改正大店法は日米構造協議の目玉商品として，1991年に改正された。大型店の出店攻勢が始まるのはこの1年前からであり，90年度から96年度までの7年間に大型店の出店申請件数は，売場面積が3000㎡(政令指定都市では6000㎡)を超える第1種が3544件，売場面積が500㎡を超え，3000㎡(政令指定都市では6000㎡)未満の第2種は9015件であった。
　さらに大型店は2000年末までに，4840店，4528万㎡の新規出店が予定されており，3年余でさらに16%の売場面積増が見込まれている。地域別で届け出件数が多いのは，北関東，東海などである。これらの出店で1㎡当たり人口が全国で2.77人(1997年)であるのが，2000年末には2.39人になると計算されている。通産省はかつて3人を切ると店舗過剰と判断していたが，1997年時点でそれを下回っているだけでなく，さらに大きく下回ってきた。
　しかし売上高が伸びないないしは減少するという厳しい消費不況の下では，

コスト削減策だけでは経常利益の確保は困難である。98年8月期決算では大手5スーパーのうち3社は減収となり，特にイトーヨーカ堂は上場以来，初めて減収を経験することになった。そこでイトーヨーカ堂は98年11月中旬から「消費税5％還元」と銘打って実質的な価格引き下げを行なった。ジャスコやダイエーといった大手スーパーの他，イズミヤなどの中堅スーパーもこれに追随した。これらのスーパーでは，その結果，いずれも売上高が前年同期月比で3～5割増加した。これに対して「還元セール」を行なわなかったスーパーや百貨店は売上高を減少させた。

99年に入っても厳しさは続いた。99年3月期決算では，ダイエーと西友とが無配に，イトーヨーカ堂は3期連続で減益になった。ジャスコとマイカルも純利益が減少した。特に既存店舗や地方店舗で売上げの落ち込みが目立っており，新規出店や既存店舗の増改築を加速させることなくしては，売上高の増加は見込めなかった。皮肉なことは10％を超える「還元セール」や「閉店セール」が好調なことであり，これは改正大店法による出店規制の緩和と消費不況とが併行するもとで，大型店同士のサバイバルゲームが極限状況に突入したことを示している。

本章では，このような大型店のサバイバルゲームが極限状況を迎えつつあるもとで，大手スーパーが経営戦略をどのような方向に転換しようとしているのかを検討する。その際の着眼点は，第1に改正大店法で容易になった大型店の巨大化・複合化がどのように進んできており，それがどのような影響をもたらしているのかを検討することである(第II節)。第2にはこの巨大化・複合化は経営戦略の転換と密接に絡んでおり，このことを経営資源の集中化，物流・業態設計の見直し，組織の分権化，店舗のスクラップ・アンド・ビルドなどから明らかにする(第III節)。もちろん大型店の巨大化は抵抗なく進むわけではない。つまり第3には地方都市において中心市街地の空洞化が進行するとともに，大型店の出店への反対運動が高まっており，これが大店立地法(正式には大規模小売店舗立地法，2000年6月施行)における環境基準の設定とどのように絡んでいくのかをスケッチする(第IV節)。

第3章　改正大店法・消費不況と大型店の出店戦略

II　大手スーパーの巨大化・複合化戦略

1　施設の巨大化・複合化をはかる大手スーパー

　厳しい競争環境の中で商業施設が集客力をより高めるためには，売場面積の巨大化だけでは不十分であった。単独核店舗の大型店と中小テナントといった組み合わせから，複数核店舗と専門店街との組み合わせ，さらにはこれに娯楽施設を組み合わせたものへとかわってきてた。商圏人口40万人以上の広域型ショッピングセンター(以下，SC)作りにあたっては，多様な店作りに活路を見い出すために核店舗としての百貨店は欠かせない。成熟した消費者の要望を満たすにはスーパーだけでは力不足であり，大手スーパーと百貨店とが手を組む必要が出てきた。さらに映画館を併設したマイカルの動きは，日本においては先駆け的なものとなった。

　SCの出店規模の巨大化は複合化でもある。マイカルは中高生や家族連れを対象とした複合映画館を商業施設に併設して，集客力を高めた。マイカルは英国での事例を参考にしつつ，基本的には1カ所につき7館をもち，1本を2週間で年間180本を上映するというものであり，生産性をあげるために映画も人気にあわせて座席を伸縮させる設計がその特徴である。マイカルは「サティ」の商圏人口30万人を目安に，入場料と映画人口を加味して採算路線は5億5000万円であるとし，13カ所で売上高が120億円となった。映画の商圏は小売店よりも広いので，その範囲内に投資額がおさまれば初年度から利益がでるというのであった。

　マイカルは郊外型巨大店を展開し，グループで複合施設を経営しようとした。売上高100億店舗を100店にする方針で進めたのである。それは例えば，大阪・茨木のJT工場跡地に国内最大級8万m²の大型商業施設を2000年開業に向けて，またマイカル明石(8万7000m²)は神戸製鋼の工場跡(25ha)を再開発，主力業態の物販施設「ビブレ」「サティ」を柱に，7館で1804席の複合映画館，ボーリング場，フィットネスクラブや2000席の飲食店街など「時間消費型」施設を複合させた。SCと複合映画館とを併設する動きは，ダイエ

41

ーにも波及した。ダイエーは16スクリーンという国内最大の複合映画館「中間アミューズプラザ21C」を福岡県のSC「バンドール」に計画した。

また大和団地などは栃木県内の東北自動車道の上河内サービスエリアに連結するハイウエイ・オアシスをつくり，そこに商業・レジャー施設であるワールドCAGアイランド(約29ha)を建設する計画を出した。工場跡地利用や高速道路の活用など，工場誘致に代わる地域振興策として大規模SCの誘致が提案されたのである。

2 巨大流通外資の参入

改正大店法のもとでは，もう一つ新しい動きが加わった。それは流通外資の動きである。地価下落で出店コストが下がったことに加え，大店法など一連の規制緩和で外資が進出しやすい環境になった。日本への進出を加速させて，大規模・直取引で攻勢を強めた。その典型はトイザラスである。トイザラスは1991年に進出し，年商がすでに1000億円に達し，玩具のシェアの1割を確保した。アメリカの小売大手コストコは2000年に千葉県幕張に，フランスの大手小売カルフールは幕張の他，東京及び大阪に5万m²を超える売場面積での出店を決めた。今後も例えば文具のマックスが2000年末までに50店，スポーツオーソリティが2003年までに100店，AMIが茨城県守谷町や滋賀県草津市ほか6～7カ所に，wpiコールが栃木県壬生町ほか4カ所に進出を計画し，カナダのトリプルファイブとの合弁会社IMIが14カ所で調査した。

このSCは日本の大手流通資本とアメリカ流通資本とが絡むことによって，さらに巨大化しようとした。西武百貨店とイトーヨーカ堂，ジャスコとが共同で米社と組み，2000年をメドに共同で新型複合店を郊外に展開する計画が発表された。(4)それは百貨店など複数の大型店を核店舗とし，これに複合映画館やゲームセンター，専門店街を組み合わせ，総面積が10万m²以上で駐車場3 000台というものであった。さしあたり関東か中部地方に設置し，その後全国に15カ所余りに進出する計画であった。また1999年4月には福岡県久山町にトリアスタ久山SCの開設が予定されている。このSCは面積が12万5000m²で140店舗が入るが，その核店舗として米の会員制安売り店クスコ(約

1万3000m²)が入る。クスコは生鮮・一般食品や衣料品,住関連品,家電品など当面約2万人の会員獲得を目標とし,初年度は70〜80億円の売上げをめざした。

3　都心部商業施設の大型化と淘汰

　商業施設の大型化は郊外だけで進んだのではない。郊外型巨大店と対抗するかたちで,都心型巨大店が大都市の特にJR駅周辺の再開発にからんで,新規出店ないしは大幅改造を行なった。これは高島屋が新宿に新規出店し,これへの対抗として既存店が増床した「新宿戦争」が消費者を都心部に引き戻し,高島屋の売上げが西武を抜くといった「新宿効果」を背景としていた。このことがJR各社と流通大手との協同による駅周辺開発を促進させた。すなわち札幌南口ではJR北海道と大丸,ホテル日航(2001年開業)とが,仙台駅東口ではJR東日本とホテルメトロポリタン仙台とが,名古屋駅前ではJR東海と高島屋(2000年開業)とが,京都ではJR西日本と伊勢丹(97年9月開業)とが,大阪の難波駅前ではJR西日本とマイカルとが物販や複合型映画館,ボーリング場などの大型複合商業施設を,高松駅周辺ではJR四国と全日空ホテルとが,小倉駅ではJR九州とステーションホテル小倉とが,福岡ではJR貨物とイズミ(98年10月)とが,それぞれ共同で事業を展開した。

　このような動きは,大都市内における駅周辺地区と中心街区との間で消費市場獲得競争に拍車をかけることにもつながった。その典型が京都と福岡である。京都では新京都駅ビルが全面開業し,地域経済の台風の目となった。ここにはJR西日本と伊勢丹など交通や百貨店,ホテル,劇場など集客機能が多彩になり,伊勢丹(3万2000m²)はここに150億円の投資をして,320億円の売上げを見込んだ。これが刺激となって,高島屋と阪急が改装することになった。また福岡市では三越(3万8000m²)が中心街区の天神に410億円の売上げを見込んで600億円の投資をした。同地区に博多大丸が新店を進出させ,わずか1カ月で前年実績の2倍の売上げを達成した。これに地元の岩田屋の新館が加わって,福岡市の売場面積が2.7倍化したのである。

　もちろんこうした大都市内の主要駅付近での新規参入による競争の激化は,

他方で既存店の退出をもたらした。例えば東急百貨店はその主力店舗である日本橋店を閉鎖することになった。三越は新宿南店を閉店したり，横浜・大阪・倉敷の3店を閉鎖することを視野に入れた検討を行なっていたり，他店についても総合型から特化型や専門大店型への業態変更を検討した。そごうも同様な動きを強めている。また岩田屋は福岡の本店を閉鎖することを決めた。

4　規模拡大をはかる非大手流通資本

大手スーパーの出店規模の巨大化は，あらゆる規模・形態の量販店に影響を与えた。駅前の薬局・薬店から発達したドラックストアチェーンが，駐車場を整備して日曜雑貨まで幅広く扱う郊外型店にあいついで乗り出した。例えば，カメガヤは「医薬・化粧品から日曜雑貨まで約1週間で買い足しが必要なものを中心とする」という営業方針で売場面積を330㎡から660㎡へと拡大した。またコジマやベスト電機，デオデオなどの家電量販店各社は500㎡未満の小型店の閉鎖を加速し，パワーストアといった大型店中心に生き残りをかけた。さらにコジマやヤマダ電機など北関東の安売り店が西日本へ進出を図った。赤ちゃん本舗の場合はトイザらスに対抗するべく，1600㎡の大型玩具店を出店させた。

生協やAコープなども郊外型大型店に生き残りをかけようとしているが，必ずしもうまくはいっていない。大店法の規制緩和による大型スーパーの出店攻勢に，運営ノウハウの未熟な生協は苦戦を強いられており，上位44生協でも店舗事業損益は1.9％の赤字となった。厚生省が規制緩和をすることもあり，生協広域連合への道をも模索した。また全農のAコープは5年連続で前年実績を割り込む状況にあって，不採算の小型店をスクラップし大型化を推進した。2001年までに約1400店のうち300㎡未満を中心に270店を閉鎖，新たに1000㎡以上の大型店を120店舗開業しようとした。

第3章　改正大店法・消費不況と大型店の出店戦略

III　大手スーパーの経営戦略転換

1　多角化戦略の行き詰まり

　大手スーパーも市場戦略を誤ると，瓦解への道をたどることになる。『日本経済新聞』の97年度「大型店ランキング」調査によれば，消費低迷のなかで大型店の8割が減収となっており，限られたパイをめぐって激しい地域間競争が行なわれた。スーパーの売上高が97年12月期には対前年比で7％の減少となっており，97年8月決算ではスーパー6社のうち4社が減益であった。西友とダイエーの経営は厳しく，西友は既存店が4〜5％の減収で98年2月期には無配となり，不採算店の整理や宣伝費や家賃，人件費抑制などコスト削減によって営業利益を捻出した。このことは99年度においてさらに厳しくなった。西友やダイエーは不採算店を閉鎖し新規出店よりも既存店の改装を重視する展開を指向した。

　特にダイエーは多角化戦略としてすすめた「土地本位制経営」がバブル崩壊で行き詰まり，これに既存店の減収が加わり，不採算店の店舗閉鎖損を跡地売却で補填したり，ハワイ商業施設を売却（1兆円）するなどして負債の削減にあてたものの，収益改善が進まなかった。そのためローソンやリクルートなどの保有株の売却を急いだり，本社を東京・成増店に移転することを決めた。

　これに対してジャスコ・イオングループは従来にも増して積極的な出店を行なった。ジャスコも98年2月期には既存店の売上げが3〜4％減となり，3割近い減益となったものの，30店近い新規出店を打ち出した。いずれも郊外型ショッピングセンターの核店舗としての出店であり，そのうち大型総合スーパーが12店で，残りがマックスバリューなどのスーパーであった。売場面積6万m²以上で核店舗2店以上の超大型SCについては，原則として土地は賃借にして投資を抑制し，それで金利負担を1割以上削減した。

　イトーヨーカ堂は消費低迷の中でも健闘しており，98年度には1％の増益を確保した。これは既存店舗の約2％の減収を新規店舗で補填したり，また

45

土地の賃借などで経費削減を計ってきたことによる。しかし本体の利益は伸び悩んでおり，イトーヨーカ堂は新たな多角化戦略の展開を狙って，ネット決済を活用する銀行業のリテール部門(IYバンク)へ参入した。

2 物流・業態設計の見直し

「還元セール」の恒常化は，商品コストを一段と削減することを要請した。商品コストを引き下げる一つの手だてとして物流コストの削減があり，物流設計の見直しが迫られた。平和堂はスーパーの在庫を自動補充とし物流コストを平均14日分の2割減削減をした。ジャスコは，99年度から5年間で700〜800億円を投資して情報システムを一新し，発注や品揃えなどの業務で卸売りへの依存度を減らし，流通をさらに簡素化した。例えば生鮮野菜の鮮度管理はこれまで難しく近隣の卸売り業者が個別に配送するのが一般的であったが，東北地区では全農との物流合理化を行ない，青果物の一括配送にとりくんだ。またイトーヨーカ堂もそれまでは神奈川県内だけであった日用品を全国で一括配送した。物流が重要なのは，これが店頭における品揃えと表裏一体のものであり，今売れている商品の7割が新製品で定番は3割に過ぎないということからもわかる。ダイエーの物流合理化はトヨタに見習い，納品時間の短縮や在庫の削減をねらった。

これに対して業態設計の見直しの基本は消費者ニーズへの対応であった。ダイエーでは，GMD(大型店)は土地代が高く，投資回転率が悪かった。そこで新規出店や改装などよりは，投資が少なくリターンのよいハイパーマート(低価格業態店)を中心とするという戦略に転換しようとした。それはこれまでの店舗が多階層で1フロア当たりの売場面積が狭かったり，駐車場が少ないなどの不備があるほか，競合店が近くにできたりして，ピーク時の売上げを下回り，ここ数年赤字となっていた。開店して20年以上たつ古い店舗が，経営全体の足を引っ張っていたのである。また西友は食品スーパーとドラッグストアなどを組み合わせた新業態店「フードプラス」を進めているし，西友は大型店12店を衣料品と食品に絞った新業態「LIVIN」に転換した。(3)

「何でもある」というのは「競争力がない」という意味になり，キーワー

ドも総合から専門へ，同質化から差別化というものになった。大手流通資本もその方向へ転換してきている。特にダイエーの赤字転落の原因は，ダイエーの大きな強みであった一括仕入れによるバイイングパワーとそれによる低価格戦略に陰りがあったことと，地域密着店舗への変身の遅れが響いた。地元で取れた野菜や肉などの仕入れは本部一括方式では必ずしもうまくいかず，このために主婦層が離れたというのである。ダイエーはららぽうと店で見られるように，98年度から地場の野菜や鮮魚を積極的に取り入れるなど地域密着を営業戦略の柱に据えた。またマイカルは毎年1回，店ごとに地域の消費調査を実施し，その結果をもとに売場の改装や品揃えを変更しており，高齢化社会をにらみ50歳以上向けに衣料品や健康関連用品などを集めた「熟年計画館」を企画した。いずれにしても特定商品・客層に絞ることを進めたのである。

3 地域密着に向けての経営組織の分権化

消費不況の中で大型店の経営戦略に変化が出てきた。消費者ニーズによりきめ細かく対応することが求められ，そのために組織的な担保が進められた。その第1は経営組織の中央集権から地方分権への動きである。ダイエーは本体を分割して，10の地域カンパニーを設立した。それは1000億～3000億円の規模が効率よく運営できるということにあり，将来は業態別地域別に15社程度に分割するとした。ジャスコも97年春に事業部制から5地域カンパニー制へと移行させた。ユニーは店長の裁決権を5万円から100万円に，地区本部長決済は5000万円へと引き上げた。

地方分権化はまた，地域の消費市場にどう密着するかということでもある。98年2月期決算では全国スーパーの売上高が対前年比で0.4％減となった。これに対して地域スーパーは逆に2.2％の増加をしめた。地域スーパーは例えば「パンへのこだわり」が安全や健康指向としてうけた。またマルエツやサミット，カスミなどの小型スーパーは生鮮三品を軸に拡充したり，高級品の割安感を訴えたり，従来は百貨店や生鮮品専門店でしか買えなかった商品を身近で購入できるようにして個性を出そうとした。熊本県のニコニコ堂や

首都圏のオーケー，埼玉県の与野フードセンターなども健康的な生活スタイルを提案して地域と親交を深めた。マルエツは地引き網ツアーを，東京のライフコーポレーションは地元の同好会と協力でウォーキングを企画し，埼玉県のヤオコーは周辺の生産農家に出向いてもらって対面販売を実施したのである。

生協も活路は原点「消費者の立場」という理念を総会で再確認している。例えば生協最大手のコープこうべは5年間は拡張路線としての大型店出店を凍結し，地域により密着した食品スーパー型店舗の強化を柱としつつ，これに介護サービスをも含めた方向に転換することになった。

4 本格化した店舗のS&B

大規模小売店のスクラップ・アンド・ビルド(以下，S&B)が急ピッチで進んだ。すでに述べたように，スーパーは今や出店増でしか増益を確保できない。そこでは「新店が既存店を喰う」という小売業のジレンマが発生した。つまり低金利と地価下落，さらに大店法改正で新規出店がしやすくなり，投資環境はかつてなく整った。しかし出店して採算の見込める場所には限りがあり，陣取り合戦は早い者勝ちとなる。模様眺めをしている間に，ライバルが一等地を全て押さえてしまう。消費の全体が大きくならない中で，集客力の優れる新規店が既存店の売上げを喰うというジレンマを抱え，「構造不況」という言葉すら聞かれるようになったのである。例えばトステム・ビバは95店のうち1割強の1500㎡級の12店舗を閉鎖し，他方で3000㎡クラスの3店舗を出店する。西友は2001年に向けて都心小型店を中心に閉鎖しながら都市周辺に60店を出店しようとした。しかしダイエーは赤字のため不採算店を11店閉鎖し，さらに3年間で50店を閉鎖するのみであり，改装はするが新規出店はほとんどなかった。

このような大型店の撤退で一番大きな影響を受けたのは，大都市圏においては高齢化が進んでいる団地や住宅地であり，地方においては中心市街地である。大型店の立地が都心部から郊外部へ移動することによって「買い物砂漠」が広がっている。例えば大阪府千里ニュータウンは最盛期に13万人の人

口があったが，それが現在では10万人であり，スーパーの閉店が続いた。また八王子市の住宅街では西友が消えて，それがマンションとなり，清瀬市北部の古い団地では唯1軒のスーパーが閉店し，多摩ニュータウンの南大沢でもダイエーが閉店した。また地方都市の酒田市では駅前のジャスコが閉店し，掛川市では駅前のジャスコとユニーが閉店し，いずれも地元商店街へ大きな打撃を与えたのである。

IV 大型店の出店規制への動き

　地域商業を破壊したうえでの激烈な大型店のS&Bは，生活空間における消費アクセスの利便性を喪失させた。明らかな地域商業の破壊と生活者からの消費利便性の剥奪は，大店審の場において「出店原則自由」という改正大店法の趣旨に反するような結審を生み出すことになった。消費者と商業者との反撃が生まれてきたのである。1997年度の場合，第1種大型店の売場面積・休日日数などの申請に対して大店審の結審では44％が規制された。この規制率は96年度に比べて3.2ポイントの上昇であった。企業別ではマイカル（削減率20.9％）やカインズ（削減率27.9％）など大手流通資本に厳しく，地域別では関東地方で規制が緩やかであるが，中国・四国・近畿で厳しい結果となった。地元の規制要求の強さがその結果を左右している。

　削減事例として山口県を見てみよう。山口県ではイズミが64.6％カット，Mr.Maxが59.1％カット，ジュンテンドが50％カットと厳しい。これは山口県には地元資本の大型スーパーが少なく，地場の小売業者が市場を分割して長く平和を保ってきたことにもよる。削減率が厳しいのは，それ以上に地元商店街の苦しさの現われとみられる。京都府の場合は，ライフコーポレーションの壬生店が60.7％カット，太秦店が49.2％カットとなった。地元商店街がのぼり旗や看板も使って反対運動を展開したのである。関東甲信越地方では北関東での削減率が目立つが，これはカインズホームに対するものが目立つ。

また出店への商工会・商工会議所や町の抵抗も目立ってきた。茨城県の守谷町では米社AMIがSC建設計画をもっているが，農林事務次官が近郊農業の維持が困難であることをあげたり，また町長が土地利用の見直しが必要であると発言するなど，農地転用を認めようとしなかった。鹿児島県志布志商工会は大店審の調整手続き拒否で抗戦しており，この動きが周辺町に波及した。日本商工会議所調査によれば，57％が「大店審の審議では地域の"街づくりの努力"が反映されていない」とし，止らぬ空洞化に危機感をもつとともに大店法緩和に不満が渦巻き，各地の商議所で「反乱」が起きた。例えば伊那商議所は事前協議を要望し，長岡商議所が規制へ特別決議をした。

　これだけでなく，住民側が生活防衛に取り組んでいる。六甲アイランドでは98年にダイエーの取締役会が決定した六甲アイランド店の閉鎖を，住民の陳情でひっくり返すと言う「異例の事態」（ダイエー）が発生した。ダイエーが消えると生活必需品がそろう店は生協1店だけであり，住民の危機感が巨大企業を動かしたのである。

　改正大店法については，アメリカが廃止要求しただけでなく，総理府調査によっても国民の半数が大店法の休業日数・開店日の規制について「廃止望ましい」と答えた。もちろんその6割の回答者が出店には何らかの規制が必要であるとは言っている。このように改正大店法に対する不満は各立場において異なるが，大店法はすでに時代遅れになったとの国民的な認識のもとで，空洞化する中心市街地への財政的てこ入れが必要なことから，廃止答申が出され，これにかわる大店立地法が成立し，同床異夢のなかで2000年6月に施行されることになった。

　特徴は何かと言えば，自動車による騒音や渋滞など立地環境規制などが登場したことであり，またその出店の適否の権限が地方通産局レベルないしは県レベルから市町村レベルに降りてくることである。このことは，一方では大型店の出店規制にかかわる市民運動の影響をこれまで以上に受けることになる。他方では大型店が産業立地政策に組み込まれ，不況下で工場や研究所などの誘致が進んでいないもとでは，大型店が新たな誘致対象としてとらえられるようになった。都市計画法の改正により，特別用途地区が設置するこ

とができるようになった。この特別用途地区への大型店の積極誘致は，調査によれば21市区であり，これに対して出店規制は64市区であり，出店規制が積極誘致の2倍となった。規制が強いのは，ブロック別では関東や九州，近畿であり，人口規模では20万未満の都市や大都市周辺の住宅都市などで目立っていた。

V　まとめ

　改正大店法と消費不況の下では，地域商業の担い手としての商店街の解体をしただけでなく，大型店でも厳しいコスト削減をせまられ，大型店同士のサバイバルゲームが極限状況に突入している。厳しい競争環境の中で集客力をより高めるためには，売場面積の巨大化だけでは不十分で，複数核店舗と専門店街との組み合わせ，さらには娯楽施設を組み合わせたものへとかわった。流通外資も日本への進出を加速させて，大規模・直取引で攻勢を強めている。商業施設の大型化は郊外だけではなく，都心型巨大店が大都市の特にJR駅周辺の再開発にからんで進んでいる。さらに大手スーパーの出店規模の巨大化は，あらゆる形態の量販店に影響を与えている。

　大手スーパーも市場戦略を誤ると，瓦解への道をたどることになる。不採算店の整理や宣伝費や家賃，人件費抑制などコスト削減によって営業利益を捻出している。保有株の売却を急いだり，本社を郊外に移転することを決めたりしている。商品コストを引き下げる一つの手だてとして物流設計の見直し，すなわち物流合理化納品時間の短縮や在庫の削減をねらっている。これに対して業態設計の見直しは，消費者ニーズへの対応である。「何でもある」というのは「競争力がない」という意味である。キーワードは総合から専門へ，同質化から差別化への転換であり，特定の商品・客層に絞っている。消費者ニーズにより，きめ細かく対応するための組織的な担保が経営組織の中央集権から地方分権への動きである。つまり地方分権化は地域の消費市場にどう密着するかでもある。

大規模小売店のスクラップ・アンド・ビルドが急ピッチで進んでいるが，大型店の撤退で一番大きな影響を受けるのは，大都市圏では高齢化が進んでいる団地や住宅地であり，地方都市では中心市街地である。地域商業を破壊したうえでの激烈な大型店のS&Bは，生活空間における消費アクセスの利便性を喪失させた。これに対しては，消費者と商業者との反撃が生まれてきた。地元の規制要求の強さがその結果を左右するが，商工会・商工会議所や町の抵抗も目立ってきた。住民側が生活防衛に取り組んでおり，住民の陳情が撤退をひっくり返すことすら出てきた。改正大店法については，アメリカが廃止要求してきただけでなく，国民の半数が大店法の休業日数・開店日の規制について「廃止望ましい」と答えるものの，その出店には何らかの規制が必要であるとしている。改正大店法に対する不満は各立場において異なるが，大型店の誘致が産業立地政策の一端に組み込まれる事態も予想されるのである。

　大型店の積極的な店舗展開にもかかわらず，大手スーパー6社は2000年2月期においていずれも実質減益の決算となった。売上高はジャスコを除き対前年同期比がいずれも2～8％の減である。ジャスコのみが積極的な出店戦略を行ない8％増となった。ジャスコを含めて6社の既存店の売上高対前年同期比で4～8％減であり，積極的な店舗展開なくしては売上高を増やせないことが明瞭になった。しかし新規出店は経常利益の増加には結びついてはいない。経常利益は6社とも減少しており，その減少率は対前年比で11～81％減となるほど大きい。しかも大手6社の2001年2月の出店予定は116店であり，2000年2月期実績の1.7倍に急増する。西友は地域密着型の食品スーパーを軸に，マイカルは比較的高級な品揃えをするサティを中心に，ユニーは売場面積1万～2万㎡級の店舗を，ジャスコは大都市圏の都心部に，それぞれ大店法の期限内に展開しようとしている。(4)

(1) サバイバルゲームは2001年から2002年にかけて，「勝ち組」と「負け組」として1つの結論が出された。長崎屋とマイカル（2001年民事再生法申請），2002年にはダイエー（銀行に金融支援要請）と西友（ウェルマートが

買収）などが負け組みに入った。5大スーパーのうち3大スーパーが負け組みとなり，今のところイオン（ジャスコ）とイトーヨーカ堂が勝ち組に残っている。
(2) 本章にかかわる情報は，基本的には1989-99年の『日本経済新聞』に依存している。
(3) 2001年9月14日にマイカルは破たんし，イオンが支援することになった。
(4) 世界最大の流通資本であるウォルマートが，破綻した西友を買収して，日本への本格的な参入をはかった（『日本経済新聞』02年3月16日）。

第4章　改正大店法下での大型店舗網の再構築
――ジャスコを事例として――

　本章では前章において明らかとなった大型店の出店・退店戦略について，ジャスコを事例として詳細に検討し，出退店の論理を明らかにする。

I　大手スーパー店舗網再構築のとらえ方

1　大手スーパーの経営指標

　大手スーパー5社の売上高は1985年2月期決算(以下，85年)では4.43兆円であった。経済の安定成長のもとで売上高は上昇し，95年には7.28兆円となった。その後，97年を頂点として，99年には7.09兆円まで後退した。スーパー業界が日本に登場して初めての売上高の後退を経験している。そのなかでは，イトーヨーカ堂やジャスコ，マイカルは売上高を伸ばし続けているが，ダイエーと西友は90年代後半において売上高を減少させている(表4-1)。

　経常利益は5社全体では90年頃までは上昇したものの，その後は減少している。この傾向はいずれの大手スーパーにおいてもみられるが，ダイエーと西友で落ち込みが大きい。特に西友は99年には経常利益がマイナスとなった。これに対してイトーヨーカ堂は経常利益の落ち込みは小さく，5社の中では最高の利益をあげ続けた。ジャスコとマイカルの売上高は95年には落ち込んだものの，99年にはもり返した。

　売上経常利益率は経常利益の動向を反映した動きをみせた。イトーヨーカ堂は5社の中で常に一番高い利益率水準を維持しており，これにジャスコとマイカルが競い合いながら続いた。ダイエーは厳しく，99年には利益率がゼロとなった。それ以上に厳しいのは西友であり，99年には利益率はマイナス

第 4 章　改正大店法下での大型店舗網の再構築

表 4-1　大手スーパーの経営動向

(1985-99年)

	決算期年・月	売上高(億円)	経常利益(億円)	売上構成比 (%) 衣料品身廻品	食料品	雑貨・家庭品	その他	売上経常利益率(%)	期末店舗数(店)	従業員1人当たり売上高(千円)	売場面積1㎡当たり売上高(千円)
イトーヨーカ堂	85.2	9,532	465	30	34	19	17	4.9	124	57,549	864
	90.2	12,582	797	31	32	19	19	6.4	138	31,942	955
	95.2	15,387	751	29	36	17	18	4.9	149	35,982	1,051
	99.2	15,633	712	29	40	16	15	4.6	169	32,405	841
ジャスコ	85.2	7,612	217	22	28	16	34	2.9	152	49,524	726
	90.2	9,229	281	23	27	18	30	3.0	168	27,881	757
	95.2	11,474	220	22	34	20	24	1.9	188	29,628	784
	99.2	12,504	248	26	47	11	16	2.0	292	26,983	635
ダイエー	85.2	13,736	167	21	31	22	26	1.2	164	89,749	861
	90.2	17,773	256	21	28	24	27	1.4	189	43,188	952
	95.2	25,415	72	22	37	26	15	0.3	348	46,086	845
	99.2	22,769	10	26	47	20	7	0.0	346	43,222	629
マイカル	85.2	5,772	165	39	29	29	3	2.9	166	58,926	763
	90.2	6,473	247	44	28	19	9	3.8	153	31,490	811
	95.2	10,150	93	42	34	16	9	0.9	140	34,148	732
	99.2	11,038	150	38	38	17	7	1.4	128	51,585	656
西友	85.2	7,655	81	26	40	21	13	1.1	170	73,795	997
	90.2	10,041	125	26	37	21	16	1.2	223	36,106	945
	95.2	10,328	41	21	40	19	20	0.4	209	44,202	900
	99.2	8,960	▲140	23	46	14	18	▲1.6	189	46,422	801
合計	85.2	44,307	1,094	28	32	21	19	2.5	776	65,909	842
	90.2	56,098	1,706	29	30	20	20	3.0	871	34,121	884
	95.2	72,754	1,177	27	36	20	17	1.6	1,034	38,009	862
	99.2	70,904	980	28	44	16	13	1.4	1,124	40,123	712

資料：各社各年の『有価証券報告書総覧』により作成。

となった。

　従業員(正社員)1人当たり売上高は80年代後半に後退した。その後，従業員数の中には算入されないパート社員等の採用によって伸びたものの，なお往年の水準にまではきていない。各社間の従業員1人当たり売上高の差は必ずしも経常利益と正比例的に対応しないことから，むしろパート社員比率によって規定されるものと思われる。

　売場面積1㎡当たり売上高は5社全体では90年代に入ると後退してきた。各社ごとでみると，西友は85年が最高でその後一貫して低下した。マイカルとダイエーは90年を最高としてその後後退した。イトーヨーカ堂とジャスコは95年が最高となった。売場面積の規模拡大は従業員1人当たり販売額や売

55

場面積1㎡当たり販売額の上昇につながらず，低下させたのである。

2　大手スーパーの店舗展開

　店舗数は5社全体としては増加を続けた。各社ごとではマイカルは一貫して減少させ，ダイエーと西友は90年代後半に減少させた。これに対してイトーヨーカ堂とジャスコは拡張路線を続けた。特にジャスコは90年代後半に店舗数を積極的に増加させた。もちろん大手スーパーは店舗の子会社化による分離，合併・連携による店舗の増加，さらにはS&Bによる店舗再編成が繰り返され，直営店舗数の動きだけでは正確な店舗展開を読みとることはできない。

　長岡顕によれば，70年代初めにおける「個別商業資本によるスーパーの展開は資本の系譜・性格によって若干の相違があるが，既成商業地区→新興近郊都市→地方中小都市へと各店舗展開をはかりつつ大型・高層店舗化が進行している」［長岡，1975，140頁］こと，および「チェーンシステムに加えて地域的系列網は既存中小商業資本の吸収・合併・提携を通じて強化されている」［長岡，1975，143頁］。

　80年代前半における大商業資本の事業所配置に関して，山口不二雄は「おおむね1商圏1店舗」，「近接した商圏への集中出店」，「大資本になるほど，店舗展開の地域が広くなる」ことなどを指摘し，「市場圏の重層的構造」を前提として「陣取り合戦」としての「水平的統合」と「物流や店舗管理システムの合理化」からの「垂直的統合」とによって説明している。しかし具体的事例は百貨店を取り上げるにとどまっている［山口，1986，162-163頁］。

　森川洋は1980年代までの大型小売店の立地を都市システムとの関係で検討した。大手6社の店舗展開の共通的特徴は「全国型スーパーの本社(本部)は今日ではいずれも東京か大阪にあり，その他の都市には立地しない。しかし店舗網についてみると，全国型のスーパーといえども全国全都道府県にすべて出店しているわけではない」こと，「東京企業が大阪に，関西系企業が東京に進出する場合には，十分に地元府県の店舗網を固めた後に進出する傾向にあり，都市階層においても上位都市から順に出店していく例は少ない」こ

と，および「物流センター・配送センターの設置とその管理地域については不明な点もあるが，店舗展開にとって配送の便は十分に考慮されているものと推定される」ことなどをあげた［森川，1993，29頁］。また生田真人は「政令指定都市以外の地域に立地するSCは，都市の中心的商業集積地区に集中しているのに対して，三大都市圏や政令指定都市では，都市の周辺商業地域の立地集積が目立っていること」［生田，1991，37頁］および「大型で複合的な機能を持つSC開発を進めようとしている」［生田，1991，38頁］ことを指摘した。

1990年代は大店法が改正され，原則出店自由のもとで大手スーパーの全国展開が本格化した［山川，1997］。この時期の特徴は，大手スーパーが「ホーム」地区から「アウエー」地区に本格的な進出を始め，全国すべての商圏において大手スーパーの直営店が正面から競合したことにある。すなわち東京系スーパーが近畿を中心にして西日本に，関西系スーパーが関東を中心として東日本に積極的に展開するようになった。これは子会社をも巻き込んだり，多様な新業態を開発してきめ細かな店舗網として展開されたのである。

3　大手スーパーの店舗網再構築のとらえ方

多様性かつ重層性をもつ店舗展開は総括としての経営戦略そのものである。80年代の大型店の出店について，志村喬は茨城県の中規模店を事例としつつ，企業が設立された比較的初期には新規の立地に関わる費用が最小になる立地戦略が採用され，企業がかなり成長してくると新規立地による収入が最大になるような立地戦略に転換されることを明らかにした［志村，1987］。

しかし90年代の立地戦略は既存店舗の商圏を喰いかじりながらの店舗展開であり，新たな立地戦略がとられなければならない。安倉良二は中京圏での出店状況を検討し，90年代における大型店の店舗展開の特徴が直営売場面積の大規模化ならびに中小規模店舗の閉鎖といったS&Bの進展，および新業態の開発とその重層的商圏配置にあると指摘した［安倉，1999］。特に先発チェーンと後発チェーンにおける顧客の吸引をめぐる差別化戦略の指摘は重要である。

このような厳しい市場環境のもとでの店舗網再構築は，売上高を減少させることなく店舗のS&Bが行なわなければならない。そうでなければ，西友やダイエーのように経常利益がマイナスになりかねない。本章では大型店の店舗再構築がどのような論理で展開されるのかを事例的に考察する。考察の対象はジャスコであり，使用する主なデータは『有価証券報告書総覧』に記載されている1976年度（77年2月期決算）から98年度までの店舗別売場面積と売上高であり，必要に応じて従業者数を取り上げる。

　さて店舗新設の売上高効果は直後ではなく一定期間の後に現れる。店舗新設は，ニュータウン等の建設と同時に設置される場合を除いては，既存の商店あるいは大型店と競争しなければならない。新設店舗の知名度や差別性が消費者に周知されるデモンストレーション効果は，それが結実するまでには一定の時間が必要である。またこのデモンストレーション効果は，競争的環境のなかでは追加的な投資を行なわなければ維持できず，売上高の低落が避けられない。売場面積の拡大や売場構成の革新，業態の転換，新サービスの導入などの追加的な投資が行なわれたにもかかわらず，売上高が中期的に低迷するようになれば，店舗のS&Bを含めた店舗網の再構築は不可避となる。本章ではこの一連の過程を「再構築の論理」と呼ぶ。

　この「再構築の論理」を説明するにあたっては，次のような操作手順を踏む。第1にジャスコの経営戦略を『有価証券報告書総覧』の「経営の概要」から読みとり，それが「店舗展開」とどのような関わりにあるかを概観する（第II節）。次いで店舗の再構築に関係する経営諸指標を取り上げ，これらがいかなる意味をもつかを検討する（第III節）。そして店舗網再構築の論理を店舗ごとの売上高・売場面積・業態転換などとの関連において説明する（第IV節）。

II　ジャスコの経営戦略と店舗展開

1　提携・合併による規模拡大と営業店舗の全国展開——1970年代まで

　ジャスコは1926年9月に三重県四日市市において，衣料品販売を目的とし

た㈱岡田家具服店として設立された。59年に四日市店が百貨店法の適用による営業を開始した。69年には他2社との共同出資による(旧)ジャスコが設立されたが、翌70年には(旧)ジャスコ,フタギ,オカダヤチェーンおよびカワムラが合併してジャスコが誕生し,本社は大阪市に移転した。

　その後のジャスコの成長も合併による規模拡大の歴史であった。特に70年代後半以降のジャスコは合併や提携を繰り返して大手スーパーへの階段を一気にのぼり切った。すなわち72年には京阪ジャスコ,やまてや産業およびやまてやを,73年には三和商事,福岡九大,かくだい食品,かくだい商事,マルイチ,新庄マルイチの6社を合併した。75年には100％出資会社であるジャスコチェーン他7社を合併し,ジェーフードから米穀販売を除く営業権を譲受した。また74年には東京・大阪・名古屋の各証券取引市場の第二部に上場を果たし,75年には京都・広島・福岡・新潟の各証券取引市場にも上場し,全国展開への信用基盤を確立した。さらに76年には国内で一部上場を果たしただけでなく,海外(ルクセンブルグ)での株式上場をも実現した。

　営業圏域の拡大も合併によって促進された。「提携・合併による連邦経営体制」(75年度)をスローガンとする積極的な合併や提携は,他面においては「地域密着志向・地元協調」(77年度)を強調するものでもあった。つまりこの地域密着志向・地元協調というのは,大手スーパーとしての商品調達力をダイナミックに生かしつつ,需要の地域別特性に柔軟な対応を行ない,きめ細かな売場づくりをしようとするものであった。76年には千葉に本社を置く扇屋と仙台に本社を置く東北ジャスコとを合併した。さらに77年には北関東に営業基盤をもつ伊勢甚百貨店や日立伊勢甚,さらには味の街やジンマート,いとはん,およびジェーフードなど6社を合併した。

　1978年度はジャスコ誕生10周年にあたり,これを記念して低価格志向や機能を重視する「ホワイトブランド」商品を独自に開発して市場に投入した。79年度には品質を重点に各種の付加機能を盛り込んだ「ゴールドブランド」商品を開発して市場に投入した。また新しい業態の開発も進め,コンビニエンスストアとファーストフードとを有機的に組み合わせたコンボストア「ミニストップ」をオープンさせた。重要なことは食品POS(販売時点情報管理)

システムがスタートしたことであり，各事業部各店にマーケティング機能をもたせそれぞれの地域特性を的確迅速に把握するためにスーパーバイザー制を導入したことである。

商品販売総額は75年度で2559億円であったのが，80年度には5367億円へと5年間で2.10倍に増加した。商品販売総額のなかで大きな金額を占めるのは関係会社への原価供給分であり，80年度では1499億円であった。対75年度比では4.13倍と大きく増加し，商品販売総額に占める比率も14.2％から28.4％へと大きく拡大した。直営店での商品販売額は80年度には3868億円となり，対75年度比では1.76倍となった。直営店での商品販売額の部門別構成は，80年度では食料品(41.2％)が大きな割合を占め，以下，日用雑貨(15.2％)，肌着(8.3％)，服飾雑貨(8.3％)，婦人用品(7.8％)，紳士用品(6.3％)，家具家電(6.1％)，子供用品(5.8％)，その他(1.0％)と続く。対75年度比で構成比率が拡大した部門は食料品(＋9.1ポイント)や日用雑貨(＋4.2ポイント)，家具家電(＋2.1ポイント)などであり，逆に婦人用品(－3.6ポイント)などの衣料関係部門は構成比率が低下し，相対的に伸びが低かった。

店舗展開は75年度には直営店舗数が104店となり，地区別では京阪神(53店)[2]と東海４県(37店)[3]に集中し，これに次いで東北(7店)が多い。他は栃木で２店，福井や茨城，岡山，広島，徳島，香川で各１店ずつ分布していた。直営店の配置には地域的集中性がみられ，特に北海道では店舗網は空白で，関東地方や中国・四国以西では店舗網が希薄であり，必ずしも全国展開に至ってはいない。1980年度での直営店は，増加店舗数からみると北海道地区を除いて，ほぼまんべんなく展開している。近畿地区(62店)と中部地区(45店)では，店舗数がほぼ頭打ちの水準まで来ており，店舗網が成熟したとみてよい。東北・関東・中国・四国地区は店舗数がなお成熟水準まで達しているとはいえず，店舗数増加率からすれば倍々ゲームとなった。北海道地区はこの時点ではまったくの手つかず状況にあった。

ジャスコは直営店が手薄な地区では子会社を配置することでカバーしようとした。主な子会社のうち百貨小売業を事業内容とするものが13社ある。東北地区では秋田県本荘市に東日本衣料，山形県酒田市に西奥羽ジャスコ，同

県米沢市にカクデイジャスコを配置している。関東地区では千葉市に扇屋ジャスコ，甲信越地区では長野県松本市に信州ジャスコ，新潟県上越市にいづも屋百貨店，中国地区では広島県呉市に中国ジャスコ，島根県出雲市に山陰ジャスコ，そして九州地区では福岡市に福岡ジャスコ，大分市に大分ジャスコ，宮崎市に橘ジャスコを配置した。

　百貨店を主要な業務とする子会社のうち，80年度までに追加されたのは茨城県水戸市の伊勢甚と伊勢甚チェーン，長野県上田市のほていや，石川県金沢市に北陸ジャスコ，宮崎県宮崎市の橘ストアーであり，北陸と北関東に新たな拠点を作ったのが特徴的である。かくして北海道や西九州，南四国などの一部の地域を除き，ほぼ全国に店舗網をもつことになった。

2　海外商品の開発輸入と店舗のＳ＆Ｂ──1980年代

　ジャスコは80年代に入ると，業務提携をさらに拡大して連邦制経営の輪を広げつつ，「世界のベストソースから良い品をより安く」(80年度)をスローガンに商品の開発輸入にも手がけ始めた。82年度には「ザ・スペシャル商品」として衣料品100品目を販売した。83年度には15周年記念商品を企画販売した。84年度には世界の輸入品を集めた「ワールドフェア」を開催し，85年度には「ワールドフェア」をさらにきめ細かくしつつ拡大した。これらは円高メリットを生かすために年々拡大され，オリジナル商品の開発輸入が加速された。そして海外からの商品輸入を担保するために，79年には同業他社4社で輸入専門会社のアイク㈱を設立した。また「ホワイトブランド」商品を経済性と無駄のない利便性を追求する方向に転換したり，飾り気のない良さを追求する「シンプルリッチ」やメンズカジュアルショップ「キャンパス」など，新しい着想のショップも展開した。

　80年代後半に入ると，ジャスコは円高メリット下での消費者ニーズに積極的に対応するために，「本格的国際マーチャンダイジング元年」(87年度)や「生活の豊かさ元年」(88年度)，「ジャスコ誕生20周年」(89年度)，「豊かさへの挑戦」(90年度)などをスローガンとして掲げ，品揃えの見直し，情報システムの推進，分権と責任体制の明確化など業務改革を進めた。品揃えに関し

ては，新たな自社ブランド製品開発や開発輸入品目の拡大のみならず，並行輸入商品をも取り扱った。さらに季節行事や各地域の社会行事にあわせた商材の取り揃えや，余暇時間の増大やレジャー指向などファッション動向を売場に反映させるマーチャンダイズシステムの再構築を行なった。

　商品販売総額は85年度には80年度の1.36倍にあたる7331億円となり，90年度には9512億円にまで増大した。商品販売総額の部門別内訳は，70年代に引き続いて関係会社への原価供給分と食料品との比率が高く，1位と2位を占めた。関係会社への原価供給分の比率は80年代前半でさらに拡大して85年度には31.2％に達した。ただしその後は縮小に転じ90年度には20.2％に落ちた。もちろん比率が落ちただけであり，金額は増加を続けた。直営店の販売部門別構成比率が高いのは食料品であり，80年代では4割前後を推移した。最も大きな比率を占めたのは82年度の42.6％であり，その後は傾向としてわずかながら後退して90年度では39.7％となった。そのほかの商品部門で構成比率が拡大したのは婦人用品，紳士用品，日用雑貨，家具家電，その他などであり，縮小したのは子供用品，肌着，服飾雑貨などである。

　80年代のジャスコは，85年に海外子会社ジャヤ・ジャスコの第1号店をマレーシアのデヤブミに開店したり，88年には米国の婦人服専門店チェーンのタルポット社を子会社を通じて買収するなど，海外展開を積極的に進めた。同時に国内においては83年に本社を大阪市福島区から東京都千代田区に移転し，名実共に日本を代表する大手スーパーの地位を獲得した。80年代の国内における営業店舗の展開は，70年代までの合併による規模拡張路線から，直営店をスクラップ・アンド・ビルドしつつ増加させ，また子会社の株式の上場(86年に信州ジャスコ)や店頭公開(88年にウエルマート)をするなどして，自己増殖路線に転換してきたことに特徴がある。しかしこの自己増殖はなお量的・外延的な拡大としての性格をもっていた。

　85年度における直営店数は159であり，その地区別分布は東北20，関東12，中部49，近畿67，中国5，四国4であった。また90年度における直営店数は178店であり，その分布は東北27，上越9，関東19，中部46，近畿66，中国4，四国6，九州1であった。店舗数は近畿・中部に集中しているものの頭

打ちであり，むしろ東北・上越・関東での増加が目立つようになった。それよりも店舗展開で注目しなければならないのは，後に考察するが，直営店のS＆Bが84年以降，次第に増加してきたことである。また「フォーラス」という名称の新業態が開発され，地方中枢・中核都市の都心部に登場した。80年代においては仙台(86年度)や秋田(87年度)に，そして北九州市の黒崎(90年度)にも登場した。

　80年代に新たに付け加わった百貨小売業を営む関連子会社としては，秋田県横手市の羽後ショッピング，仙台市のカクデイジャスコ，埼玉県上尾市のボンベルタ上尾，長野県大町市のカネマンジャスコ，同県小諸市の昭和堂ジャスコとファッションデパート昭和堂，金沢市の北陸ジャスコ，三重県松阪市の松阪ニューデパート，兵庫県姫路市のウエルマート，佐賀市の佐賀ジャスコなどがあり，店舗網がさらに拡張されつつ密になってきた。そして80年代末になると，これら既存の子会社を「ウエルマート」業態に転換させていく動きが始まる。他にもベルモードやララパークといった業態も各1店(89年度)づつが投入された。

3　新業態の投入と商圏の重層的掌握──1990年代

　90年代前半のジャスコは「本格的"自由競争時代"の幕開け」として絶えざる挑戦を繰り返した。すなわち「すべての行動はお客様のために」(90年度)とか「お客様にとっての存在感のある企業の創造をめざして」(91年度)，さらに「お客様の満足の実現に向けて」(92年度)として「圧倒的な低価格と確かな品質」の実現に向けて「基本の徹底，変革への挑戦」が進められた。その挑戦は「コスト構造の革新，オペレーションの革新，プライスの革新」(93年度)としてまとめられた。それぞれの店舗商圏の特徴とニーズにあわせた品揃えを実現するために，POS情報システムや物流機能を整備・充実し，売場規模別に標準化した品揃えとともに地域特性にあった売場づくりに取り組んだ。一方で健康指向やグルメ指向と家庭回帰志向とを融合しつつ，他方で価格訴求型商品の品揃えを行なうことが求められた。

　さらにジャスコは創設25周年を迎えて，94年度に新たな戦略として「経営

構造変革への挑戦」を提起した。ここでの柱は，第1に小売業における新業態の提案であり，第2に企業の社会貢献を強く意識したイオングループ財団の設立であり，ここでは「高齢者や障害者への配慮」や「社会貢献・環境保全活動」を進めることが明記された。新たな業態の提案は，アメリカ型の本格的ディスカウントストア(DS)「メガマート」とスーパー・スーパーマーケット(SSM)「マックスバリュー」とであり，この両業態はローコストオペレーションにより日々の暮らしに必要な品々を「毎日，低価格(エブリデー・ロー・プライス)」で提供することにコンセプトがある。商品としては「ストアブランド商品」(93年度)やプライベートブランドとしての「トップバリュー」(94年度)を開発した。

　発注精度の向上や演出の強化を図るためには情報物流体制の整備がはかられなければならない。この取り組みを支援するために，グローバルマーチャンダイジングとダイレクトソーシングを行ない商品調達力の強化と商品コストの低減，DEI(電子データ交換)やTOMMII(新商品管理システム)などの情報技術を駆使した「製販同盟」(4)による商品管理システムの革新，サービスセンター・物流センター運営のアウトソーシングやハンガー納品の導入などによる物流の効率化などを推進してきた。また衛星通信網(イオンネット)を整備した。

　96年度には消費需要の落ち込みのなかで，ジャスコは勝ち残るための中期計画「CREAT21」(97～99年度の3ヵ年計画)を策定した。ここでは「収益力の強化」，「21世紀に向けた戦略展開」および「マネイジメント構造の変革」を柱とし，97年度にはゼネラル・マーチャンダイズ・ストア(GMS)における売場・商品分類の変更や，事業本部制からカンパニー制組織への移行，コスト構造の改革などを実施した。98年度には営業力を強化するために「週間営業会議」をスタートさせた。週間営業会議は1週間単位で重点売場・商品を明確化することを各店舗に徹底させる仕組みであり，年間52週のそれぞれにおいてマーチャンダイジングを行なう仕組みでもある。これによってGMS業態の売場改革やグローバルソーシング，商品開発の強化などを行なった。

第4章　改正大店法下での大型店舗網の再構築

　商品販売総額は関係会社への原価供給分が次第に減少したこともあって，92年度には対前年度比で一時的なマイナスを経験した。しかし商品販売総額は93年度以降では直営店の積極的な展開によって増加しており，93年度に1兆円を突破し，98年度には1兆2503億円となった。直営店における商品部門別構成は，食料品部門がさらに拡大を続け，90年度に39.7%であったものが98年度には44.6%になった。他の商品部門も構成比率は低下させつつも，98年度の紳士用品を除けば，販売金額は増加を続けた。

　1990年代における店舗展開は新業態の開発もあって本格的なS&Bに入った。店舗数は1990年度に178店であったのが，1994年度以降にそれまでになく積極的な展開を行なった。その結果，94年度には店舗数は200店の大台に乗り，98年度には292店にまで増加した。90年代（90年度→98年度）において店舗数の増加が著しいのは，店舗網が成熟した近畿や中部以外の地区においてであり，東北（27→61），関東（19→43），上越（9→18），中国（6→13），四国（4→25）等の地区では2倍以上に店舗数が増加している。しかもこれらの店舗は単に新設にとどまらず，売場面積の規模拡大や業態の変更などをともなった閉店・開店を含んでいることに特徴がある。

　系列子会社の店舗網も一段と緻密になっている。99年現在では，北海道ジャスコがマックスバリュー業態で北海道地区に8店舗，東北ウエルマートが同じくマックスバリュー業態を山形・秋田県内に62店舗，扇屋ジャスコが千葉県を中心にジャスコ業態とマックスバリュー業態で23店舗，北陸ジャスコが富山・石川・福井の3県で19店舗，ウエルマート㈱が兵庫県南西部で82店舗，山陽マックスバリュー㈱が広島県と山口・岡山県の一部に29店舗，九州ジャスコが宮崎・鹿児島県を除く九州地区に19店舗を配置している。またこれら以外に，茨城ウエルマート㈱，中部ウエルマート㈱，西九州ウエルマート㈱，大分ウエルマート㈱なども店舗展開をしている。

　なお94年度には本社機能を千葉県幕張に移転した。97年度には事業本部制がカンパニー制になり，営業部門のもとに東北，関東，中部，近畿，西部の5つのカンパニーが作られた。

III ジャスコの店舗経営指標の地区別動向

1 ジャスコ店舗動向と地区別売上高

　ジャスコは75年度から98年度の23年間に新規に開店した店舗数は219店である。開店舗数の推移をみると，92年度までは79年度を除いて年間10店未満であった。これが93〜95年度では毎年10店台での開店があり，96年度以降は20店前後の開店数に増加している。これに対して閉店数は23年間でちょうど100店舗であった。75〜89年度では閉店数は年間5店未満であった。90年度以降になると変動はあるものの，閉店数はそれ以前の2〜3倍程度の水準に達している。かくして改正大店法下でジャスコは店舗の開閉店を積極的に行なっていたことがわかる(表4-2)。

　地区別にみると，東北・北陸・関東・中四九地区では閉店数よりも開店数の方が圧倒的に多い。これらはジャスコが新たに進出していった地域であるからにほかならない。これに対して中部・近畿地区は開店数も多いが閉店数も多い。中部・近畿地区はジャスコのホーム地区であり，比較的古くから店舗を多く抱えており，これらの地区では店舗S&Bが進んでいる。

　ジャスコの店舗(直営店)での商品売上高は1976年度に2211億円であったのが，82年度に4000億円を，89年度に6000億円を，94年度に8000億円を，そして97年度に1兆円を超え，98年度には1兆1096億円に達した。地区別構成をみると，76年度では近畿が51.1％の過半を占め，これに中部の32.2％が続い

表4-2　ジャスコ地区別店舗開閉店数の推移

	東北地区		北陸地区		関東地区		中部地区		近畿地区		中四九地区		合計	
	開店	閉店	開店	閉店	開店	閉店	開店	閉店	開店	閉店	開店	閉店	開店	閉店
75〜79年度	6	0	1	0	11	2	12	7	7	3	4	0	41	12
80〜84年度	6	0	0	0	5	0	7	3	10	5	4	0	32	8
85〜89年度	6	0	2	1	7	1	7	3	8	7	0	0	30	12
90〜94年度	8	4	2	1	6	2	10	11	11	18	1	1	38	37
95〜98年度	19	5	5	3	9	1	19	8	13	11	13	3	78	31
計	45	9	10	5	38	6	55	32	49	44	22	4	219	100

資料：ジャスコ『有価証券報告書総覧』より作成。

た。関東はわずかに2.1％にすぎなかった。ジャスコ発祥の地である近畿と中部とに店舗売上高の8割強が集中していた。

　ジャスコは全国制覇に向けて、東日本、とりわけアウエーである関東での売上高拡大に力を入れていく。それはホームである近畿・中部での販売額をこれ以上増加させることがむずかしく、そのためにアウエーでの拡大によって全体の販売額を実現したのである。関東地方の対全国シェアは80年代に6％台に上昇した。92年度まではベッドタウンを中心に出店を続けた。93年度からは通勤圏の拡大に対応して出店地の外延的拡大をはかるとともに、関東での当初の拠点であった茨城・栃木両県でのきめ細かな店舗展開によって、JR上越線およびJR中央線沿線を除き、店舗網を充実させていった。この結果、関東の対全国シェアは88年度には14.4％に拡大し、94年度に15％を超え、98年度には16.2％に達した。

2　店舗規模と売場面積効率

　ジャスコの売場面積はもちろん増加してきた。76年度に40万8520㎡であったのが、79年度には50万㎡を、そして93年度には100万㎡を超え、98年度には199万6129㎡に達した。22年間に売場面積は4.89倍になった。この間に販売額は5.02倍になっているから、売場面積の拡大がほぼ販売額の増加につながっているとみてよい。1店舗当たりの平均売場面積は大きくなった。76年度には4535㎡であったのが、89年度には5000㎡を、93年度には6000㎡を、97年度には7000㎡を超え、98年度には8065㎡となった。22年間で1.78倍となった。

　店舗販売額を売場面積で除算した「売場生産性」は、ジャスコ全体では1㎡当たり76年度の54.1万円から85年度の70.7万円へと上昇した。80年代後半には70万円前後を推移して、89年度から92年度にかけて再び上昇し、92年度には最高の79.9万円に達した。しかしその後は、急激に低下し、98年度には55.6万円に落ちた。

　ジャスコ全体を100％とした地区別売場生産性は、全体的には年度を追うにつれて平準化の方向をたどった。地区別では近畿地区は一貫して全国水準

を安定的に上回った。中国地区も全国水準を上回っていたが，96年度以降は全国水準を下回る年も出てきた。中部地区は一貫して全国水準を下回る売場面積生産性にとどまった。80年代にはその乖離を縮小する傾向にあったものの，90年度以降，再び乖離が拡大する傾向にあった。

　関東地区は76年度には対全国平均で－38％水準にあったが，88年度（＋3.6％）に向けて，大きな変動をともないつつも格差を縮小し全国水準を上回るまでになった。しかしその後は，大きな変動をともないつつ，傾向としては再び全国水準から次第に離れていった。東北地区は70年代後半に一時的に全国水準を上回る売場面積生産性を獲得したが，86年度（－33.5％）までは傾向として低落した。その後94年度（－6.3％）まで回復したものの，低迷を続けている。北陸・四国・九州地区は店舗数が少ないこともあって，変動がかなり大きく出ており，全国水準に近づくあるいは一時的には全国水準を上回った。

3　従業員販売高効率

　ジャスコの76年度の従業員（正社員）数は7241人であり，その後一貫して増加し，85年度には1万人を超え，98年度には1万4313人に達した。ジャスコの従業員は22年間で1.98倍になった。フレックス社員（パートタイマー）はそれ以上に増加した。76年度のフレックス社員数は3991人であり，正社員に対する比率は55.1％であった。その後増加して，87年度には1万人を超え，89年度には正社員数を上回るようになり，95年度には2万人を超え，98年度には2万9679人に達した。フレックス社員は22年間で実に7.44倍になった。また総社員数に占める比率も98年度には67.5％に達し，正社員1名に対しフレックス社員が2.07人という状況になった。

　店舗正社員1名当たりの販売額（以下，労働生産性）は76年度では3831万円であった。これが78年度には5000万円を，85年度に7000万円を超えた。80年代後半は7000万円台を推移し，95年には1億円台に乗った。

　90年代後半は1億円前後を推移している。このように傾向的には正社員の労働生産性は高まったが，これはすでにみたフレックス社員の急速な増加に

支えられたものであり，フレックス社員を含めた従業者数を母数とした1人当たり労働生産性は，70年代後半から80年代前半にかけては増加し，76年度の2105万円から3840万円の水準まで上昇した。しかし80年代後半から90年代初めにかけては3300〜3800万円の間を推移し，その後低下局面に入り，98年度には2788万円となった。

　地区別に店舗生産性を分析するにあたっての困難は，『有価証券報告書総覧』において店舗単位の正社員数は明らかであるものの，フレックス社員数が明らかでないことである。ここではこのような限界があることを認識した上で，地区別の労働生産性を概観しておきたい。東北地区は変動はありつつも一貫して全国平均を下回った。北陸地区は70年代終わりに一時的に全国平均を上回ったが，その後は全国的にも労働生産性が低く推移してきた。関東地区は93年度までは全国平均を上回っていたが，94年度以降は全国水準を下回った。中部地区は80年代後半に全国水準にたどり着き，その後はほぼ全国水準並みを推移した。近畿地区は80年代後半の一時期を除き，全国水準を上回っており，90年代においては全国水準との乖離を大きくした。中国地区は乱高下が激しく一定しない。四国地区は北陸地区と同様の動きを示した。いずれにしても店舗労働生産性の地区別格差は，次第に縮小してきたことがわかる。

Ⅳ　ジャスコの店舗再構築の論理

　本節では主として店舗ごとの売上高と売場面積を基礎指標として，第1に店舗新設の売上高効果について，第2に売場面積拡大（以下，増床）の売上高効果について，第3に業態転換の売上高効果について，第4に店舗移築増床の売上高効果について，第5に店舗廃止の論理について検討を加え，総体として店舗網再構築の論理を考察していく。

1 店舗新設と売上効果

売上高効果曲線は店舗新設後, 一定期間を経て次第に高まりピークを迎える。ピーク後に追加的な投資が行なわれないと, 売上高は漸減しそして急落する。ここでは売上高効果がどの程度続くのかを問題とし, 店舗新設後に売上高がピークを迎えるまでの年数によってこれをはかりたい。開店期間が数年程度を除けば, 増床も業態転換をもしない店舗はほとんどない。ここで使用する店舗別データは78店舗であるが, それは新設後に増床を経ないで売上高がピークを迎え, その後において低落した店舗のみに限定したことによる。

新設売上高効果(以下, 新設効果)は78店舗平均で4.9年である。地区別では中部地区が最も長く9.2年であり, これに近畿の5.4年が続く。これらはジャスコ店舗網としては成熟した地区であり, また新設時期が経済の高度成長期から安定成長期にかけての店も含むことから, 比較的長期間にわたる効果があったものと思われる。これに対して, 安定成長期から平成不況期にかけて出店を増加させた東北(3.8年)・北陸(3.3年)・関東(3.7年)では新設効果が短い。この短さを「即効性」とみるかあるいは「即陳腐化」とみるかについては, 消費需要の伸び悩みのもとでの競争激化という状況を鑑みれば,「陳腐化」の速度が早まっていると解釈したい。

新設効果が最も長く続いた店舗は名古屋市郊外にある稲沢店(愛知県)であり, これは76年度に開店し93年度までの17年間に及んだ。第2位は同じく名古屋市の郊外にある大府店(愛知県)であり, 77年度に開店し91年度に販売高のピークを迎えた。三重県では鳥羽店(78〜91年度), 津北店(78〜91年度), 四日市市の生桑店(79〜91年度), 桔梗が丘店(78〜89年度), 岐阜県では柳津店(羽島郡柳津町, 79〜91年度), 新潟県では新潟店(79〜92年度), 兵庫県では加西店(加西市, 80〜92年度)とベルモード店(三木市, 80〜90年度)などが10年間以上の効果を保ち続けた。

2 増床と売上効果

営業店の新規出店後に売上高はデモンストレーション効果によって上昇するが, 新設効果がいつまでも続くわけではない。売上高曲線は一度低下し始

めると，何らかの追加的投資を行なわない限り，増加局面に転ずることはない。売上高を増加局面に転換させるための第1の方策は売場面積を増加させること(以下，増床)である。ここでは増床後(その年度も含む)に売上高が，その売場面積で最高値に達するまでの期間(年度単位)を「増床効果継続年(以下，増床効果年)」と呼び，これでもって「増床効果」とする。

なお増床効果年を算出するデータを収集するにあたっては，次の3点に留意した。第1に増床にともなう売上高の最高値が98年度にある場合は，なお売上高の上昇可能性があることから，検討の対象からはずす[6]。第2に増床効果が引き続きあるうちに次の増床が行なわれた場合には，次の増床の前年度までを売上効果年とする。第3に76年度以前に増床した分については，データ収集との関係で検討対象から外した。その結果，ジャスコの場合，188のサンプルを得ることができた。

店舗の増床による売上効果年数は新規出店による売上効果数よりは短く，平均で2.9年にとどまった。これを年数別でみると，売上効果年ゼロ，すなわち増床しても売上げが増えなかった事例が21.1％にあたる39店舗においてあった。これに次いで多いのは増床効果年1年であり，19.5％(37事例)であった。以下，効果年数が長くなるにつれて，該当事例数は少なくなる。それでも売上効果年が10年以上あった店舗は12例ある(表4-3)。

これを増床倍率でみると，増床倍率1.3倍クラスにおいて平均増床効果年

表4-3 売場面積増床倍率による売上高効果持続年数

増床倍率	0年	1年	2年	3年	4年	5〜6年	7〜9年	10年〜	計	平均効果年数
1.0倍〜	28	21	11	8	4	3	5	2	82	1.9
1.1倍〜	7	4	6	2	4	2	1	2	28	2.8
1.2倍〜	3	7	4	3	8	4	1	2	32	3.3
1.3倍〜	1	2	0	0	2	2	0	3	10	5.6
1.4倍〜	0	1	3	2	0	0	2	0	8	3.6
1.5倍〜	0	2	1	1	5	6	0	1	16	4.3
2.0倍〜	0	0	3	3	4	0	0	2	12	4.4
計	39	37	28	19	27	17	9	12	188	2.9

注：76年度以降の増床であり，データの取り方は本文を参照。
資料：表4-2と同じ。

が5.6年と高い。これ以下においては，増床倍率が小さいほど平均増床効果年数が低く，1.0倍クラスでは1.9年，1.1倍クラスでは2.8年，1.2倍クラスでは3.3年であった。またこれ以上においては，1.4倍クラスで3.6年であるものの，1.5倍以上のクラスでは4.3〜4.4年を維持している(表4-4)。

　これを増床面積でみると，全体としては1000㎡クラスまでは増床規模が大きいほど平均効果年数は長くなり，1000㎡で4.1年であった。1500㎡以上のクラスになると少し落ちるが，3000㎡以上クラスでは4.5年となっている。いずれにしても，増床規模が大きい方がその増床効果は長く続くということになる(前掲，表4-4)。

　しかし増床効果としての売上高は景気に左右されることは明らかである。そこでほぼ5年単位で区分してその増床効果年をみると，80年代央までは増床効果年数が長く出ており，80年代後半から90年代初めにかけては4年をピークとするようになり，90年代では平成不況の影響および大型店間の競争激化により効果年がさらに短くなり，0〜1年が全体の3分の2を占めるに至った(表4-5)。

　いくつか事例をみておこう。まずは増床を続けることで売上高を連続的に上昇させている店舗である。長岡店(新潟県)と宇都宮店(栃木県)は増床回数を積み重ねることで売上高を連続的に上昇させてきた。長岡店は，5840㎡

表4-4　売場面積増床規模別売上高効果持続年数

増床倍率	増床効果年数									平均効果年数
	0年	1年	2年	3年	4年	5〜6年	7〜9年	10年〜	計	
〜99㎡	12	5	5	5	4	1	2	0	34	1.9
100㎡〜	10	5	2	2	0	1	0	1	21	1.5
200㎡〜	5	5	0	1	2	1	1	1	16	2.4
300㎡〜	4	5	5	1	0	2	1	0	18	2.1
500㎡〜	3	5	7	2	1	2	1	4	25	3.7
1,000㎡〜	4	6	0	1	8	4	3	3	29	4.1
1,500㎡〜	0	5	1	1	2	2	0	1	12	3.3
2,000㎡〜	1	0	5	3	8	0	1	0	18	3.3
3,000㎡〜	0	1	3	3	2	4	0	2	15	4.5
計	39	37	28	19	27	17	9	12	188	2.9

資料：表4-2と同じ。

第4章 改正大店法下での大型店舗網の再構築

表4-5 増床年度別増床効果年数

増床年度	増床効果年数							
	0年	1年	2年	3年	4年	5～7年	8年～	計
77～81年度	8	5	7	4	3	7	9	43
82～86年度	2	0	2	0	1	6	7	18
87～91年度	3	4	6	7	17	8	0	45
92～97年度	27	28	12	8	6	3	0	84
計	40	37	27	19	27	24	16	190

注：データの取り方は本文参照。
資料：表4-2と同じ。

(89年度)→7890㎡(91年度)→8378㎡(95年度)→1万5437㎡(97年度)であり，その結果，売上高は16.1億円から80.8億円へと増加した。宇都宮店は4610㎡(76年度)→4610㎡(81年度)→5488㎡(88年度)→1万㎡(91年度)→1万1300㎡(97年度)という増床であり，24.3億円から40.3億円へと売上高を伸ばした。

しかし増床した場合でも，売上高が伸び続けるとは限らない。鶴岡店(山形県)は77年度に売場面積3968㎡で22.1億円の売上高を実現していた。しかしその後売上高は対前年度比でマイナスが続き，82年度には7.9億円にまで落ち込んだ。ジャスコは85年度に売場面積を2倍強の7989㎡に増床し，その増床効果は続き90年度には48.4億円に達した。94年度までは売上高40億円台を維持したが，その後売上高は減少を続けた。それは96年度に1万48㎡に再増床したにもかかわらずであった。藤井寺店は76年度では売場面積8208㎡で売上高51.4億円であった。その後売上高は連続的に上昇し，83年度には70.4億円に達した。84年度に売場面積を8518㎡に増強し，91年度には78.9億円にまで達した。しかしその後増床がなかったこともあり，売上高は減少して98年度には61.4億円にまで落ちた。

3 業態転換と売上効果

売上高を高める方策の第2は業態の転換である。ジャスコにはフォーラス，ビッグバーン，マックスバリュー，メガマート等の業態がある。ここではフォーラス業態を検討しよう。フォーラス業態は，秋田，仙台，姫路，明石，黒崎(北九州市)，大分の6店舗であり，そのうち明石は98年8月に，黒崎は

99年1月に閉店した。これらフォーラス店はいずれも地方中核・中枢都市の都心部に立地するという特徴をもっている。

仙台フォーラス店はもともと通常店としての仙台店から出発した。売場面積が5005m²であった仙台店の売上高は，76～82年度では45～49億円の間を推移した。84年度にフォーラス店に業態を変えると，売上高は業態転換工事にともなう休業期間での一時的な低下があったものの，上昇局面に転換し，89年度には73.4億円を超えた。さらに売場面積を90年度に6695m²，92年度に8205m²，98年度に1万784m²と逐次拡大することによって，売上高は連続的に上昇を続け，98年度には145.1億円に達した。

秋田フォーラス店も同様の動きを示してきた。売場面積が7539m²であった秋田店の売上高は，77年度の57.5億円をピークとして長い後退局面に陥り，85年度の売上高は往時の約3分の1に当たる16.9億円となった。これへの対策は第1に業態の転換であり，85年度において秋田店から秋田バレドゥー店へ，そして87年度には秋田フォーラス店になった。この2回にわたる業態の転換は売上高の向上に寄与し，92年度には41.8億円にまで回復した。その後，売上高が停滞すると，今度は第2の対策として売場面積の拡大が行なわれ，96年度に9788m²になり，98年度には過去最高の58.3億円の売上高を実現した。

売場面積が1万1290m²の大分フォーラス店は92年度に開店した。売上高は開店直後の93年度には28.6億円であり，その後も順調に増加して98年度には38.3億円に達した。

これに対して姫路フォーラス店は業態を転換したものの，売上高は伸びていない。売場面積が1万184m²と当初から比較的大きな売場面積をもった姫路店は，売上高が76年度には69.9億円あり，78～83年度までは70億円台の大台を維持した。83年度からは売上高が後退局面に入り，86年度には63.4億円に落ちた。都心部に立地していることもあり，売上高は再び上昇に転じ，89年度には81.1億円に達した。しかし90年代に入ると再後退局面に入り，93年度には60.5億円まで下がった。これへの対策として，ジャスコは94年度に姫路店をフォーラス業態に転換した。にもかかわらず売上高は98年度時点でなお59.3億円にとどまっていた。90年代央においては業態転換のみで売上高を

増加させることは困難であった。

　明石フォーラス店は業態転換にもかかわらず閉店するに至った事例である。売場面積が2399m²であった明石店(兵庫県明石市)の売上高は，76年度から明石フォーラス店に業態変更する87年度まで，84年度を除き，いずれも対前年度比がマイナスであった。76年度に19.7億円あった売上高は，86年度には11.9億円まで低下した。88年度に業態の変更とともに売場面積を4774m²に拡大することで売上高は上昇に転じ，95年度には過去最高の26.2億円に達した。しかしその後，後退局面に陥り，97年度には売上高が21.1億円に落ち，98年度に閉店した。なおジャスコは明石市には大久保店(98年度で売場面積1010m²，売上高11.9億円)があるものの，売上高は停滞した。

　黒崎フォーラス店も同様である。売場面積が8384m²の黒崎フォーラス店は89年度に開店した。売上高は91年度には47.1億円となった。95年度に売場面積の拡大(9971m²)が行なわれたが，売上高を増加させる効果は出なかった。そのため99年度には閉店した。

　以上，6つの店舗の検討から，地方中枢・中核都市の都心部に立地する店舗に関して，フォーラス業態への転換は80年代後半までであれば売場面積の拡大をともなわなくても売上高を上昇させる効果を引き出せたが，90年代においては売場面積の拡大をも伴わなければ効果がないことが明らかとなった。また業態転換は比較的最近において開店した黒崎・大分を除けば，10年近い比較的長い期間での売上高低迷を契機としている。しかし売場面積の拡大は時代背景が異なりつつも，3〜4年の比較的短い期間の売上高の低迷を契機としている。[7]

4　移築増床と売上効果

　増床や業態転換を行なっても売上高効果が出なくなると，抜本的な店舗統廃合が行なわれる。まず酒田店と酒田南店の事例からみておこう。酒田店(山形県酒田市)は76年度において売場面積6488m²で60.5億円の売上高を実現していた。しかし酒田店は売上高が連続して対前年比マイナスを記録し，85年度には34.5億円まで低下した。88年度に売場面積を7979m²に増床したこと

で，90年度には38.8億円に回復した。にもかかわらず再び対前年比マイナスが続くことになり，95年度にはわずか11.8億円の売上高しかなかった。96年度に売場面積を8141㎡に再増床したが，これも効果なく97年度には閉店した。

　もちろん酒田商圏からジャスコは完全に撤退したわけではない。ジャスコは酒田店の閉店に先立って，売場面積9000㎡の酒田南店を93年度に開店させ，そこでの売上高を着実に増加させて98年度には66.1億円に達した。なお酒田市にはもう一つ東大町店が85年度に開店(2479㎡)したが，開店年度以降，売上高(初年度で1.2億円)が一度も対前年比でプラスになることなく，93年度に閉店した。酒田南店はこれら二つの店舗の売上高を上回る水準を実現しているのである。

　同じく山形店と山形北店を検討しよう。山形店(山形県)は76年度において売場面積5620㎡で，売上高は19.3億円であった。77年度の19.5億円の最高値を実現した後，山形店の売上高は低落に転じ，83年度には14.2億円になった。85年度に売場面積を6861㎡に増床することで，売上高を上昇に向かわせ90年度には20.2億円となり，過去最高値を実現した。しかし91年度には15.0億円に急落し，92年度には閉店した。もちろん山形商圏から撤退したわけではなく，すでに88年度から山形北店(4450㎡)を稼働させ，94年度には33.4億円の売上高をもっていた。そして95年度には2倍強の9250㎡に売場面積を増床し，売上高も96年度には48.2億円にまで増加させた。一時的に分散増床させた売場面積を一店に統合することで，さらなる規模の利益を出そうとしたのである。

　その他の事例としては次のようなものがある。高田店(5400㎡)→上越店(1万4700㎡)，下妻店(5390㎡)→新下妻店(1万4369㎡)，岡崎店(9142㎡)→南岡崎店(1万3567㎡)，蒲郡店(883㎡)→新蒲郡店(2738㎡)，上野店(3744㎡)→伊賀上野店(7830㎡)，名張店(5613㎡)→新名張店(1万3833㎡)，茨木店(3407㎡)→新茨木店(9990㎡)，金剛店(1894㎡)→金剛東店(1万1500㎡)などがあげられる。

5 店舗廃止の論理

　店舗がどのような過程を経て閉店に至るのか，ここでは基本的指標である売上高の動向から検討しておこう。すでにみたように，93年度以降，増床や業態の転換なしに売上高を5年間以上続けている店舗では，売上高は一定期間後，必ず低下局面を迎えるのであり，これを回避するためには増床や業態転換，さらには立地移動を行ない続けなければならない。しかし同一都市圏内での立地移動が困難な場合には撤退の危機を迎えることになる。

　売上高の低下曲線のあり方が立地再編を含めた店舗のS&Bを規定するのであり，その低下曲線を閉店に至る年数と低下水準とからみてみよう。なお閉店に至る年数は，同一立地・同一売場面積・同一業態のもとでの売上高最高値年度から閉店年度までの期間(以下，閉店準備期間)で表現する。また低下率は売上高最高年度における売上高に対する閉店年度(ただし，年度途中で閉店の場合には，その前年度)の売上高の比率で表す。

　閉店準備期間については40件のサンプル数が得られ，76～96年度では6～10年間が42.5％と最も多く，これに1～5年が35.0％で続く。これを期間別でみると，当然のことながら近年度ではより短期間により多くのサンプルが集まることになるはずであるが，Ⅳ期を除き，いずれの期間であっても6～10年が最も多くなった。これに続く年数としては，Ⅰ期では16年以上が，Ⅰ～Ⅲ期では1～5年が出てくる。Ⅳ期が1～5年に全て集中するのはサンプルの性格からして当然のことである(表4-6)。

　次に低下率の分布をみると，サンプルは41件あり，最高が93.8％，最低が

表4-6　売上高最高年度から閉店までの年数

売上高最高年度	1～5年	6～10年	11～15年	16年以上	合計
Ⅰ期 (76～80年度)	2	6	3	5	16
Ⅱ期 (81～85年度)	0	6	0	1	7
Ⅲ期 (86～90年度)	2	5	0	0	7
Ⅳ期 (91～96年度)	10	0	0	0	10
合　計	14	17	3	6	40

　　注：データの取り方は本文を参照。
　　資料：表4-2と同じ。

表4-7 最高売上高時に対する閉店時売上高水準の分布

閉店時売上高水準	件数	比率(%)
20%～	1	2.4
30%～	2	4.9
40%～	7	17.1
50%～	4	9.8
60%～	5	12.2
70%～	9	22.0
80%～	9	22.0
90%～	4	9.8
計	41	100.0

注:統計分析に係わる各種係数は次の通りである。
　平均値　　66.936
　最小値　　28.675
　最大値　　93.827
　分　散　　316.890
　標準偏差　17.801
　変動係数　 0.2659
資料:表4-2と同じ。

28.1%であり，変動係数が0.266ということからもわかるように分散しているが，平均値の66.9%が一つの目安となるであろう(表4-7)。

以下では都市圏内での立地移動がみられない，つまりほぼ完全なスクラップを山形県と新潟県での事例から紹介しておこう。米沢店(山形県)は76年度において売場面積3216m²で，売上高は12.0億円であった。その後は売上高が減少し続けたため81年度に3863m²に増床した。しかし売上高はプラスに転ずることなく減少を続け，87年度には6.2億円となった。

88～89年度は7億円台に回復したものの，90年度に閉店することになった。米沢店(山形県)の閉店は酒田店や山形店と異なって，同一都市内での他店舗開店を伴わなかった。米沢店に近接する店舗としては赤湯店(85年度で4341m²，25.6億円)があり，92年度には売場面積を6088m²に増床し，販売高も33.2億円にまで伸ばした。しかし赤湯店もその後は低落傾向に転じ，98年度には24.3億円にまで落ちた。

6　店舗網の重層的構築

成熟的消費市場でのジャスコは店舗網の再構築によって売上高を伸ばす方向に転換してきたことが明らかである。もう一つの出店戦略は規模と業態とが異なる店舗を重層的に投入していくことに求められた。ジャスコは欧米の流通事情の研究結果から，1990年代後半に市場圏域が異なる四つのタイプのSCを開発し投入した。[8]

第1は「リージョナルSC」である。これは商圏人口40万人以上の広域型商圏対応型SCで，スーパーストアと百貨店などによる2つ以上の核店舗を

擁して、その間を100店舗近くの専門店が並ぶエンクローズドモールで結ぶのが基本な構造である。青森県八戸市の郊外に進出した「イオンタウン下田」がこの事例であり、副都心づくりを標榜する売場面積1万4000〜1万6000㎡程度をもつイオンタウン業態は、青森県八戸市郊外の下田町に95年度に出現し、これの成功を受けて同等規模の店舗が東北地区では仙台市（中山店）、秋田(御所野店)、山形(北店)、郡山(フェスタ店・イオンタウン店)(9)などが地方中核都市の郊外部に出店した。またS&Bの典型例は静岡県西部地域であり、焼津店(3595㎡)と掛川店(6045㎡)は当時としては比較的規模が大きいと思われていたが、それぞれ86年度と94年度に閉店された。その代わりに、売場面積1万㎡前後のイオンタウン(メガマートとマックスバリューとが核店(10)舗)が湖西店・浜岡店・磐田店として98年度に開店した。

　第2は「コミュニティSC」で、これは商圏人口10〜20万人の中商圏対応型SCで、核店舗と専門店によって構成され、幅広い品揃えによってワンストップショッピングを可能とするものである。この典型例である売場面積が2〜3000㎡のマックスバリュー業態が登場するのは94年度の江刺店からであり、急速に増加して98年度には11店となった。特に岩手県南から宮城県北にはマックスバリュー業態店が7店集中し、ほぼ国道4号線に沿うようにして南北に連なっている。

　第3は「ネイバーフッドSC」で、これは商圏人口約5万人の小商圏対応型SCで、ここでは生活必需品や購買頻度の高い商品に品揃えを特化させ、毎日のショッピングが可能とするものである。売場面積500㎡弱のウエルマート業態店が東北地区で現れるのは98年度においてであり、青森県の津軽地方における人口が数万人の地域中心都市に7店舗出現した。

　第4はパワーセンターであり、これは商圏人口30万人以上の大商圏対応型のSCであり、特定分野の商品を圧倒的な品揃えと低価格で販売する大型専門店「カテゴリーキラー」などを集積させた商業施設である。

　複合的なS&Bは新潟県でみられた。新発田店は新潟県内で最も早く設置された店舗である。76年度では売場面積が5590㎡で売上高は26.4億円であった。その後売上高は伸び、80年度には売場面積の増床（＋541㎡）もあり、最

高の34.1億円に達した。この80年度を境にして売上高は長期的に低落し，95年度には21.0億円となり，96年度に閉店し撤退した。この新発田店に代替するものとしては，近くの三日市町にウエルマート（499㎡），村上市との中間にある中条町にマックスバリュー（2834㎡）とウエルマート（470㎡）とを95年度に新規開店させた。

V　まとめ

　1990年代に入り，大店法が改正され，出店は原則自由となり，大型店の出店攻勢が続いた。この大型店の出店攻勢はより大規模な売場面積での新規出店と既存店のS&Bとを内容としている。特に既存店のS&Bが目立つようになり，商店街からの大型店の撤退と，より大きな売場面積規模での郊外出店とがセットにされている事例が出てきている。90年代以降における大型店の出店は，大型店網が成熟化してきたことから，基本的に既存店のS&Bをともなう必要が出てきており，立地の流動化が進んできている。

　ジャスコは提携・合併を繰り返すことにより，「連邦制経営」を基本とする店舗網を直営店と子会社の営業店とを組み合わせながら，中部・近畿をホーム地区としつつ全国に拡大していった。ホーム地区の店舗は時代的には古く，売場面積もそれほど大きくなかったので，改正大店法による出店規制緩和のもとで，いち早くS&Bが進められた。またアウエー地区においても，より大規模な売場面積をもつ店舗を出店させただけでなく，売上高を高めるためのS&Bが普段に進められた。

　1990年代は，大型店間の競争のみならず，不況による消費の低迷もあり，本格的なS&Bが始まった。店舗単位では明らかに，売場面積効率は売場面積が大きくなるほど低下している。また従業者売上高効率も著しく増加したフレックス社員数を母数とすれば，むしろ低下している。このような低下にもかかわらず，売場面積規模を大きくしなければ売上高を高めることはできず，これが店舗の再構築の基本となっている。ではどのような過程で店舗の

第 4 章　改正大店法下での大型店舗網の再構築

再構築が進むのであろうか。ジャスコの場合，店舗新設の売上高効果は平均で 5 年弱であり，しかもこの効果は最近になるほど短くなる傾向にある。売上高の低下を防ぐためには，まずは増床を繰り返さなければならない。増床する場合は1.3倍ないしは1000m²程度なければ売上高効果は出ず，大きいほど売上高効果は高くなる。それでもせいぜい 4 年程度しか効果は続かず，しかもその効果は最近になるほど短くなる。もちろん増床したとしても売上高が必ず上がるとは限らない。もう一つの方法は業態を転換することである。本章ではフォーラス業態を検討したが，これも90年代央からは増床と組み合わせなければ効果が出ない。

　既存店で増床が出来なくなると，あるいは増床しても売上高効果が出てこなくなると，移築による増床を考えなければならない。多くの場合，同一都市圏内に新設し，一定期間後に既存店の閉店を行なう。場合によっては同一都市圏内での代替店をもたずに閉店させることもある。あるいは閉店後，規模を縮小した新業態の店舗を出店させることもある。店舗を閉店するには，おおむね 6 ～10年程度にわたって売上高が連続的に低下し，その低下が 7 割弱水準に落ちることをめどとしている。閉店に至るまでの年数も年々短くなっているのである。このことは店舗そのものがこれまでの「ストック」としてではなく，「フロー」として取り扱われるようになったことを意味する。

　消費市場規模の拡大が困難な90年代後半でのジャスコ出店戦略の特徴は，規模と業態の異なる店舗を開発し組み合わせて商圏を重層的に掌握しようとする試みにあった。ここにおいては大手スーパーと地域スーパーとの全面的な対決が始まることになり，地域スーパーの系列下や店舗網の S&B がこれまで以上に進んでいくことになる。[11]

(1)　本章で取り上げている大手スーパー 5 社に，長崎屋を加えたもの。
(2)　1976年 2 月期決算であり，決算年度とは 1 年ずれる。
(3)　静岡，岐阜，愛知，三重の 4 県。ただしジャスコでは中部地区として表示している。
(4)　『日経流通新聞』1996年 7 月 4 日。
(5)　フレックス社員は期中平均人員であり， 1 日勤務時間 8 時間に換算した

ものである。
(6) 採用したデータが98年度までであることによる。
(7) 業態としては，他にビックバーン，ウエルマート，メガマートがある。さらに複数のマートから構成するイオンタウンがあるが，売上効果年を計るには年が不足しているので，これらの業態等については次の機会に検討したい。
(8) ジャスコホームページ（http：www.jusco.co.jp/sc/index.html）（1999年11月13日現在）。
(9) 郡山イオンタウンは直営店としてはメガライブ，メガマート，マックスバリュー店である。
(10) 「マックスバリューマーケット」業態である。また「メガマート」は生鮮食料品以外の生活必需品を「エブリデー・ロープライス」で提供するディスカウント業態である（http:www.jusco.co.jp/aerogroup/superstore/jusco.html）（1999年3月9日現在）。
(11) 店名をジャスコから変えたイオンは，2002年に入ると，中堅スーパーのいなげやの筆頭株主になり，本格的に首都圏への参入を開始し，出店攻勢をかけはじめた（『日本経済新聞』2003年5月23日）。また出店地域も郊外部から都心部へその重点を移す動きをみせはじめた（『日本経済新聞』2002年7月4日）。

第5章　地方都市中心部商業集積の空洞化

　本章では，最近における中心市街地の空洞化と地方都市における商店街のあり方を検討するために，以下のような手順で分析を進める。まず小売業全体として，店舗規模の大規模化と業態のスーパー・コンビニ化が進むなかで，東北地方の小売業もこれを後追いしている現状をみる(第Ⅰ節)。次いで商業集積地区の動向について全国的な地域特性をブロック別及び都市人口規模別に検討する(第Ⅱ節)。そのなかで福島県内に限定して，商業統計表を再集計し(第Ⅲ節)，都市規模別に商業集積状況の空間配置を時系列的な変化を追う(第Ⅳ節)。

Ⅰ　大店舗売場面積の急激な拡大と小売業の業態変化

1　大店舗売場面積の急激な拡大

　商業集積は傾向としては商店街から大規模小売店舗(以下，大型店)へと移行している。大型店数は1988年の1万4632店から97年の2万1892店へと増加し，この9年間に1.50倍になった。小売商店全体に対する大型店内小売商店(以下，大型店内商店)シェアは各種指標において拡大している。大型店内商店数は9年間に10万9955店から12万4552店へと1.13倍となり，そのシェアは6.7％から8.8％へと拡大した。従業者数は114.2万人から158.6万人へと1.10倍となり，そのシェアは16.7％から21.6％へと拡大した。年間販売額は32.8兆円から48.3兆円へと1.47倍の増加があり，そのシェアは28.6％から32.7％へと拡大した。大型店内商店の売場面積は3326万㎡から5497万㎡へと増加し，そのシェアは32.6％から42.9％へと拡大した。[1]

　大型店内商店がシェアを拡大していくのはいうまでもなく大型店外商店よ

りも販売効率が高いからである。1997年における従業者1人当たり年間販売額は大型店内商店が3043万円であり，大型店外商店の1726万円の1.76倍であった。売場面積規模別では大型店内商店は規模が大きくなるほど従業者1人当たり年間販売額も高くなり，3000㎡以上では4181万円に達した。労働生産性は大型店内商店でしかも面積規模が大きいものの方が良い。しかし売場面積販売効率はかならずしもそうではない。同年における売場面積1㎡当たり年間販売額は大型店内商店が87万5000円であり，大型店外商店86万1000円の1.02倍にとどまる。大型店内商店を売場面積規模別でみると，傾向として面積規模が大きくなるほど販売効率は下がる。10㎡未満が455万6000円と最も高く，1500～3000㎡が68万2000円で最低となる。売場面積規模の拡大に伴う売場面積効率の逓減をコストとしてカバーするために，大型店は地代の高い都心部を避け，地代負担のより小さい郊外部に立地してきたのである。

2　東北地方で急速に拡大した大型店売場面積

　大規模小売店舗(以下，大型店)[2]数は1991年に大店法が改正されてから急速に拡大した。大型店数は1988年に1万4632店であったのが，91年に1万5511店(+6.0%)，94年に1万7643店(+13.7%)，97年には2万1892店(+24.1%)となり，増加率も加速化している。1994～97年の動きを店舗面積規模別にみると，大規模化が進んでいるのが確認できる。最も店舗数の伸びが大きかったのは3000～6000㎡であり，これに1500～3000㎡が続いている。2万㎡以上の大型店も3年間で25.8%の増加をみた(表5-1)。

　1991年以降における小売業全体の年間販売額の伸びは小さくない。91年に142.3兆円であったのが，94年に143.3兆円(0.7%増)となり，97年には147.7兆円(3.1%増)となった。しかし大型店の年間販売額は大きく伸び，91年に40.1兆円であったのが，94年には42.2兆円(5.2%増)となり，97年には48.3兆円(15.2%増)となった。店舗面積規模別でみると，年間販売額の増加率は1000～1500㎡で小さく，6000～1万㎡で減少した。これは第二種大型店(売場面積500㎡以上3000㎡未満，ただし都の特別区および政令指定都市は6000㎡未満)のうち，売場面積1000㎡までは「おそれなし」ということで事実上，調

第5章　地方都市中心部商業集積の空洞化

表5-1　売場面積規模別大型店舗数と店舗内商店数・年間販売額

店舗面積	大規模小売店舗数		大規模小売店舗内小売店			
			商店数		年間販売額(10億円)	
	1997年	対94年増減率(%)	1997年	対94年増減率(%)	1997年	対94年増減率(%)
500㎡〜	7,836	34.1	17,826	2.3	5,275	33.3
1000㎡〜	5,366	1.3	15,191	▲12.0	5,192	▲1.2
1500㎡〜	3,984	37.0	16,059	5.2	5,875	30.8
3000㎡〜	2,255	41.6	15,808	5.5	5,488	24.1
6000㎡〜	1,128	15.5	17,553	▲1.6	5,686	2.1
1万㎡〜	972	25.7	27,054	12.3	8,980	14.1
2万㎡〜	351	25.8	15,061	26.4	11,783	10.7
合　計	21,892	24.1	124,552	4.9	48,278	14.4

注：合計には「その他小売業」を含む。
資料：通商産業大臣官房統計課『平成9年商業統計表』1999年4月。

表5-2　東北地方の大型店数と年間販売額動向

都道府県別	大規模小売店舗数(店)		小売店年間販売額(10億円)			
			大規模小売店舗内		大規模小売店舗外	
	1997年	対94年増減率(%)	1997年	対94年増減率(%)	1997年	対94年増減率(%)
青　森	312	28.4	500	24.0	1,163	▲3.8
岩　手	294	24.1	393	17.6	1,136	1.2
宮　城	358	49.2	778	34.1	1,968	▲6.4
秋　田	267	25.4	383	23.8	1,045	1.7
山　形	302	43.1	375	36.3	1,095	▲0.7
福　島	428	59.7	669	41.8	1,729	▲4.7
全国計	21,892	24.1	48,278	14.4	99,465	▲1.6

資料：表5-1と同じ。

整対象とはならず，しかし1000㎡を超えると調整対象となることが影響している。また6000〜1万㎡は，都の特別区と政令指定都市において，第二種大型店と第一種大型店との狭間に位置していることの影響が出ている。

　都道府県別にみると1994〜97年にかけての大型店数の増加は，東高西低と大都市に多いという2つの傾向とが組み合わさった状況を示している。東北地方6県における大型店の増加率はいずれも全国平均を上回っている(表5-

2)。特に福島県はこの間の大型店数の伸び率は全国一であった。また大型店内小売商店の年間販売額の伸び率を都道府県別にみると，全国平均を下回ったのは南関東や愛知，阪神，福岡といった大都市圏と大分・鹿児島などである。他の地域は全国平均を上回る伸びを示し，なかでも南東北（宮城・山形・福島）の３県では大型店内小売商店の年間販売額の伸び率が全国平均の２倍を超えている。特に福島県は大型店数の伸びが全国一であったことを受けて，高い伸び率を示した。

その一方，大型店外小売商店の年間販売額は1994～97年にかけて全国的には1.6％減少し，都道府県別でも33都道府県で減少した。東北地方６県では大型店外小売商店の年間販売額が増加したのは岩手と秋田のみで，これら２県では大型店内小売商店の年間販売額の伸び率が全国平均は上回るものの，東北地方の中では相対的に低い伸びにとどまった。東北地方で最も落ち込みが大きかったのは宮城であり，福島がこれに続いた。

このように東北地方は，小売業業態における全国的な趨勢とタイムラグをもちながら追いかけているだけでなく，特に改正大店法によって店舗ならびに商店の大規模化の影響を最も強く受けていることがわかる。小売業の業態変化と大規模化の影響は，主に中小規模の専門店や中心店によって構成されている商店街では，どのように出てきているのであろうか。

3 業態の専門店・中心店からスーパー・コンビニへ

1997年における商店数は全体で142.0万店あり，そのうち専門店が最も多く59.1％をしめ，これに「中心店」[3]の27.2％が次いでいる。以下，その他のスーパーの8.5％，コンビニの2.6％，専門スーパーの2.3％[4]と続く。総合スーパー[5]と百貨店は商店数比率としては0.1％，0.03％とそれぞれわずかである。また97年の年間商品販売額は全体で147.7兆円である。その業態別内訳は専門店が最も多く40.3％であり，これに中心店21.3％が続くが，いずれも商店数比率に比べて低い。これに対して，専門スーパー(13.8％)や百貨店(7.2％)，総合スーパー(6.7％)などは年間販売額比率が商店数比率に比べて高い。コンビニも年間販売額比率(3.5％)が商店数比率を上回る。しかしそ

の他スーパー(6.8%)はその逆となる。

　改正大店法が制定された1991年から97年までの間に，小売業の業態の重心は専門店・中心店からスーパー・コンビニエンスストア(以下，コンビニ)に確実に移動している。1991年から97年にかけて全体の商店数は11.5%減少した。業態別では専門店・中心店およびその他の小売店などが大きく減少し，百貨店はわずかに減少した。これに対して総合スーパー・専門スーパー・コンビニ・その他のスーパーなどは大きく増加した。

　年間販売額は小売業全体では6年間に3.8%増加した。業態別では専門店と百貨店とが大きく減少し，コンビニ・専門スーパー・その他スーパー・総合スーパー・中心店などが年間販売額を増加させた。特に百貨店は商店数がほとんど減少しないにもかかわらず，年間販売額をかなり減少させた。これに対して，中心店は商店数をかなり減少させたにもかかわらず，年間販売額をそれなりに増加させた。

　東北地方6県の業態別動向については，店舗規模の大きい総合スーパーは青森・秋田・福島などで商店数が大きく伸び，年間販売額も2倍程度に拡大した。宮城・山形では伸びが小さく，岩手では商店数・年間販売額ともに減少した。専門スーパーの商店数や年間販売額の伸びは宮城で目立ち，福島で相対的に低い。他のスーパーの商店数や年間販売額は青森・宮城・秋田で大きな伸びがあり，岩手・山形・福島では伸びが相対的に小さい。コンビニは福島を除いて，商店数・年間販売額ともに全国平均を上回る伸びを示し，特に青森・秋田・山形といった西東北での伸びが非常に大きかった(表5-3，5-4)。

　これに対して専門店や百貨店はスーパー・コンビニの影響を受けて，大きく後退した。専門店の場合，商店数の減少はどちらかといえば西東北地区で大きいが，年間販売額の減少は岩手・宮城などの東東北地区でみられた。百貨店は青森・福島では商店数・年間販売額ともに大きく後退しているが，岩手ではいずれも大きく増加した。宮城・山形では商店数が減ったものの，年間販売額は何とか増加した。秋田では商店数は変わらないが，年間販売額が大きく減少した。中心店の場合は6県ともに商店数を減らしながらも年間販

表5-3 小売業業態別店舗数動向（東北6県）

	合計		百貨店		総合スーパー		専門スーパー		コンビニ		他のスーパー		専門店		中心店	
	1997年	対91年増減率(%)	1997年	対91年増減率(%)	1997年	対91年増減率(%)	1997年	対91年増減率(%)	1997年	対91年増減率(%)	1997年	対91年増減率(%)	1997年	対91年増減率(%)	1997年	対91年増減率(%)
青森	19,162	▲13	9	▲25	20	82	443	56	738	468	1,633	475	10,004	▲19	6,298	▲28
岩手	18,564	▲11	10	43	15	▲6	390	55	560	74	1,055	47	9,336	▲14	7,152	▲16
宮城	26,232	▲12	9	▲10	38	3	739	100	878	60	3,342	123	13,588	▲19	7,596	▲27
秋田	17,300	▲14	5	0	16	60	348	51	345	132	861	96	9,140	▲18	6,559	▲17
山形	17,122	▲11	7	▲13	18	6	425	52	281	178	519	30	9,155	▲16	6,698	▲13
福島	26,662	▲10	10	▲9	32	52	582	30	675	42	1,612	6	14,400	▲12	9,310	▲12
全国計	1,419,696	▲12	476	0	1,888	12	32,209	55	36,631	54	120,721	68	839,969	▲17	385,748	▲16

資料：表5-1と同じ。

表5-4 小売業業態別年間販売額動向（東北6県）

（単位：10億円）

	合計		百貨店		総合スーパー		専門スーパー		コンビニ		他のスーパー		専門店		中心店	
	1997年	対91年増減率(%)	1997年	対91年増減率(%)	1997年	対91年増減率(%)	1997年	対91年増減率(%)	1997年	対91年増減率(%)	1997年	対91年増減率(%)	1997年	対91年増減率(%)	1997年	対91年増減率(%)
青森	1,662	11	81	▲9	99	98	278	54	52	373	101	153	634	▲10	415	4
岩手	1,530	11	72	44	56	▲14	242	67	59	103	74	25	569	▲30	454	16
宮城	2,746	8	159	2	178	24	404	95	116	76	238	66	1,018	▲14	629	24
秋田	1,428	14	26	▲26	84	121	224	46	37	164	90	43	563	▲1	402	12
山形	1,470	14	42	8	79	65	239	46	33	313	61	7	566	▲3	449	15
福島	2,397	12	79	▲16	144	109	357	29	102	65	155	15	918	▲7	637	29
全国計	147,743	4	10,670	▲6	9,957	17	20,440	45	5,223	67	9,986	38	59,879	▲11	31,535	9

注：合計には「その他小売業」を含む。
資料：表5-1と同じ。

売額は増加した。特に宮城は商店数の減少率の大きさとは裏腹に年間販売額を大きく伸ばした。

II 地方都市の中心市街地と商業集積地区特性

1 中心市街地と商業集積地区

　中心商店街の空洞化にかかわる実務的検討は『中心市街地活性化基本計画』において具体的かつ個別的に行なわれており，2001年12月4日現在では463市町村(465地区)で策定されている。しかし各都市の中心市街地における商業集積の空洞化にかかわる空間的特性を比較検討しようとすると，中心市街地の定義に直面することになる。「中心市街地における市街地の整備改善及び商業等の活性化の一体的推進に関する法律」(以下，中心市街地活性化法)では中心市街地を「当該市街地に，相当数の小売商業者が集積し，及び都市機能が相当程度集積しており，その存在している市町村の中心としての役割を果たしている市街地であること[6]」と定義している。

　ただしこの条文は「中心市街地が備えるべき小売商業者及び都市機能の集積の程度は，それぞれの市町村ごとにより異なるものであり，当該市街地が存在する市町村内の他の地域と比較して，相当数の小売業者が集積し，各種事業所，公益施設等が密度高く集積することによって様々な都市活動が展開され，それを核として一定の商圏や通勤圏が形成されていることなど，当該市町村における当該市街地の経済的，社会的役割に着目して判断することが重要である[7]」と解釈され，そのため中心市街地の数は各地域の実情により複数存在することもあると説明されている。[8]

　中心市街地にかかわる数量的な規定は省庁の支援策において登場する。1つは経済産業省の「中核的集積関連施設整備出資事業」の「出資要件」にみられる。ここでは以下の要件を満たす中心市街地内で行なわれる事業が対象となるとされている。

　①おおむね160以上の商店が現に存在すること。

②二以上の公共交通機関が存在すること。
③市役所，市民ホール，図書館，病院等公益的施設が二以上存在すること。
④商業統計における当該中心市街地の商店数，年間販売額又は売場面積のうち，二以上の項目が減少傾向にあること。
⑤この他，原則として，商業集積地区，商業地域または近隣商業地域で行なわれる事業であることが必要である。

ここでは中心市街地の定義との関係では①②③および⑤「この他」の項目に注目すべきである。

2つは国土交通省の「街なか再生型の市街地再開発事業」である。ここでは基本計画に位置づけられ，かつ大都市地域を除いた，次の要件に該当するものが対象事業となる。
①1960年国勢調査による人口集中地区(1960年に人口集中地区が設定されていない場合については，人口集中地区の設定の基準を満たす地区)において行なわれるもの。
②商業地域又は近隣商業地域が相当部分を占める区域において行なわれること。
③当該計画の位置づけられた市街地に関する施策と商業振興に関連する施策が，適切かつ緊密な連関をもって実施される区域において行なわれること。
④まちづくり協議会，商店街振興組合等の住民，事業者等による組織が当該計画の実現に積極的に参加すると認められる区域において行なわれること。
⑤公的住宅，公益的施設，産業振興支援施設等の延べ面積の合計が保留床の延べ床面積の1/3以上であること。

中心市街地の定義との関係では，①②が重要である。そのうえで中心市街地の商業動向を空間的に比較検討するにあたっては，『商業統計表－立地環境編』における「商業集積地区」のデータを活用することが可能である。すなわち『商業統計表』では，商業集積地区を都市計画法第8条に定める「用途地域のうち，近隣商業地域及び商業地域であって，商店街を形成している

地域」として定義している。そして概ね1つの商店街を一つの商業集積地区とするが、1つの商店街とは小売店，飲食店及びサービス業が近接して30店舗以上あるものをいい，ショッピングセンターや多事業所ビル(駅ビル，寄合百貨店等)も原則として1つの商業集積地区としている。

『立地環境特性編』は94年版以降では商業集積地区，オフィス街地区，住宅地区，工業地区，その他地区の5つに区分して地区別集計を行なっている。オフィス街地区とは都市計画法第8条に定める「用途地域」のうち，近隣商業地域及び商業地域であって，商業集積地区の対象とならない地域をいう。住宅地区とは都市計画法第8条に定める「用途地域」のうち，第一種・第二種住居地域及び準住居地域をいう。工業地区とは都市計画法第8条に定める「用途地域」のうち，準工業地域，工業地域及び工業専用地域をいう。また97年版では商業集積地区がさらに駅周辺型，市街地型，住宅地背景型，ロードサイド型，その他型に細分されている。[9]ここでは中心市街地にはオフィス街地区及び商業集積地区の駅周辺型と市街地型とが関係することになる。

2　全国における総小売業と商業集積地区小売業

全国における小売業の動向を1991～99年でみると，商店数は一貫して減少し，9年間で11.6%減少した。年間販売額は91～97年で増加し，97～99年で減少したものの，9年間では結果として2.3%の増加となった。従業者数は91～94年で増加し，94～97年でわずかな落ち込みをみたものの，97～99年で大幅な増加をみた。その結果，従業者数は9年間では15.7%の増加がみられた。売場面積は一貫して増加しており，9年間で21.8%の増加となった。ここ9年間での全国の小売業動向は，商店数が大幅に減少した一方で，従業者数と売場面積を大幅に増加させたにもかかわらず，年間販売額の増加が小幅にとどまったのである。

中心市街地と直接的にかかわりをもつのはオフィス街区である。オフィス街地区が小売業全体にしめる割合の比率がどのような動向にあるのかについては，微妙ではあるものの，ある程度の傾向性は読み取ることができる。商店数では一貫したシェア拡大が見られ，91年に4.7%であったのが，99年に

は5.0%となった。年間販売額では91～94年ではいったん落ち込んだものの，94～99年にかけては着実に回復してきた。しかしなお91年水準にはもどっていない。従業者数では91～94年にかけては縮小したものの，その後回復し，99年は91年水準を上回っている。売場面積では逆に縮小傾向を読み取ることができる(表5-5)。

次いで商業集積地区が小売業全体に占めるシェアの推移は，これといった傾向性を特定できない。商店数では41～43%の間を推移した。細かく見ると91～97年にかけて拡大したが，97～99年では縮小した。年間販売額では47%前後を維持して推移している。従業者数比率は比較的変動が大きく，44～48%の間を推移した。売場面積は50～52%の間を推移した。このように商業集積地区の全体に対するシェア変動には，一方的に拡大するとか縮小するとかの傾向性を読み取ることはできない。これは商業集積地区の定義からして，郊外型であってもショッピングセンターを形成すれば，商業集積地区に該当してしまうからである。

表 5 - 5　小売業地区特性別構成の動向

		1991年	1994年	1997年	1999年
商店数	小売業計（万店）	160.6	150.0	142.0	140.7
	商業集積地区	41.8%	42.0%	43.7%	42.9%
	オフィス街地区	4.7%	4.8%	4.9%	5.0%
	その他の地区	53.5%	53.2%	51.5%	52.2%
年間販売額	小売業計（兆円）	142.3	143.3	147.7	143.8
	商業集積地区	47.7%	46.4%	47.4%	46.6%
	オフィス街地区	5.8%	5.5%	5.6%	5.7%
	その他の地区	46.6%	48.1%	47.0%	47.7%
従業者数	小売業計（万人）	700.0	738.4	735.1	802.9
	商業集積地区	45.1%	44.4%	48.3%	46.6%
	オフィス街地区	5.2%	5.0%	5.4%	5.4%
	その他の地区	49.8%	50.6%	46.4%	47.9%
売場面積	小売業計（百万㎡）	109.9	121.6	128.1	133.9
	商業集積地区	52.7%	50.7%	52.4%	51.2%
	オフィス街地区	4.1%	4.1%	3.9%	3.9%
	その他の地区	43.2%	45.3%	43.7%	44.9%

資料：通商産業大臣官房統計調査部『商業統計表　立地環境特性別統計編（小売業）』各年，により作成。

3 商業集積地区の地方ブロック別特性

そこで商業集積地区の構成を地方ブロック別特性として観察してみよう。ただし、これに関しては1997年の統計数値しか入手できない。1997年の小売業年間販売額を地区特性別にみると、すでに見たように、全国平均では商業集積地区が全体の47.4%をしめていた。住宅地区がこれに次いで27.6%であった。商業集積地区をさらに型別に区分すると、5つに区分される。

第1は駅周辺型商業集積地区であり、JRや私鉄などの駅周辺に立地する商業集積地区をいう。ただし、原則として地下鉄や路面電車の駅周辺に立地する地域は除かれている。第2は市街地型商業集積地区であり、都市中心部（駅周辺を除く）にある繁華街やオフィス街に立地する商業集積地区をいう。第3は住宅地背景型商業集積地区であり、住宅地又は住宅団地を後背地としている商業集積地区をいう。第4はロードサイド型商業集積地区であり、国道あるいはこれに準ずる主要道路の沿線を中心に立地している商業集積地区（都市の中心部にあるものを除く）をいう。そしてその他の商業集積地区とは、以上4つの商業集積地区に特性付けされない商業集積地区をいい、観光地や神社・仏閣周辺などにある商店街も含まれる。駅周辺型が最も大きく、全体の19.2%をしめ、これに市街地型11.6%と住宅地背景型1.2%とが続き、ロードサイド型は4.4%にとどまった。その他型は1.0%であった（図5-1）。

これを地方ブロック毎でみると、全体として大都市圏において商業集積地区のシェアが高くなる傾向にある。東京都が最も高く63.2%であった。これに南関東60.9%と京阪神50.8%とが続く。東日本では北関東の集積地区シェア41.3%が南東北46.3%や北東北42.0%よりも低いことが目立つ。北関東では非商業集積地区のうち農山村地域としての「その他地区」シェアが高い。この状況は大都市圏に隣接する甲信越においてもみられる。

商業集積地区を型別でみていくと、駅周辺型はやはり大都市圏においてそのシェアが高い。東日本では概ね東京都30.5%を頂点として、そこから外延部に向かってその比率は低下していく。西日本でも京阪神24.8%を頂点としてそこから離れるにしたがって、その比率は低下していく。ただし北海道と北九州はわずかではあるが、高い。

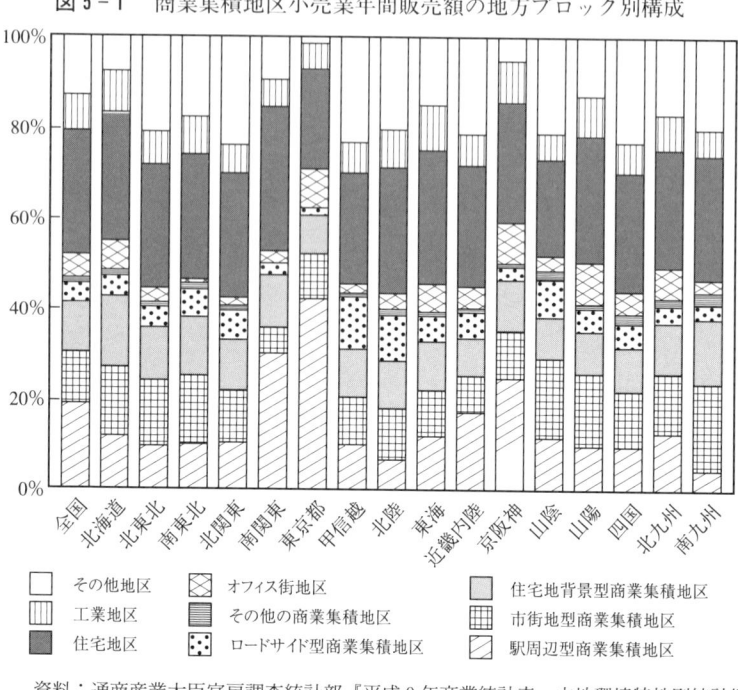

図 5-1　商業集積地区小売業年間販売額の地方ブロック別構成

凡例:
- その他地区
- 工業地区
- 住宅地区
- オフィス街地区
- その他の商業集積地区
- ロードサイド型商業集積地区
- 住宅地背景型商業集積地区
- 市街地型商業集積地区
- 駅周辺商業集積地区

資料：通商産業大臣官房調査統計部『平成9年商業統計表　立地環境特性別統計編（小売業）』により作成。

　市街地型のシェアは東日本では東京都に隣接する南関東5.8％で最も低い。東京都，北関東，甲信越，北陸などでは10～12％台であり，南東北から北海道までは16％台となる。西日本でも京阪神に隣接する近畿内部が8.8％で最も低く，その周辺部にある東海，北陸，四国では10～12％，山陽と北九州では14～16％台となり，そして山陰と南九州では18～20％台と高くなる。

　住宅地背景型は東日本では，東京都が8.5％と最も低く，その周辺を取り巻く南関東・北関東・甲信越などでは11～12％台であった。北東北も11％台であるものの，南東北・北海道は15％台であった。西日本では近畿内陸が8％台，山陰・山陽・四国が9％台，北陸・東海・京阪神・北九州が10～11％台であり，南九州は14％台であった。

　ロードサイド型は東日本では東京都・南関東で1～2％台で低く，北関東

が相対的に高く6.5%にあった。そこから北に向かっては南東北5.9%，北東北4.6%，北海道4.4%と比率が緩やかに低下していく。これに対して北西に向かっては甲信越で11.5%と非常に高くなり，これに続く北陸でも10.5%と高くなっている。西日本ではまず京阪神が3.2%台と低く，その周辺にある近畿内陸・東海・山陽・四国が6％台，そして山陰は高くて8.3%であった。しかしその先にある北九州と南九州は低く，それぞれ4.0%と3.2%であった。

　このように商業集積地区の型特性におけるマクロ的な空間配置は，東日本では東京都を中心に，また西日本では京阪神を中心にして，ゆるい縛りにとどまるものの，一定の同心円構造を観察することができよう。そしてマクロ的な空間配置からすると，ロードサイド型の商業集積が比率として目立つのは，東日本では北関東から南東北にかけての地域と甲信越から北陸にかけての地域で，西日本では山陰においてあり，東京都・南関東・京阪神・近畿内陸といった大都市圏は，駅周辺型商業集積がなお大きな比重をしめていることがわかるのである。ただし残念ながら資料の制約から経年変化をたどることができないので，いずれの型特性が伸びているのか，あるいは縮小しているのかを検討することはできない。[10]

4　都市人口規模別商業集積地区の動向

　1991～99年までの商業集積地区における商店数，従業者数，年間販売額，売場面積の変動を，都市人口規模別にみると次の通りである(表5-6)。商店数は全国では9年間で9.5%減少した。減少率が最も大きかったのは5～10万人クラスで16.7%減であった。これに30～50万人クラスと5万人未満クラスが続いている。100万人以上クラスも6.2%減であった。これらに対して減少率が比較的に小さかったのは，10～20万人クラスと50～100万人クラスであった。10～20万人クラスは年次による変動も比較的小さかった。50～100万人クラスでは91～97年にかけては減少し，97～99年には増加に転じたものの，91年水準までには回復していない。

　従業者数の増減については，商業集積地区の全国平均では9年間で13.7%増となった。伸び率が大きかったのは10～20万人クラスと50～100万人クラ

表 5 - 6　商業集積地区商業活動指標の都市人口規模別動向

人口規模	年	商店数	従業者数	年間販売額	売場面積
5万人未満	1991	100.0	100.0	100.0	100.0
	1994	93.0	101.1	101.7	105.2
	1997	92.1	104.1	108.2	114.7
	1999	88.6	106.8	101.1	115.7
5～10万人	1991	100.0	100.0	100.0	100.0
	1994	92.3	102.8	99.2	104.6
	1997	87.2	100.7	97.4	109.7
	1999	83.3	106.1	91.7	111.3
10～20万人	1991	100.0	100.0	100.0	100.0
	1994	99.0	109.7	102.0	108.8
	1997	101.5	118.7	111.5	125.3
	1999	98.7	127.0	106.9	129.1
20～30万人	1991	100.0	100.0	100.0	100.0
	1994	89.7	99.4	95.2	99.2
	1997	94.3	107.4	105.6	116.0
	1999	90.2	113.5	98.8	117.1
30～50万人	1991	100.0	100.0	100.0	100.0
	1994	97.4	107.8	102.3	111.4
	1997	89.7	105.3	107.5	117.1
	1999	85.6	110.4	96.7	115.9
50～100万人	1991	100.0	100.0	100.0	100.0
	1994	96.0	104.3	100.8	108.1
	1997	90.0	100.3	99.7	111.9
	1999	98.1	123.4	110.0	127.2
100万人以上	1991	100.0	100.0	100.0	100.0
	1994	95.0	105.6	95.7	106.9
	1997	95.2	107.5	101.1	115.7
	1999	93.8	116.6	99.1	119.6
合　　計	1991	100.0	100.0	100.0	100.0
	1994	94.5	104.5	98.9	106.5
	1997	93.0	106.5	104.2	115.9
	1999	90.5	113.7	99.7	118.5

注：1991年を100％としたときの動き。
資料：通商産業大臣官房調査統計課『商業統計表』各年により作成。

スであり，それぞれ20％台の増加となった。20～30万人クラスと30～50万人クラス，100万人以上クラスは，それぞれ10％台の増加を見た。相対的に伸びが小さかったのは5～10万人クラス以下であり，6％台の増加にとどまった。商店数が減少する中での従業者数の増加は，一方では商店規模が大きくなったこと，他方では零細自営商店の解体が進んだことを反映している。

年間販売額は全国平均では9年間で変動を持ちながらも0.3％減をしめした。都市人口規模別でみると，変動を持ちながらも9年間の結果として増加したのは，10～20万人クラス，5万人未満クラス及び50～100万人クラスであった。これに対して減少したのは5～10万人クラス，20～30万人クラス，30～50万人クラス，100万人以上クラスであった。5～10万人クラスは90年代には一貫して減少を続けた。20～30万人クラスと100万人以上クラスは91～94年にかけては大きく落ち込んだものの，94～97年では増加し91年水準を上回った。97～99年にかけては再び減少し，結果として91年水準を下回ることになった。30～50万人クラスは91～97年では5万人以下クラスに次いで順調に年間販売額を伸ばしたが，97～99年度にかけては大きく減少して，91年度水準をも下回ることになった。

　売場面積は全国平均では9年間で18.5％の増加を見た。全国平均を上回る増加率をみたのは10～20万人クラスと50～100万人クラス，100万人以上クラスであった。なかでも10～20万人クラスは29.1％増という最も大きな伸びを示した。売場面積の伸び率が最も小さかったのは5～10万人クラスであり，11.3％増であった。これに次いで伸び率が小さかったのは5万人未満クラスや30～50万人クラスであり，15％台の増加にとどまった。

　以上のことを都市人口規模別に商業集積の動向を整理してみると，最も厳しい状況におかれているのは5～10万人クラスであることがわかる。このクラスでは従業者数や売場面積がそれほど伸びない中で，商店数が大幅に減少したのみならず，年間販売額も大きく減少しているのである。ただし，地方都市の商業集積地区を都市人口規模別で検討するには，その規模別区分をもう少し細かくしておく必要がある。そこで，福島県の商業集積地区に絞って，その動向を紹介したい。

III 福島県内商業集積地区の動向

1 立地特性編数値データの再集計

　商業統計表の立地特性編は，1979年以降，2000年版まで3年毎に公表されている。しかし立地特性編において商業集積地区を細分類で集計されたのは1997年版のみであり，他の年版では集計されていない。ただし1997年版までの立地特性編には，固有名詞が入った「商店街」毎の統計数値が掲載されている。しかも1997年版には商店街毎に商業集積地区の細分類が表示されているので，これを遡及させることで商店街毎での連続した統計数値をとることが可能となる。

　もちろん各年版に掲載されている商店街はその定義によって加除再編される[11]ので，商店街毎の統計数値を全ての年版にわたって連続的に追いかけることはできない。そこで統計数値の連続性を確保しうることと同時に，可能な限り多くの商店街を採用しうること，そして本章の関心が1990年代にあることなどから，統計数値を吟味する期間を1991～97年に限定して作業を行なった。その結果，福島県内では91～97年にかけて連続する統計数値を得ることができたのは268商店街であった。この商店街数は91年(334商店街)では全体の80.2％を，94年(333商店街)では80.4％を，97年版(358商店街)では74.9％をカバーしている。このカバー比率はほぼ全体をみわたすに値する水準にあると思われる。

　次に福島県内の商店街にかかわる4つの商業統計数値を以下のような市町村の人口規模に分けて集計する。すなわち，いわき市・郡山市・福島市・会津若松市など人口規模が10～30万人台にある4市を地方中核都市(以下，中核4市)としてまとめた。中核4市で対象となった商店街数は127であった。二本松市・須賀川市・白河市・喜多方市・相馬市・原町市など人口が2～5万人台の6市を地域中心都市(以下，中小6市)としてまとめた。中小6市に含まれる商店街数は44商店街であった。そしてその他を郡部町村としてまとめたが，これには97商店街が対象となった(表5-7)。

第5章 地方都市中心部商業集積の空洞化

表5－7 福島県内における都市人口規模別地区特性別商業集積動向

特性別	商店街数 福島県計	商店街数 中核4市	商店街数 中小6市	商店街数 郡部町村	期間	県計 商店数	県計 従業者	県計 年間販売額	県計 売場面積	中核4市 商店数	中核4市 従業者	中核4市 年間販売額	中核4市 売場面積	中小6市 商店数	中小6市 従業者	中小6市 年間販売額	中小6市 売場面積	郡部町村 商店数	郡部町村 従業者	郡部町村 年間販売額	郡部町村 売場面積
駅周辺型	58	26	5	27	91～94年	－－	－	－	－	－－	－	－	－	＋	＋＋	＋	－	－－	－	＋	－
					94～97年	－	－	＋	＋＋	－	－	＋	＋	－	－	＋	＋	＋	＋＋＋	＋＋＋	＋＋
市街地型	105	59	25	21	91～94年	－	－	＋	－	－	－	＋	－	－	－	＋	－	－	－	＋	＋＋＋
					94～97年	－	－	－	＋	－	－	－	＋	－	－	＋＋	＋＋	－	＋	＋＋＋	＋＋＋
住宅背景型	81	39	9	33	91～94年	－	＋	＋＋	＋＋	－	＋	＋＋	＋＋	＋	＋＋	＋＋＋	＋＋＋	－	－	＋	＋＋＋
					94～97年	＋	＋＋	＋＋	＋＋	＋	＋＋	＋＋	＋＋	＋	＋＋	＋＋＋	＋＋＋	－	＋	＋＋	＋＋＋
ロードサイド型	5	1	2	2	91～94年	＋＋＋	＋＋＋	＋＋＋	＋＋＋					＋＋	＋＋	＋＋＋	＋＋＋	－	－	－	－
					94～97年	＋	＋＋	＋＋	＋＋＋					＋＋	＋＋	＋＋	＋＋＋	－	－	－	－
合計	268	127	44	97	91～94年	－	－	＋	＋	－	－	＋	＋	＋	＋	＋＋	＋＋	－	－	＋	＋＋
					94～97年	－	－	－	＋	－	－	－	＋	＋	＋	＋＋	＋＋	＋	＋	＋＋	＋＋

注：1) 1991年、94年、97年のいずれにおいてもデータが存在する商店街（本文の（注11）参照）。
　　2) 記号は対前期比で示している。
　　　－－－は10.0%以上減、－－は5.0～9.9%減、－は～4.9%減、＋は～4.9%増、＋＋は5.0～9.9%増、＋＋＋は10.0%以上増
　　3) 合計にはその他型商店街（県計で19、中核4市で2、中小6市で3、郡部町村で14）が含まれる。
　　4) 中核4市とは福島市・郡山市・いわき市・会津若松市の地方中核都市クラスの4市である。
　　5) 中小6市とは二本松市、須賀川市、白河市、喜多方市、相馬市、原町市の6市である。
資料：通商産業大臣官房調査統計部『商業統計表－立地環境特性別統計編（小売業）』各年版により、編集作成。

99

都市階層別に商業集積地区の構成をみると，中核4市では市街地型が最も多く39％をしめ，これに住宅背景型30％と駅周辺型22％が続いている。ロードサイド型は2％(1商店街)にとどまった。中小6市は市街地型の比率が中核4市に比べて高く57％をしめた。これに住宅背景型と駅周辺型とがそれぞれ20％と11％とで続く。ロードサイド型は5％あるが，商店街数としては2つである。郡部町村は中核4市や中小6市と異なって，住宅背景型が第1位(34％)に来ている。これに駅周辺型28％と市街地型22％とが続いている。ロードサイド型は2％(2商店街)であった。

2　福島県内中心商店街における商業集積動向

　まず福島県内で検討の対象となった268商店街全体(以下，全商店街)についての動向を見ておこう。全商店街における商店数は，91年には2万2158店あったが，94年では2万441店(対91年比で7.7％減)，さらに97年には2万161店(同，9.0％減)へと減少した。特に91～94年での減少率が大きかった。細分類別では駅周辺型と市街地型で減少率が大きく，91～97年の6年間にそれぞれ12.5％減と10.5％減とを示した。住宅背景型とその他型での減少率は相対的に小さく，それぞれ4.1％減と5.8％減であった。これらに対してロードサイド型での商店数は増加しており，6年間での増加率は25.4％であった。

　従業者数の変動については，商店街全体では91年の3万4621人から94年の10万4414人(対91年比で1.4％減)，そして97年には10万1406人(同，4.2％減)となった。細分類別では駅周辺型と市街地型で減少率が大きく，91～97年の6年間において，それぞれ16.4％減と10.1％減とを示した。これらに対して住宅背景型とロードサイド型，その他型は増加しており，6年間におけるそれぞれの増加率は13.2％，66.2％，39.0％であり，特にロードサイド型での従業者増加が著しい。またこれらの型での従業者増加率は，91～94年よりも94～97年の方が大きかった。年間販売額の変動については，全体では91年から94年では2兆513億円から2兆725億円(対91年比で1.0％増)へと増加したが，94年から97年にかけては1兆9178億円に後退し91年の販売額を下回った(同，4.2％減)。細分類別でみると駅周辺型は大きく減少し，その減少率は91～94

年(対91年比2.8%減)よりは94～97年(対91年比22.4%減)の方で大きかった。市街地型は91～94年では増加(対91年比1.4%増)したが，94～97年には大きく落ち込んだ(対91年比9.3%減)。これらに対して住宅背景型，ロードサイド型及びその他型はいずれの期間においても増加し，対91年比でそれぞれ12.9%増，56.9%増，46.6%増となった。特に94～97年での増加が目立った。

売場面積の変動については，全体では91年の205.5万m^{2}から94年の204.0万m^2(対91年比0.8%減)，97年の197.1万m^2(対91年比4.1%減)へと減少し，91～94年よりは94～97年での減少の方が大きかった。細分類別では従業者数動向と同様に，駅周辺型(対91年比14.3%減)と市街地型(同，11.5%減)で大きく減少し，住宅背景型(14.2%増)，ロードサイド型(139.9%増)及びその他型(70.4%増)で増加した。特にロードサイド型での増加が著しい。

このように福島県全体では，1991～97年においては，中心商店街の衰退が顕著であった。そのうちでも市街地型よりも駅周辺型における商業集積の衰退が，また91～94年よりも94～97年の方が厳しい状況にあった。中心商店街に対して，住宅背景型は商店数では減少しているものの，他の指標では増加している。またロードサイド型は4つの指標において大きく増加している。要するに中心商店街はその内部空間構成にかかわらず，明らかに衰退しており，商業集積の郊外化傾向が進んできたのである。以下では都市人口規模別で商業集積地区の動向を見ていこう。

3 都市階層別にみた商業集積地区の動向

(1) **中核4市：福島市・郡山市・いわき市・会津若松市**　まずは中核4市についてであり，簡易表現した前掲(表5-7)からわかるように，中心商店街の商業活動は明らかに衰退している。4つの指標のうち，増加を示したのは91～94年の年間販売額のみであった。しかもこの年間販売額は94～97年には91～94年の増加率を帳消しにしても余りある大幅な減少となった。商店数は91～94年の方が94～97年よりも減少率が大きかった。従業者数と売場面積は94～97年での減少率が91～94年の減少率を上回った。

空間構成として，まず中心商店街と非中心商店街とに分けてみると，中心

商店街を構成する駅周辺型及び市街地型の商業集積において衰退が著しい。特に94～97年においては商店数，従業者数，年間販売額，売場面積のいずれをとっても大幅な減少率をしめしている。91～94年の動きと連動させると，はじめは商店数が減少するだけであったのが，売場面積の減少も次第に大きくなり，これらが年間販売額と従業者数の減少に影響してきたと考えることができる。また中心商店街の空間構成を細かく見ると，市街地型よりは駅周辺型の方で衰退が進んだことがわかる。

これに対して，非中心商店街の1つである住宅背景型では，商店数の減少はあるものの，従業者数，年間販売額及び売場面積は小幅ながらも増加している。またロードサイド型は対象となる商店街は1つにとどまるが，いずれの指標においても大幅に増加している。福島県の中核4市は市域面積が大きいので，郊外部にあたる住宅地区やロードサイド地区では伸びている。明らかなドーナツ化現象をみることができるのである。

(2) 中小6市：白河市・須賀川市・喜多方市・二本松市・相馬市・原町市　次いで，中小6市では，商店数や従業者数は小幅ながら減少しつつも，年間販売額や売場面積を小幅ながら増加させてきた。すなわち91～94年では商店数が大幅に減少し，また従業者数は小幅ではあるが減少した。しかし売場面積は大幅に増加し，年間販売額は小幅に増加した。94～97年では従業者数は引き続き小幅な減少となったが，商店数は小幅な増加に転換した。年間販売額と売場面積とはそれぞれ小幅な増加を見た。つまり中小6市は商業集積地区全体としては，堅調な動きをみせている。

中心商店街を構成する駅周辺型と市街地型は，91～94年と94～97年の間においても，異なった動きを見せている。まず駅周辺型であるが，これは中核4市のそれとも異なった動きを示している。すなわち91～94年では商店数，従業者数及び年間販売額が，変動幅はともかくも増加したが，売場面積は小幅ながら減少した。これに対して94～97年では商店数と従業者数とが逆に小幅に減少したものの，売場面積は反転して大幅に増加した。年間販売額は小幅ながらも引き続き増加した。

これに対して中心市街地で最も大きな比率をしめる市街地型は，91～94年

では駅周辺型とほぼ共通した傾向を示したものの，94〜97年には反対方向の動きになった。すなわち91〜94年では市街地型はいずれの指標においても，程度の差はあれ，減少を示した。商店数はかなり大幅に減少し，従業者数は大幅な減少となり，年間販売額と売場面積とはそれぞれ小幅の減少となった。ところが94〜97年では，市街地型は商店数と従業者数が反転して，変動幅はともかくとして増加した。ただし売場面積は小幅な減少を続け，年間販売額では大幅な落ち込みとなった。

　中小6市の特徴の1つは住宅背景型が91〜94年ではいずれの指標においてもかなり大幅な減少をみたことにある。ただし94〜97年では商店数と売場面積とが引き続き減少したものの，従業者数と年間販売額は小幅ながら増加に転じた。ロードサイド型は2商店街しか対象になっていないが，91〜94年ではいずれの指標も大幅な増加を示した。しかし94〜97年になると年間販売額と売場面積は引き続き小幅ないしは大幅な増加をしめしたものの，商店数と従業者数は小幅ないしは大幅な減少であった。

　このように中小6市の中心商店街は中核4市とは異なった動きを示している。その1つは中心商店街の多くをしめる市街地型は総括的には衰退の傾向にあるものの，駅周辺型の商業集積が相対的には健闘していることである。もう1つは郊外商業集積の間にも91〜94年と94〜97年で異なった動きを示したことである。

(3)　**郡部町村**　　郡部町村は全体として91〜94年では売場面積が小幅に伸びたほかは，変動幅はともかくとして3指標ともに減少した。しかし94〜97年では4指標とも大幅に増加を示した。94〜97年におけるこの大幅な増加は中核4市の大幅な減少と対称的な動きとなった。

　細分類別に見ると，中心商店街の多くを構成する駅周辺型はいずれの指標も91〜94年にかけて大幅な減少を示したが，94〜97年では程度の差には大きなものを含みつつも増加に転じた。市街地型は91〜94年では商店数の大幅減を除けば，いずれも小幅の増加が見られた。さらに94〜97年になるとすべての商業活動指標において大幅な増加となった。郡部町村の市街地型は商業集積が空洞化しているとはいえないのである。

非中心商店街としての住宅背景型は91～94年の商店数を除けば，いずれも変動幅はともかくとして，増加傾向にあることは確かである。またロードサイド型は2商店街の事例しかないが，91～94年と94～97年とでは対称的な動きとなっている。すなわち91～94年では売場面積を除き減少したが，94～97年ではいずれの指標をとってもかなり大幅な増加となっているのである。

Ⅳ　まとめ

　以上の検討を商業集積地区の空間構成から整理しよう。
　まず駅周辺型商業集積であり，この型の衰退が最も著しいのは中核4市であり，中小6市の空洞化は1991～97年においては衰退が進んでいるとは必ずしも断定できない。ましてや郡部町村における駅周辺型商業集積は91～94年には大きく後退したものの，94～97年ではむしろ大きく前進したのである。
　市街地型は中心商店街の大きな部分をしめているが，駅周辺型と同様に確かに衰退してきている。この型の商業集積は中核4市では91～97年を通じて一貫して減少し，中小6市も中核4市ほどではないにしても減少している。しかし郡部町村では変動はありつつも，結果的には駅周辺型よりも良好な状況にある。
　住宅背景型の商業集積の動向は中核4市と郡部町村とは比較的よく似ている。商店数は減少しているものの，他の3指標は増加を示しているのである。これらに対して，中小6市におけるこの型の商業集積は異なった動きを見せており，91～94年では明確な減少となったが，94～97年では小幅な増減をしめしている。
　ロードサイド型は都市規模によって異なった動きを示した。この型の商業集積は中核4市では91～97年を通じて一貫してかなりの増加をみせた。これに対して中小6市では91～94年には4指標とも大きく増加し，94～97年には商店数や従業者数は減少したものの，売場面積や年間販売額は増加した。郡部町村ではこの型の商業集積は91～94年には包括的に後退したが，94～97年

第5章　地方都市中心部商業集積の空洞化

には顕著な増大となった。

　以上のことから，地方都市の中心商店街といっても，都市人口規模や商業集積地区型によって異なった動きをみせていることがわかる。すなわち空間構成としては，一方の極には中核4市の中心商店街における商業集積の空洞化があり，他方の極は郊外におけるロードサイド型ないしは郡部町村での商業集中の動きがあること，そしてこれらの動きの中間地帯に住宅背景型や中小6市の中心商店街が位置して多様な動きを示しているのである。

(1)　統計数字は，通商産業大臣官房調査統計部『平成9年商業統計表—大規模小売店舗統計編（小売業）—』通産統計協会，1999年4月，による。
(2)　1997年の『商業統計表』において大規模小売店舗（大型店）とは，「一つの建物内の店舗面積の合計が500平方メートルを超えるもの」であり，「大規模小売店舗における小売業の事業活動の調整に関する法律（大店法）」(1973年制定)の対象となる建物をいう。
(3)　1997年の『商業統計表』から登場した業態名称であるが，これは内容的には94年までの「その他の商品小売業」を引き継いでおり，名称が変更されただけである。
(4)　専門スーパーは，さらに衣料品・食料品・住関連スーパーの3つに細分されるが，売場面積が250㎡以上で，各細分品目取り扱いがそれぞれ70％以上のスーパーである。
(5)　総合スーパーおよび百貨店は大店法の対象となる売場面積をもち，衣・食・住の商品群それぞれ10％以上70％未満を取り扱っている従業者50人以上の大型店である。総合スーパーと百貨店とはセルフサービス方式をどの程度導入しているかにより区別するが，総合スーパーは売場面積の50％以上についてセルフサービス方式を採用している大店舗であり，百貨店はその比率が50％未満である。
(6)　法第二条（中心市街地）第一号。
(7)　正式には「中心市街地における市街地の整備改善及び商業等の活性化の一体的推進に関する基本的な方針」(1999年7月31日付け，通商産業省，建設省，自治省，農林水産省，運輸省，郵政省共同告示)。前掲注における「2　中心市街地の位置及び区域に関する基本的な事項」の「(1)中心市街地の要件」の①。
(8)　同上「(2)留意事項」の「①中心市街地の数」。
(9)　残念ながら1999年版では細分表が作成されていない。また97年版まで掲

載されていた個別商業集積地区（商店街）のデータも，99年版では削除された。
(10) 商業集積地区の型別集計が行なわれているのは1997年版のみである。
(11) 概ね1つの商店街を1つの商業集積地区とする。1つの商店街とは，小売店，飲食店及びサービス業が近接して30店舗以上あるものをいう。また「1つの商店街」の定義に該当するショッピングセンターや他事業所ビル（駅ビル，寄合百貨店等）は，原則として1つの商業集積地区とする。

第6章　商店街の盛衰分析と再構築の視点

　消費者の生活様式が新たな買い物利便性を求めているにもかかわらず，商店街はこれに対応できておらず，このことが商店街の利用率を低くさせている。たしかに大型店の郊外展開が中心部商店街の低迷の原因であるとはいえ，中心商店街の活気のなさの一義的な責任はやはり商店街のあり方にあると思われる（第Ⅰ節）。

　しかし商店街といってもすべてが衰退しているわけではなく，立地特性や業種構成などに違いがあるとはいえ，繁栄している商店街もある。われわれは商店街のあり方を検討するにあたっては，何よりもまず商店街盛衰の分岐がどこにあるのかを確かめることが必要である。また商店街における閉店舗の発生は業績不振と後継者不在にあるが，これは商店街の盛衰別にかかわらず存在している。たとえ衰退商店街であっても，あるいは開店支援がほとんどなくとも，売上高を伸ばしている店舗や新規に開店する店舗があることに注目したい（第Ⅱ節）。

　そのうえで商業集積の「場づくり」としての活性化・近代化事業の方向性を再検討しなければならない。地方都市中心部の再構築のあり方を考えるにあたって重要なことは，やはり主役としての地域住民が地方都市の中心部にいったい何を求めているのかをきめ細かく分析することであり，その主翼を担うのは中心商店街であり，その役割を鮮明にしていくことにある（第Ⅲ節）。

Ⅰ　消費者の要望に応えられない商店街への不満

1　消費者の便利さ要求と低い商店街の利用頻度

　総理府の「小売店舗等に関する世論調査」(1)（以下「世論調査」）によれば，た

しかに改正大店法の施行以来,買い物が便利になったとする消費者は増加している。すなわち消費者の73%は5～6年前に比べて買い物が便利になったと考えており,不便になったと感じているのはわずか5%である。都市規模別にみると,買い物が便利になったとする比率は東京都区部で59%,政令指定都市で71%(2),中都市で71%,小都市78%(3),町村で77%となる。都市の人口規模が小さいところほど買い物は便利となった。性別では男性のほうが女性よりも便利さが高まったと考えている。また自動車を利用する消費者のほうが便利になったとする比率が77%と高く,利用しない消費者の66%をかなり上回る(図6-1)。

買い物が便利になった理由は「大型店が増えたから」(4)(52%)が他をかなり引き離して第1位にあり,「買い物に行く店の営業時間が長くなったから」(39%)や「コンビニエンスストアができたから」(39%),「品揃えがよくな

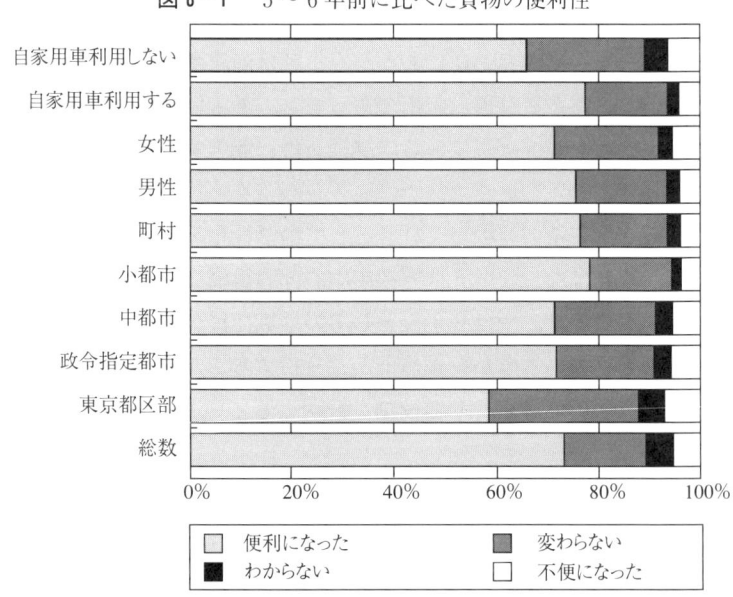

図6-1　5～6年前に比べた買物の便利性

注:資料データを再編加工した。調査法等については本文注(1)を参照。以下の図はすべて同様。
資料:総理府大臣官房広報室「小売店舗等に関する世論調査」1997年6月。

り買い物に幅ができたから」(37%)などが上位に続く。しかし価格の安さや交通手段の充実などを理由にあげた比率は10%台にとどまった。逆に不便になった理由は，回答数が少ないが，「近所の中小小売店が少なくなったから」(61%)と「身近な大型店が撤退したから」(26%)とがある。

また「買い物に便利な店」に対する消費者の考え方も変化している。1997年調査と82年調査との支持率の差をみると，プラスに振れたのは「品質がよい店」(＋11ポイント)や「価格が安い店」(＋6ポイント)，「営業時間が長い店」(＋5ポイント)，「品揃えが豊富な店」(＋1ポイント)などである。これに対してマイナスに振れたのは「信用がおける店」(－7ポイント)や「入りやすい店」(－4ポイント)，「客への対応がよい店」(－3ポイント)などである。これは消費者の関心が店舗に対するものから商品それ自体へと移っていることを表している［山田，1996］。

日常的に利用する小売店についての満足度は，「世論調査」によれば，大型店では「満足している」比率が73%と高い。中小小売店では「不満である」よりは「満足している」ほうが高いものの，満足度の水準は高くない

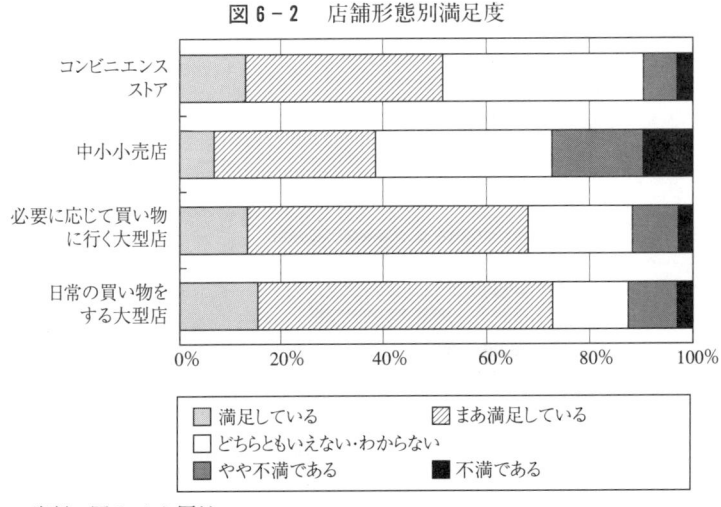

図6-2　店舗形態別満足度

資料：図6-1と同じ。

(図6-2)。大型店の「満足している」比率の分布は，性別年齢別は男女ともに30歳代で最も高く，年齢層が上がるに連れて低下する。中小小売店の満足度は男女ともに30〜40歳代で満足度が相対的に低く，20歳代と50歳代以上で相対的に高い。コンビニの場合は，若い世代ほど満足度が高く，年齢層があがるにつれて急激に低くなる［箸本，1998；荒木，1994］。ただし，その低下の理由は「不満である」ではなく，「どちらともいえない」と「わからない」の比率の拡大による。

どのような点に満足しているのかを買い物先別でみると(図6-3)，大型店では「品揃えが十分である」が第1位であり，これに「駐車場，駐輪場などが整備されている」が続く。これに対して中小小売店への満足度で目立つのは「気楽な身なりで買い物ができる，家庭的な雰囲気である」であり，これ

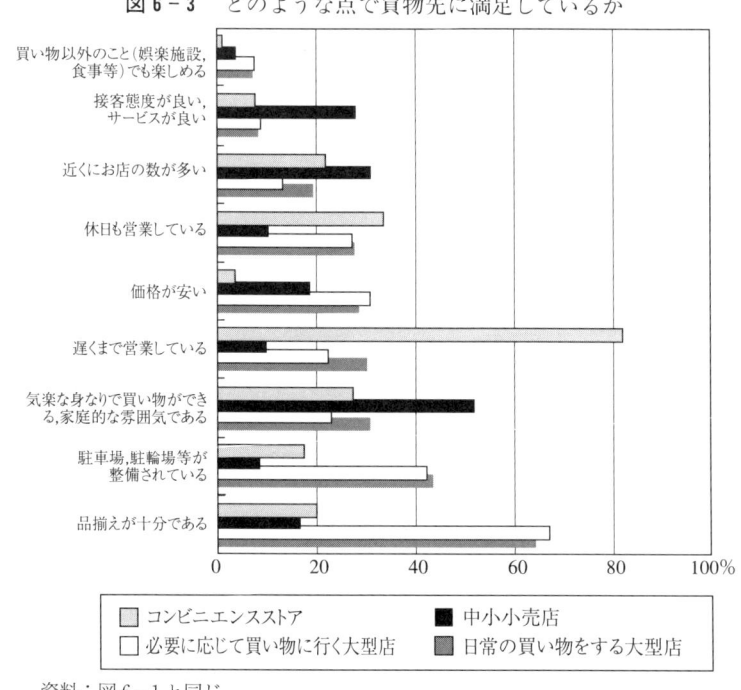

図6-3　どのような点で買物先に満足しているか

資料：図6-1と同じ。

第6章　商店街の盛衰分析と再構築の視点

に「近くにお店の数が多い」や「接客態度が良い，サービスが良い」などが続く。コンビニへの満足度で目立つのは「遅くまで営業している」であり，これに「休日も営業している」がかなり離れて続く。

ところで消費者は店舗をどの程度，日常的に利用しているのであろうか。大型店と商店街，コンビニとを比較してみよう。全体としては日常的に利用している割合は大型店が最も高く86％であり，商店街とコンビニの利用はいずれも57％であった。商店街の利用率は1982年では69％であり，かなり下がる。また日常的に利用する頻度も商店街よりは大型店のほうが高い。「ほとんど毎日利用」する比率が大型店では15％占あるのに，商店街ではその約3分の1の6％にとどまった。「2～3日に1回程度利用」する比率も大型店では27％に達しているのに対して，商店街ではその約半分の14％にとどまった。また「週に1回程度利用」する比率は大型店では24％であるのに対して，商店街ではその約4分の3の15％であった。これに対して「月に1～3回程度利用」する比率では大型店と商店街とが逆転している。なおコンビニの利用頻度は商店街の利用頻度とほぼ同じ傾向を示す(図6-4)。

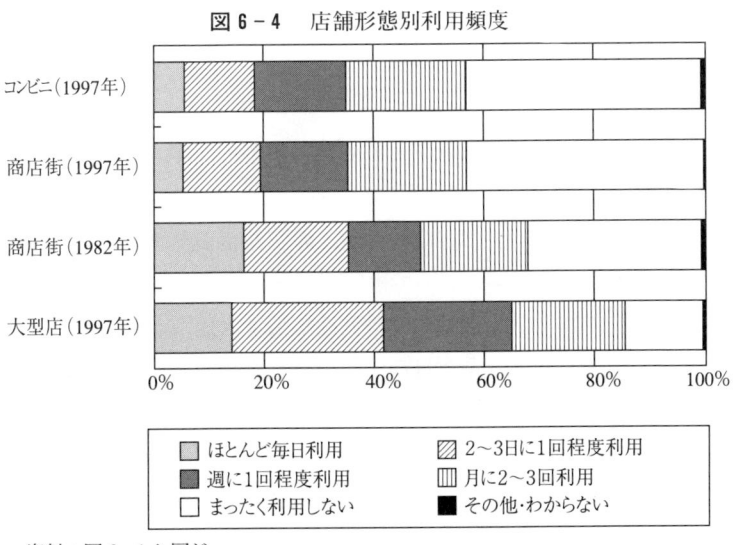

図6－4　店舗形態別利用頻度

凡例：
- ほとんど毎日利用
- 2～3日に1回程度利用
- 週に1回程度利用
- 月に2～3回利用
- まったく利用しない
- その他・わからない

資料：図6-1と同じ。

111

性別では大型店・商店街ともに女性のほうが男性よりもかなり利用率が高い。これに年齢別を加味すると，大型店の利用率は女性では60歳以上を除くといずれの年齢層も96〜99％の高さとなるが，男性では20歳代と30歳代が85％と高く，40歳代以上では70％台に落ち，年齢が上がるに従って低下する。商店街の利用率は男性では年齢層による差はあまりなく，45〜51％に収まっている。女性では年齢層による差が少しみられ，20〜40歳代で58〜61％であるのに対して50歳代以上では67〜68％となる。コンビニの利用率は性別では女性(53％)よりも男性(62％)の方が高く，年齢別では若年層(20歳代男性96％，20歳代女性88％)で圧倒的に高く，年齢層が高まるにつれて急速に利用率が下がる。都市規模別でみると，大型店の利用頻度は東京都区部では80％と相対的に低く現れ，他の都市では84〜87％である。また商店街の利用頻度は，逆に東京都区部では75％と高く，政令指定都市で63％，中小都市や町村では53〜57％と相対的に低い。

　このように消費者がさらなる買い物の便利さを要望しているにもかかわらず，商店街はハードとソフトの両面において要望への対応ができていないという問題を抱えている。その深刻さは大都市よりはむしろ地方小都市に現れており，このままであれば，世代交替が進むにつれて商店街の利用率はさらに低下していくことになる。

2　地方都市中心部の活気低下と商店街の役割

　商業集積の空洞化はどの程度進んでいるのであろうか。『商業統計表―立地環境別特性別統計―』で商業集積地区の商業活動比率で確認しよう(表6-1)。1991〜94年の3年間においては，商店数の商業集積地区比率は全国ではまったく変化がない。東北地方では商業集積地区比率がわずかではあるとはいえ，上昇した。東北6県では商店数の商業集積地区比率は青森・宮城・山形でわずかではあるが上昇し，逆に秋田・岩手・福島では低下した。年間販売額の商業集積地区比率は全国・東北地方ともに3年間で低下した。東北6県でも山形を除く5県で上昇した。なお地域差はあるものの，商業集積地区の比重が低下していることは確認できよう。

第 6 章　商店街の盛衰分析と再構築の視点

表 6-1　東北地方県別商業集積地区構成比率（％）の変動

		商店数 1991年	商店数 1994年	年間販売額 1991年	年間販売額 1994年
青森県	商業集積地区	35.5	35.9	42.9	42.6
	その他	64.5	64.1	57.1	57.4
岩手県	商業集積地区	40.6	40.3	44.2	43.6
	その他	59.4	59.7	55.8	56.4
宮城県	商業集積地区	40.5	40.7	48.4	46.3
	その他	59.5	59.3	51.6	53.7
秋田県	商業集積地区	36.0	33.4	44.3	40.6
	その他	64.0	66.6	55.7	59.4
山形県	商業集積地区	32.3	33.6	37.7	39.0
	その他	67.7	66.4	62.3	61.0
福島県	商業集積地区	41.4	40.0	48.3	45.5
	その他	58.6	60.0	51.7	54.5
東北計	商業集積地区	38.2	37.8	45.1	43.6
	その他	61.8	62.2	54.9	56.4
全　国	商業集積地区	39.7	39.7	47.9	46.5
	その他	60.3	60.3	52.1	53.5

資料：通産省大臣官房調査統計部『商業統計表―立地環境特性別統計編（小売業）―』各年。

　ところで商業集積としての大型店や商店街が集中しているのはどこであると認識されているのであろうか。「世論調査」によれば，全体では「中心部に店があるが，最近は郊外にも店がある」が最も比率が高い。これに「街の中心部に店がたくさんある」が対抗している。しかし「中心部より郊外の方がたくさん店がある」や「郊外にたくさん店がある」を加えると，商業集積の重心はすでに「街のなか」から「郊外」へと移動していると認識されている。都市規模別では東京都区部は「街の中心部に店がたくさんある」が「中心部に店があるが，最近は郊外にも店がある」を上回る。しかし政令指定都市よりも下位の都市では「中心部に店があるが，最近は郊外にも店がある」が「街の中心部に店がたくさんある」を上回り，都市規模が小さくなるにつれて「中心部より郊外の方がたくさん店がある」比率が高くなる。人口10万人未満の小都市では商業集積が「街中」よりも「郊外」で大きくなっている（図6-5）。

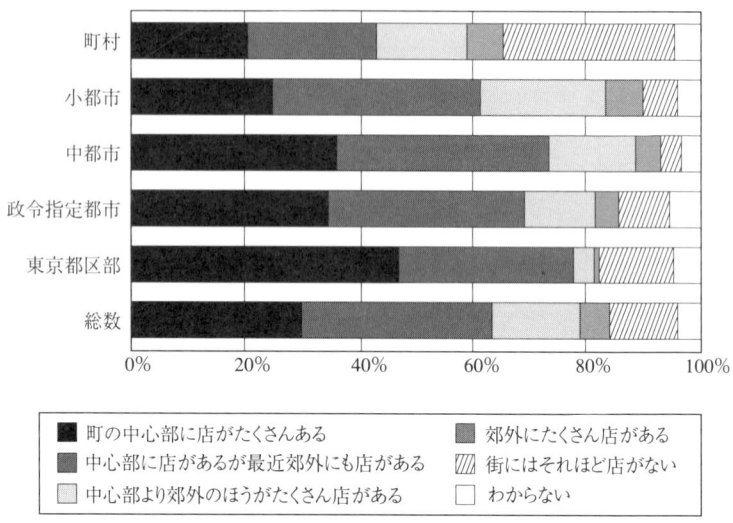

図6-5 大型店が集中している地域

凡例：
- ■ 町の中心部に店がたくさんある
- 中心部に店があるが最近郊外にも店がある
- 中心部より郊外のほうがたくさん店がある
- 郊外にたくさん店がある
- ▨ 街にはそれほど店がない
- □ わからない

資料：図6-1と同じ。

　それでは「街の中心部は活気がある」のか(図6-6)。自分が住んでいる街の中心部は「活気がある」としているのは全体の39.5％であり、「活気がない」とする比率を下回る。都市規模別では「活気がある」が「活気がない」を上回るのは政令指定都市と中都市であり、東京都区部や小都市、町村では「活気がない」が「活気がある」を上回る。特に小都市の中心部は深刻であり、「活気がない」とする比率が「活気がある」の2倍以上である。性別では女性のほうが「活気がある」比率が相対的に高い。職業別では学生や主婦、管理・専門技術・事務職被雇用者層で「活気がある」比率が「活気がない」比率を上回り、労務職被雇用者、商工サービス・自由業および農林漁業の自営業主・家族従業者で下回る。また地区別では、郊外や街中の住宅の多い地区で「活気がある」が「活気がない」を上回っており、逆に農山漁村地区、工場地区および商店その他の事業所地区では「活気がない」が「活気がある」を上回る。特に商店その他の事業所地区は深刻であり、「活気がない」比率がかなり高い。

第6章　商店街の盛衰分析と再構築の視点

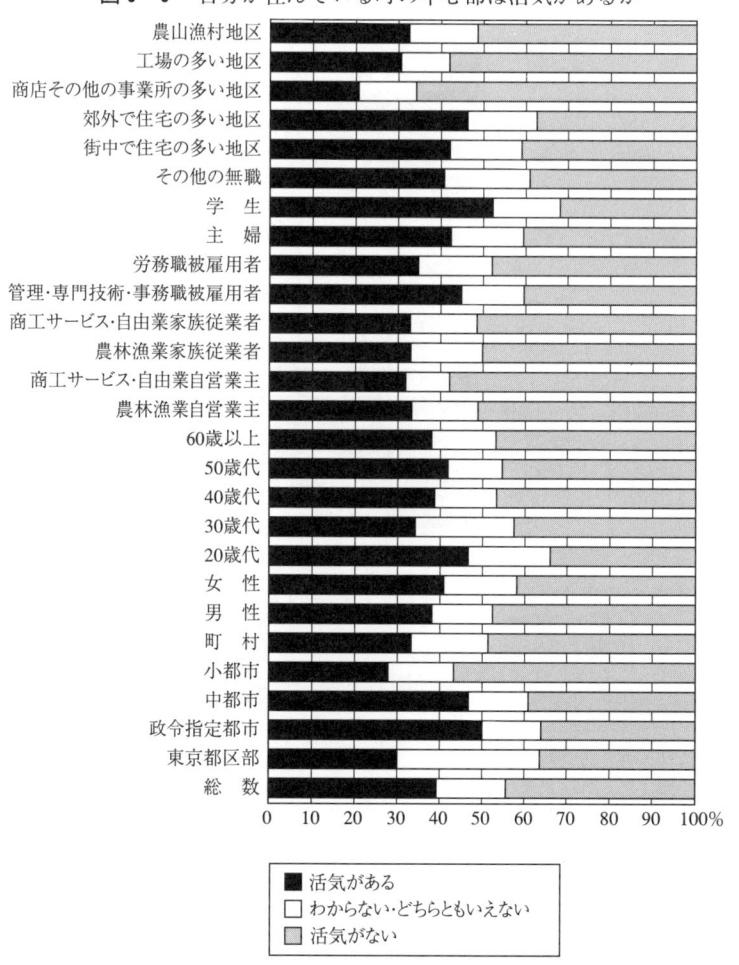

図6-6　自分が住んでいる町の中心部は活気があるか

■ 活気がある
□ わからない・どちらともいえない
▨ 活気がない

資料：図6-1と同じ。

ではなぜ中心部に活気がないのか，その理由は何なのか（図6-7）。中心部に活気がない理由としては，全体では第1位に「商店街が活気がないから」である。次いで「人口が減少しているから」や「行きたいと思う魅力ある施設がないから」，「車で行くのが不便だから」などが続く。都市規模別では「商店街が活気がないから」と「人口が減少している」との比率が東京都区

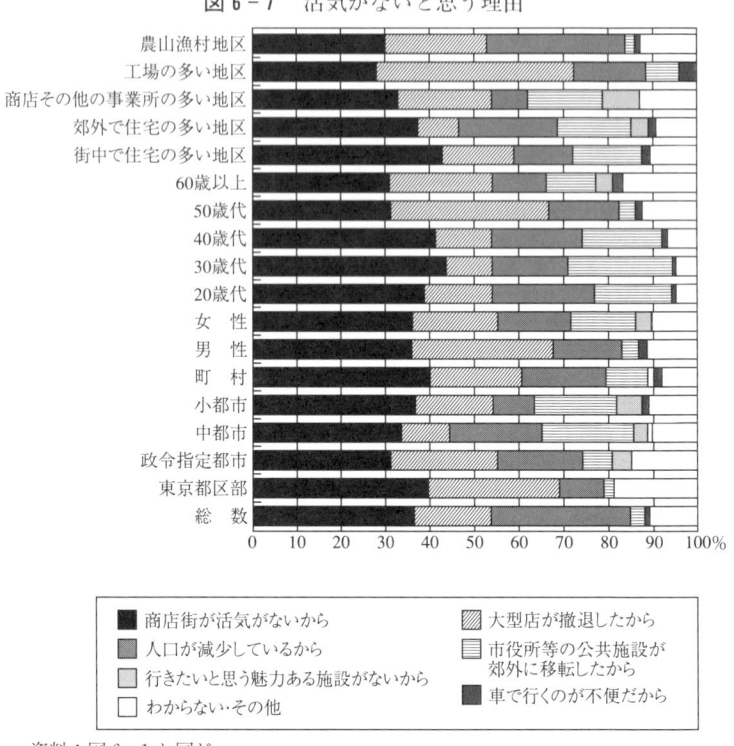

図6-7 活気がないと思う理由

凡例：
- ■ 商店街が活気がないから
- ▨ 大型店が撤退したから
- 人口が減少しているから
- ▥ 市役所等の公共施設が郊外に移転したから
- 行きたいと思う魅力ある施設がないから
- 車で行くのが不便だから
- □ わからない・その他

資料：図6-1と同じ。

部で高く，政令指定都市や中都市で低くなり，小都市や町村で再び高くなる。「行きたいと思う魅力ある施設がないから」との理由は東京都区部と小都市では低いが，その他では2割弱を占める。第3位は「車で行くのが不便だから」であり，中都市および小都市では2割程度と相対的に高く，男女別ではそれほど大きな違いはない。地区別では，住宅地区ほど「商店街が活気がないから」が，また工場や商業等事業所地区ほど「人口が減少しているから」が活気がない理由としてあがる。「行きたいと思う施設がない」が相対的に目立つのは郊外の住宅地区や農山漁村地区，工場地区においてである。

かくして地方都市においては商業集積の郊外分散化がさらに進み，中心部の活気の低落を防ぐことができていない。しかし中心部の活力のなさは中心

商店街の活力のなさを反映している。中心商店街の活力の復活は現段階では商業者の個別的努力だけでは困難である。複合的な「行きたい」施設をどう付加していくのかが当面の課題となる。

II 商店街の盛衰分岐はどこにあるのか

1 商店街の特性と盛衰分岐

　ここでとりあげるのは主に福島県内を中心とする198商店街[7]である。ここではこれら商店街のデータ(以下「商店街調査」)を使い，主として商店街の「繁栄」「停滞」「衰退」(以下，一括する際には「盛衰」とする)の諸要因を比較して検討したい。198商店街のうち，「繁栄している」と回答したのは13商店街，「停滞している」と回答したのは82商店街，「衰退している」と回答したのは102商店街である。[8]

　198商店街のうち，来街者数が「多くなった」と回答したのは6.1%にすぎない。盛衰別でみると繁栄商店街で来街者数が「少なくなった」と答えたものはなかった。繁栄するためには来街者数が多くなる必要がある。しかし来街者数が多くなったことと商店街が繁栄することとは直接的にはつながらない。それは来街者数が「多くなった」のに停滞・衰退していると回答する商店街が約半数みられるからである。来街者数の減少は商店街の衰退につながるが，減少理由の第1は「商店街外の大型店に顧客が流出」していることにある。また「個店の近代化の遅れ」や「環境の整備の不備」など，商店街自身の努力不足がこれに拍車をかけている(表6-2)。

　調査対象の商店街の立地場所の分布をみると，「生活街路」型が53%と過半をしめ，これに「都心型(広域型)」が続いている。盛衰要因としての立地場所についてみると，「幹線道路」型で「繁栄」の比率が相対的に高く，「都心型(広域型)」は「停滞」の比率が相対的に高い。もちろん繁栄商店街は数としてはきわめて少ないものの，いずれの立地場所であっても存在していることは確認しておくべきだろう(表6-3)。また商店街の集積規模をみる一つ

表6-2 商店街への来街者が減少した主要な理由

	回答数	比率(%)
商店街外の大型店に顧客が流出	126	34.3
個店の近代化の遅れ	62	16.9
環境整備の不備	55	15.0
業種構成の不足	41	11.2
商圏地域の人口や世帯数の減少	45	12.3
その他	38	10.4
合　計	367	100.0

注：1）複数選択可。
　　2）資料の調査法等については注(7)を参照。
資料：「98年商店街調査」(1998年7～8月)

の指標として商店数があるが，対象商店街では20～39店が最も多く，これに40～59店と60～79店とが続く。盛衰別ではやはり商店数規模の大きい商店街の方が繁栄する比率が高い。繁栄商店街のうち商店数で相対的に大きな比率をしめたのは60～79店規模であった。もちろん60～79店規模の商店街の多くは停滞・衰退の傾向を示す（表6-4）。

　商店構成が商店街の盛衰といかなる関係にあるのか。調査対象の商店街の商店構成は「個店のみ」商店街が最も多く42％をしめる。商店街盛衰別では繁栄商店街で目立つのが「第一種大型店を含む商店街」の比率の高さである。売場面積規模の大きな小売店舗を含まない商店街ほど典型的な「個店のみによる商店街」ではあるが，停滞商店街さらには衰退商店街でこの割合が高い。ただし「個店のみによる商店街」であってもすべてが「停滞」ないしは「衰退」しているわけではなく，繁栄商店街もあることには注意すべきであろう（表6-5）。

表6-3 立地条件と商店街の盛衰

商店街の立地	繁栄 回答数	繁栄 比率	停滞 回答数	停滞 比率	衰退 回答数	衰退 比率	合計 回答数	合計 比率
都心型（広域型）商店街	2	15.4	20	24.4	19	18.6	41	20.7
幹線道路に立地する商店街	2	15.4	2	2.4	9	8.8	13	6.6
生活街路に立地する商店街	6	46.2	43	52.4	56	54.9	105	53.0
交通ターミナルに立地する商店街	1	7.7	7	8.5	5	4.9	14	7.1
農村地域の商店街	1	7.7	5	6.1	10	9.8	16	8.1
その他	1	7.7	5	6.1	3	2.9	9	4.5
合　計	13	100.0	82	100.0	102	100.0	198	100.0

注：盛衰別合計には不明を含む。
資料：表6-2と同じ。

第6章　商店街の盛衰分析と再構築の視点

商品をたまに買いに行く「買回品」と日常的に買いに行く「最寄品」とに分けて，その構成比率で商店街を「近隣型」「地域型」「広域型」「超広域型」に分類し，商店街の盛衰状況をみてみよう。たしかに商店街の商品構成における買回品比率が高くなるほど，商店街の繁栄比率は高い。ただし「最寄品がほとんどの近隣型」であっても繁栄する商店街は存在しており，「買回品がほとんどの超広域型」であっても衰退する商店街が存在している（表6-6）。

表6-4　店舗数と商店街の盛衰

店舗数	繁栄	停滞	衰退	合計
～19	1	12	12	25
20～39	1	24	41	66
40～59	2	19	19	41
60～79	4	14	13	31
80～99	1	4	10	15
100～119	2		1	3
120～139	1	3	1	5
140～199		2	1	3
200～299		3		3
300～	1			1
不明		1	4	5
合計	13	82	102	198

注：盛衰別合計には不明を含む。
資料：表6-2と同じ。

　商店街における業種を「食品小売」「その他小売」「サービス」「飲食店」「その他」に分類してその構成比率をみると，「その他小売」が39.4％と最も多く，これに「食品小売」の24.9％や「サービス」業の12.3％などが続く。盛衰別でその構成比率の特徴をみると，繁栄商店街は「食品小売」の比率が低く，「その他小売」や「その他」が相対的に高い。これは繁栄商店街のほうが多様な業種から構成されていることをうかがわせる。商店街に来る主な

表6-5　店舗構成と商店街の盛衰

	繁栄		停滞		衰退		合計	
	回答数	比率	回答数	比率	回答数	比率	回答数	比率
個店のみによる商店街	2	15.4	29	35.4	52	51.0	83	41.9
コンビニを含む商店街	1	7.7	13	15.9	16	15.7	30	15.2
中規模小売店を含む商店街	2	15.4	18	22.0	8	7.8	29	14.6
第二種大型店を含む商店街	2	15.4	5	6.1	13	12.7	20	10.1
第一種大型店を含む商店街	5	38.5	14	17.1	13	12.7	32	16.2
合計	13	100.0	82	100.0	102	100.0	198	100.0

注：盛衰別合計には不明を含む。
資料：表6-2と同じ。

表6-6 商品構成と商店街の盛衰

	繁栄		停滞		衰退		合計	
	回答数	比率	回答数	比率	回答数	比率	回答	数比率
最寄品がほとんどの近隣型	2	15.4	36	43.9	47	46.1	86	43.4
最寄品が買回品を上回る地域型	4	30.8	13	15.9	23	22.5	40	20.2
買回品が最寄品を上回る広域型	3	23.1	12	14.6	16	15.7	31	15.7
買回品がほとんどの超広域型	4	30.8	12	14.6	4	3.9	20	10.1
その他			2	2.4	3	2.9	5	2.5
不明			7	8.5	9	8.8	16	8.1
合計	13	100.0	82	100.0	102	100.0	198	100.0

注:盛衰別合計には不明を含む。
資料:表6-2と同じ。

表6-7 主な客層(年齢層)と商店街の盛衰

	繁栄		停滞		衰退		合計	
	回答数	比率	回答数	比率	回答数	比率	回答	数比率
高校生など			1	1.2	4	3.9	5	2.5
20〜30歳代	3	23.1	7	8.5	2	2.0	12	6.1
40〜50歳代	7	53.8	52	63.4	61	59.8	120	60.6
60歳代以上			7	8.5	20	19.6	27	13.6
その他	3	23.1	14	17.1	15	14.7	33	16.7
不明			1	1.2			1	0.5
合計	13	100.0	82	100.0	102	100.0	198	100.0

注:盛衰別合計には不明を含む。
資料:表6-2と同じ。

表6-8 主な客層(性別)と商店街の盛衰

	繁栄		停滞		衰退		合計	
	回答数	比率	回答数	比率	回答数	比率	回答	数比率
男性中心					1	1.0	1	0.5
男性の方が多い	2	15.4	1	1.2	4	3.9	7	3.5
ほぼ半々	3	23.1	18	22.0	24	23.5	45	22.7
女性の方が多い	5	38.5	47	57.3	52	51.0	105	53.0
女性中心	3	23.1	14	17.1	21	20.6	38	19.2
その他			2	2.4			2	1.0
合計	13	100.0	82	100.0	102	100.0	198	100.0

注:盛衰別合計には不明を含む。
資料:表6-2と同じ。

第6章　商店街の盛衰分析と再構築の視点

客層を「高校生など」「20～30歳代」「40～50歳代」「60歳代以上」に4区分してみると，全体としては「40～50歳代」が圧倒的に多いが，繁栄商店街では「20～30歳代」が相対的に多い。これに対して停滞・衰退商店街では「60歳代以上」が目立つ(表6-7)。性別では商店街全体としては「女性のほうが多い」が過半を占める。盛衰別では性別でどちらかに偏るのはよくなく，繁栄のためにはやはり男女のバランスが必要である(表6-8)。

以上のことから，商店街の盛衰分岐は立地特性や商店数規模など個別の指標のみによって一義的に決まるものでないことは明らかである。ただし商店街の集客の核として大型店の存在は重要であることや，商品構成や業種構成も工夫されなければならない。いずれにしても来街者数をどう増やすかがポイントであることはかわらない。

2　商店街の空き店舗発生の原因と結果

商店数と空き店舗数とが回答された164商店街をみると，空き店舗比率は全体では1割未満が66％，1割台が19％とこれに続く。なかには空き店舗率6割台の商店街もある。盛衰別では，繁栄商店街では空き店舗率はすべて1割未満であるが，停滞商店街，衰退商店街へと移行するにつれて高くなる(表6-9)。もちろん繁栄商店街で商店の閉店がないわけではない。過去2年間において，なかには10％を超える閉店率をみた繁栄商店街もある。ただし繁栄商店街は閉店数にほぼ見合った開店数を確保している。このことが停滞商店街や衰退商店街と異なる[10][11](表6-10)。これに対して，衰退・停滞商店街は開店数が閉店数を補充できていないことに問題がある。

閉店理由は，繁栄商店街では「売上減少」や「倒産」など「業績不振」を理由としているものが最も多く，13例中8例をしめた。「主人の死亡」や「後継者不足」など後継者問題は2例にとどまった。停滞商店街では，閉店した理由71例のうち，最も多くみられたのは「売上の減少や不振」「回転率が悪い」などの業績不振であり，35例に及んだ。「跡継ぎがいない」「高齢化」「主人の死亡」など後継者問題は21例であった。衰退商店街では106例中で直接的に「業績不振」が理由としてあげられたものは39例であり，これに

121

表6-9 空き店舗率と商店街の盛衰

空き店舗率(%)	繁栄 回答数	繁栄 比率	停滞 回答数	停滞 比率	衰退 回答数	衰退 比率	合計 回答数	合計 比率
0～9	10	100.0	54	78.3	44	51.8	108	65.9
10～19			11	15.9	20	23.5	31	18.9
20～29			1	1.4	11	12.9	12	7.3
30～39			1	1.4	6	7.1	7	4.3
40～49			2	2.9	3	3.5	5	3.0
50～59								
60～69					1	1.2	1	0.6
合計	10	100.0	69	100.0	85	100.0	164	100.0

注：空き店舗数の回答があった商店街のみ。
資料：表6-2と同じ。

表6-10 店舗増減数と商店街の盛衰

		繁栄	停滞	衰退	合計
店舗増減数	＋6店以上	1			1
	＋5店			1	1
	＋4店	1	2		3
	＋3店	1	1		2
	＋2店	2	2	2	6
	＋1店		2	1	3
	±0店	4	25	21	50
	－1店	3	19	23	45
	－2店		17	15	32
	－3店		8	10	18
	－4店		1	12	13
	－5店		1	6	7
	－6店		1	1	2
	－7店			1	1
	－8店		1		1
	合計	12	80	93	185

注：増減数の回答があった商店街のみ。
資料：表6-2と同じ。

「大型店との競合に敗れた」とか「業務縮小」「ノルマ達成ができなかった」などを含めるとさらに多くなる。続いて「後継者問題」を理由としてあげたのは22例であり，郊外や中心街への「転出」も7例あった。ほかには「業種・業態転換」や「商店街整備による立ち退き」であった。記述式回答を整理したことから厳密な比較はできないが，閉店理由はもちろん業績の動向に

大きな影響を受けていることがわかる。停滞・衰退商店街ではこれに加えて業績不振をうちに含む後継者不足が閉店理由としてあがる。

閉店した業種はどのようなものであろうか。繁栄商店街では数は少ないが，パソコン店やカラオケ店の閉店が特徴的である。食料品店の閉店事例は停滞・衰退商店街と異なってほとんどない。停滞商店街で閉店が目立つのは，飲食店と衣料品店，魚店などである。衰退商店街で閉店が目立つのは食料品店と衣料品店と飲食店などである。やはり繁栄商店街では買回品・サービス店の閉店が，そして停滞・衰退商店街では食料品・衣料品など最寄品店の閉店が目立つ。

3 業種の転換と新規出店の特徴

厳しいなかでも売上を伸ばしている店舗がある。187商店街のうちすべての店舗で売上が伸びないと回答したのはわずか1商店街であった。多くの商店街は売上を伸ばした商店が2～3％はある。盛衰別では繁栄商店街のほとんどは売上を伸ばしている店舗比率が4％未満にとどまる。むしろ停滞商店街や衰退商店街の方が相対的に高い商店比率をもつ。つまり繁栄商店街とはいえ必ずしも「個店」それ自体の売上が伸びているわけではなく、また停滞・衰退商店街ではいくつかの「個店」はなお残るとはいえ、「街」としては虫食い状態が進んでいることを意味する（表6-11）。

店舗の売上が伸びた要因は新規出店のほかは，店舗改装や業態の転換，駐車場を増やしたことにあった。なかでも繁栄商店街では駐車場の増設や店舗改装，取り扱い品目の転換などが目立つ。停滞商店街では新規出店に依存する割合が大きいものの店舗改装も見逃せない。停滞商店街では店舗改装を中心としながらも，業態の転換や経営者の世代交代，新規出店などが目立つ。

また業態転換の事例としては，繁栄商店街では「すべての年齢層から若者向けへ」とか「食肉からデリカ惣菜へ」「店舗の主力品から売れ筋へ」などがあり，品目の絞り込みや高付加価値化を読みとることができる。停滞商店街ではニーズに合わせた転換として「酒屋からコンビニへ」が比較的よくみられ，ほかに特異なものとしては「瀬戸物からクリーニングへ」や「履き物

表 6-11 売上高向上店舗率と商店街の盛衰

売上高向上店舗率	繁栄 回答数	比率	停滞 回答数	比率	衰退 回答数	比率	合計 回答数	比率
皆　無					1	1.1	1	0.5
～1.9％以下	8	66.7	19	23.8	7	7.4	34	18.2
2.0％～	3	25.0	15	18.8	24	25.3	42	22.5
4.0％～			14	17.5	19	20.0	33	17.6
6.0％～	1	8.3	11	13.8	19	20.0	31	16.6
8.0％～			8	10.0	12	12.6	20	10.7
10.0％～			10	12.5	8	8.4	18	9.6
15.0％～			1	1.3	2	2.1	3	1.6
20.0％～			1	1.3	3	3.2	4	2.1
30.0％～	1	1.3			1	0.5		
合　計	12	100.0	80	100.0	95	100.0	187	100.0

注：増減数の回答があった商店街のみ。
資料：表6-2と同じ。

主体から学生用品へ」「テントから漫画喫茶店へ」などがある。また衰退商店街では「食堂から居酒屋へ」や「呉服屋から婦人服へ」「紳士服仕立てから服の修理へ」といった同業種内での転換、「茶・コーヒー・菓子から茶へ」の絞り込みなどがある。

　開店率はやはり繁栄商店街が最も高く、これに停滞商店街が続き、衰退商店街はその過半が過去2年間において新規開店がまったくなかった。もちろん繁栄商店街でもその4分の1は新規開店がなかった。ただし10％以上の開店率を示した商店街もあった。

　新規開店の業種は記述式回答であり数字的に正確を期すことは困難だが、いずれの商店街においても飲食店の開店数が目立つ。繁栄商店街では事例22店のうち飲食が7店にのぼった。ほかに薬局(チェーン店を含む)3店やカメラ、ガラス工芸、100円ショップ、携帯電話などの店舗が開店している。停滞商店街では事例が69店あり、飲食店(ファーストフード、お好み焼き、ピザショップ、ラーメン、持ち帰り寿司などを含む)が21店と多く、次いで衣料品店(紳士服、仕立てなど)が10店、ほかには化粧品、中古本屋、塾、コンビニ、喫茶店、弁当販売店、英会話・塾、花屋など多様な開店がみられる。衰退商店街でも68店の開店事例があり、やはり第1は飲食店(そば、たこ焼き、ピザ、

寿司，ファーストフード，ラーメンなどを含む）で14店であり，次いでPHSなどの販売店が5店，ほかに特異なものとしては整骨院，リサイクルショップなどがある。

　新規開店主の年齢的特徴は，これも数は少ないが記述例を整理すると，繁栄商店街では40歳代が事例7店中4店と最も多く，これに50歳代の2店が続く。停滞商店街では40歳代が事例31店中10店と最も多く，これに30歳代が7店，50歳代と60歳代がそれぞれ5店ずつと続く。また衰退商店街では50歳代が事例35店のうち12店で最も多く，これに40歳代と30歳代がそれぞれ9店，60歳代が3店と続く。事例数に違いがあるものの，しいて整理をすれば繁栄商店街での開店主の年齢は相対的に若く，停滞商店街，衰退商店街へと移るにつれて年齢層が相対的に高まる。

　新規開店の動機も記述例を整理すると，繁栄商店街では「市内一番店に出店したい」とか「発展している地区だから」「活気があるから」「地域が商売に適しているから」などが特徴的である。また停滞商店街では「駅前通りのため」とか「集客力がある」など「立地のよさ」が比較的多いが，「中央資本による店舗展開の一端」などのほか，「空き店舗の活用」や「商売が好きだから」「Ｕターン」といった動機が特徴的である。衰退商店街では立地条件などは影を潜め，かわって「競合する同業店が少ない」とか「Ｕターン」や「脱サラ」「業種を引き継いで」などが目を引く。

　かくして厳しい商店街事情の中でも，売上高が上がっている店舗や新規に出店する店舗があることは一筋の光明であり，ニーズにあった業態や業種の転換，さらには品揃えの充実によって，この光明をさらに明るいものにしていくことができる。そしてそのための支援策の積極的な展開が望まれるのである。

III 地方都市における中心商店街再構築の方向性

1 商店街の活性化・近代化事業の展開

　空き店舗の増加に対して商店街はどのような対策を講じているのか。回答があった197商店街で空き店舗対策を「行なっている」のは19.3%であり，「行なっていないが，行なう予定である」も20.3%にとどまる。過半の商店街は「行なっていないし，行なう予定も今のところない」という。特に繁栄商店街は「行なっていないし，行なう予定も今のところない」が76.9%と高く，繁栄しているので対策は不要であると考えているのかもしれない。衰退商店街で「行なっている」比率が相対的に高い。

　具体的な空き店舗対策を聞くと，繁栄商店街では「競合への配慮，集客力ある店舗入れ替えによる相乗効果」をねらったり，また逆に「同業者を入れ活性化を図る」こと，さらには「物産展示会」などを行なおうとしている。停滞商店街では，記述回答数は30件と多いものの，具体的な回答は意外と少ない。具体例としては「カルチャー教室」や「画廊の展示場としての活用」「情報発信の場としてのスペース123」「休憩場所」などが実行されたり，計画されたりしている。衰退商店街でも34例があるが，具体化しているものは少ない。「イベントホール，ライブハウスの運営を実施中」が1件のみみられるが，多くは補助金による事業を計画している段階である。

　商店街として開店に関わる特別支援はほとんどしていない。「ポイントカード会加入の進め」や「研究会・セミナーの案内」など商店街活動への参加を呼びかけるにとどまる。「不動産屋との仲介」や「開店祝い」「歓迎会の開催」などを行なったり，「みんなで買いに行ったりする」こともあるが，「精神的な支援」にとどまり，物的な支援はほとんどないのである。

　商店街が考えている活性化の重要戦略は，「商店街調査」によれば，全体ではニューサービス・新業態の導入や品揃え・業態揃えなど集積構成，買い物環境，滞留・回遊などの利便施設などにおかれている。盛衰別では，繁栄商店街はコミュニケーション・プロモーション・情報システムなどや買い物

第6章 商店街の盛衰分析と再構築の視点

環境,滞留・回遊などの利便施設,景観・視覚的特徴などに重点をおき,停滞・衰退商店街とは異なる。停滞商店街での重要な活性化戦略は全体平均とほぼ同様な傾向を示している。これに対して衰退商店街での目立つ特徴はニューサービス・新業態の導入や品揃え・業態揃えなど集積構成などにある。繁栄商店街と停滞・衰退商店街との間で活性化の重要戦略に関する如実な差を読みとることができる(表6-12)。

　商店街が現在実施している活性化事業として多いのは第1にイベント事業であり,これに共同売り出し事業,サービス券・スタンプ事業,共同宣伝,講習会・研修会などが続く。繁栄商店街で相対的に大きな比重を占めるのは,イベント事業や情報機器の導入,情報誌の発行,オリジナルカードの発行,CI事業の確立,共通商品券の発行などである。停滞商店街で相対的に目立つのは共同宣伝や環境整備などである。衰退商店街で目立つのはサービス券・スタンプ事業などである。やはり繁栄商店街のほうが情報化や共同化が進んでいることがわかる(表6-13)。

　補助金などによる商店街近代化事業に関しては,やはり繁栄商店街での実施時期が早く,約3分の1は2年以上も前に実施済みである。また約3分の1は過去2年以内に実施ないしは実施中となっている。これに対して,停滞

表6-12 商店街活性化の重要戦略について (複数選択可)

	繁栄 回答数	繁栄 比率	停滞 回答数	停滞 比率	衰退 回答数	衰退 比率	合計 回答数	合計 比率
品揃え,業種揃えなどの集積構成	2	6.1	30	17.9	35	18.2	67	17.0
販売,非販売などの配置設計など	1	3.0	5	3.0	5	2.6	11	2.8
ニューサービス,新業態などの導入	2	6.1	30	17.9	39	20.3	71	18.1
陳列,在庫,配送などの物的流通	2	6.1	7	4.2	6	3.1	15	3.8
コミュニケーション,プロモーション,情報システムなど	7	21.2	18	10.7	21	10.9	46	11.7
買い物環境,滞留・回遊など利便施設	8	24.2	29	17.3	29	15.1	66	16.8
景観・視覚的特徴など	5	15.2	25	14.9	21	10.9	51	13.0
人的組織の活性化	3	9.1	14	8.3	19	9.9	36	9.2
その他	3	9.1	10	6.0	17	8.9	30	7.6
合計	33	100.0	168	100.0	192	100.0	393	100.0

資料:表6-2と同じ。

表6-13 商店街が現在実施している事業（複数回答）

	繁栄		停滞		衰退		合計	
	回答数	比率	回答数	比率	回答数	比率	回答数	比率
共同売り出し	6	13.6	37	15.7	42	15.6	85	15.5
イベント事業	11	25.0	42	17.8	54	20.0	107	19.5
共同宣伝	4	9.1	29	12.3	28	10.4	61	11.1
講習会・研修会	5	11.4	31	13.1	24	8.9	60	10.9
環境整備	1	2.3	25	10.6	24	8.9	50	9.1
共通商品券の発行	3	6.8	11	4.7	15	5.6	29	5.3
サービス券・スタンプ事業	4	9.1	30	12.7	49	18.1	83	15.1
情報誌の発行	2	4.5	4	1.7	5	1.9	11	2.0
CI確立事業	1	2.3	2	0.8	1	0.4	4	0.7
情報機器の導入	2	4.5	2	0.8			4	0.7
オリジナルカードの発行	2	4.5	7	3.0	4	1.5	13	2.4
共同・協同駐車券	3	6.8	12	5.1	19	7.0	34	6.2
その他			4	1.7	5	1.9	9	1.6
合計	44	100.0	236	100.0	270	100.0	550	100.0

資料：表6-2と同じ。

表6-14 補助金等による商店街近代化事業など（複数回答可）

	繁栄		停滞		衰退		合計	
	回答数	比率	回答数	比率	回答数	比率	回答数	比率
実施したが，2年以上前である	5	31.3	20	21.5	21	19.1	46	21.0
過去2年以内に実施した，あるいは実施中である	6	37.5	33	35.5	32	29.1	71	32.4
来年度以降に実施を計画中である	1	6.3	20	21.5	24	21.8	45	20.5
今後も実施の計画はない	4	25.0	20	21.5	33	30.0	57	26.0
合計	16	100.0	93	100.0	110	100.0	219	100.0

資料：表6-2と同じ。

商店街では2年以上前に実施済みは5分の1強であり，過去2年以内に実施済みあるいは実施中が3分の1強である。来年度以降に実施予定が5分の1強，実施予定なしが同じく5分の1強ある。衰退商店街では2年以上前に実施済みが5分の1弱，実施中が4分の1強，実施予定が5分の1強，実施予定なしが3分の1弱である(表6-14)。

　店舗の開設希望は豊かにあるはずであるが，個店に対する制度的な積極的支援や，また商業集積の充実こそ商店街を活力あるものにするという認識が欠如しているために，潜在力が顕在化しないのである。商店街に対するハー

ドあるいはソフト支援にあっても，継続性こそが活力の源を醸成するのであり，性根をすえた支援が望まれる。

2　求められる中心部と商店街の役割

　中心部を活性化するためには地域における中心部の役割をはっきりさせなければならない。地域住民は自分が住んでいる街の中心部に何を望んでいるのだろうか。「自分が住んでいる中心部に望むこと」は何かといえば，「世論調査」によれば，全体では「人々が集まるコミュニティの中心としての役割」と「生活上のきめ細かいニーズへの対応」との2項目がそれぞれ3割強の支持率を得ている。この2項目の支持率は都市規模別，性別，年齢別にみて差はあれ，いずれも第1位あるいは第2位となっている。なお「人々が集まるコミュニティの中心としての役割」が「生活上のきめ細かいニーズへの対応」を上回っているのは，都市規模別では中都市以下の都市・町村においてであり，また性別年齢別では40歳代を除く男性および40～50歳代を除く女性においてである（図6-8）。

　住民ないしは消費者が「買い物に行く先にどのような施設があるとよい」と思っているのか。全体として2割台の支持率を得ている施設は銀行や郵便局，市・区役所の出張所などである。各施設に対する都市規模別や性別，年齢別でニーズが高いのは次の通りである。銀行へのニーズが高いのは東京都区部を除く全階層都市・町村に及び，特に中都市においてである。性別ではあまり差がなく，年齢別では20～40歳代で高い。郵便局へのニーズが相対的に高いのは中都市・女性・50歳代である。市・区役所の出張所へのニーズは政令指定都市・女性・30歳代で相対的に高い。

　全体でのニーズ支持率が10％以上を示す施設は公園，レストラン・喫茶店等や病院・老人ホームなどである。都市規模別や性別，年齢別にみると次の通りである。公園へのニーズは中都市・30歳代で目立つが，年齢による差は小さい。レストラン・喫茶店等へのニーズは東京都区部・60歳以上では低く現れている。ほかでは性別および政令指定都市から町村の別および年齢別での差が小さい。病院・老人ホームへのニーズは東京都区部・女性・60歳以上

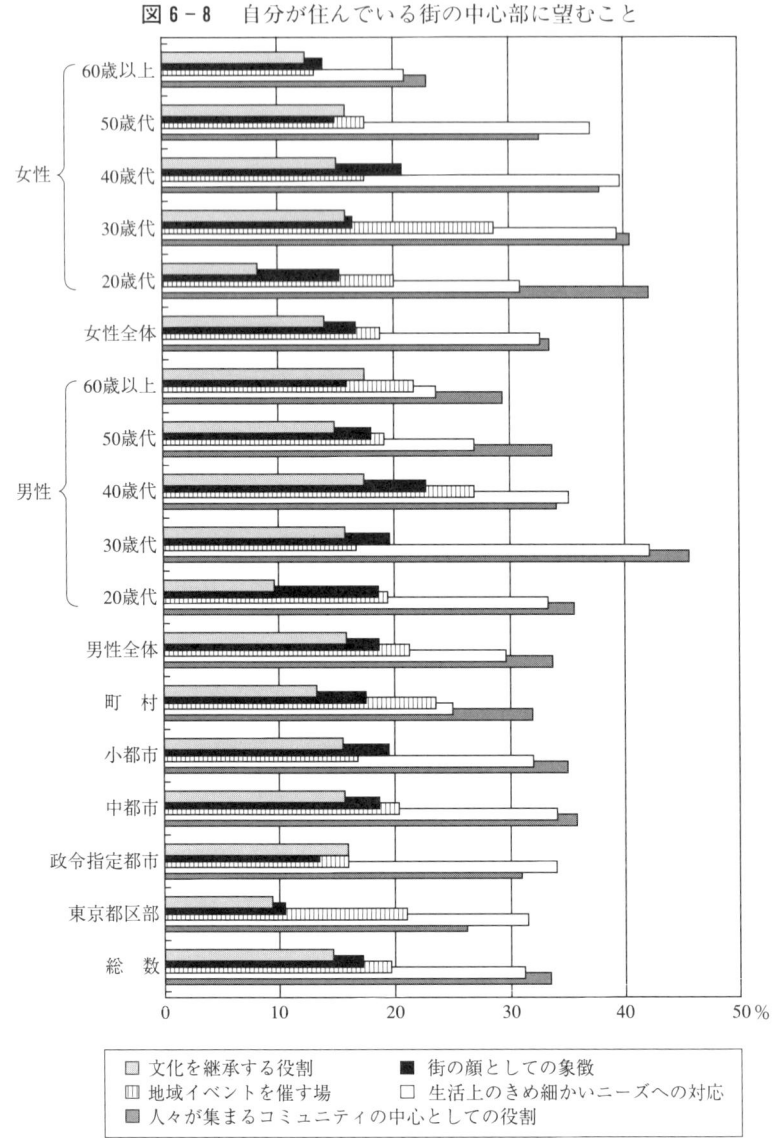

図 6 - 8　自分が住んでいる街の中心部に望むこと

資料：図 6 - 1 と同じ。

で相対的に高い。

　全体でのニーズ支持率が5～10％の施設はスポーツセンターや映画館，美術館，クリーニング店，コミュニティホール，託児所，理容室・美容室，カルチャーセンター・塾などである。都市規模別・性別・年齢別で支持率が高く出たのは次の通りである。スポーツセンターには小都市・男性・20歳代の，映画館では小都市・女性・20歳代のニーズが高くでた。美術館は性別・年齢別ではあまり差がないが，都市規模別では東京都区部で相対的に高いニーズが出ている。クリーニング店には東京都区部・女性・20歳代の，コミュニティホールは中都市・40歳代の，託児所では中都市・女性・20～30歳代の，理容室・美容室では町村・女性・30歳代の，カルチャーセンター・塾では女性・30歳代のニーズがそれぞれ相対的に高くでている。

　それでは「利用してみたい商店街」とは何なのであろうか。全体的には第1に「いろいろな店があり，一度に買い物ができ」，第2に「自転車置き場や駐車場が整備され」，第3に「歩いて気持ちがいい」商店街である。性別・年齢別にかかわらず支持順位はほぼ変わらない。性別年齢別で相対的に目立つのは，第1順位の「いろいろな店があり，一度に買い物ができる」は男性では30歳代が突出するが，女性では60歳代以上を除いてはいずれの年齢層でも6割弱という高い支持率を得ている。第2順位の「自転車置き場や駐車場が整備されている」は男性の30～50歳代で4割を超える。第3順位の「歩いて気持ちがいい」は20～30歳代の女性から相対的に高い支持を得ている。

　第4順位以下では，「宅配サービスをしてくれる」は男女とも60歳以上で支持率が高い。「楽しいイベントをやっている」は30歳代の男女で，「スタンプやポイントカードをやっている」は女性の各年齢層で，「地域の伝統的な祭りや文化活動をになっている」は男性の比較的高い年齢層で，「コミュニティセンターがある」は男性30歳代と女性40歳代で，相対的に高い支持率がある。

　はっきりしていることは中心部に対するニーズが性別・年齢別で多様なことである。しかし逆にこの多様なニーズを吸収できるのは中心部以外にはな

い。中心商店街は単なる商業集積にとどまってはならないが，商業集積のない中心部はきわめて味気ない中心部である。そのうえで歩いてうれしい環境をつくり上げていくことが重要なのである。

IV 地域の視点から商店街の再構築を

　大店法はすでに時代遅れになったとの国民的な認識のもとで，空洞化する中心市街地再生への政治的てこ入れが必要なことから，廃止答申が出され，これに代わる大店立地法が成立し，同床異夢の中で2000年4月に施行されることになった。
　大店法と大店立地法との間での主な変更点は，第1に主目的が中小小売の保護から地域環境保全・消費者利益の保護に変わったことである。ここで戦前から続いた「中小商業者保護」の流通政策は完全に終わったことになる。第2は対象店舗面積であり，500㎡超から1000㎡超に変わった。もちろんすでに現行法の中でも実質的に1000㎡まではほぼ無審査で認められているが，いずれにしても大型化に拍車がかかる。第3は審査内容であり，これまでは店舗面積や閉店時間，休業日数，開店日など申請店舗に直接関わる事項が対象とされてきたが，今後は直接的な事項はまったくなくなり，交通渋滞，ごみ処理，騒音などの地域環境への影響が対象となる。第4は審査期間であるが，これは最長1年と変わらない。第5は審査主体であり，これまでは国または県，政令指定都市であったのが，国がなくなり県または政令指定都市（市町村も参加）へとおりることになった。
　特徴は何かといえば，これまで以上に出店が容易となったことである。しかも審査対象区域は市街化区域であり，市街化調整区域は対象外とされている。それだけでなく，大型店が産業立地政策に組み込まれ，不況下で工場や研究所などの誘致が進んでいないもとでは，大型店が新たな誘致対象としてとらえられることである。都市計画法の改正で特別用途地区が設置することができる85市区に対する調査では，この特別用途地区に大型店を積極誘致し

ようと希望している都市は21市に及んでいる。出店規制を考えているのは64市区であり，規制が強いのは関東や九州，近畿ブロックに多く，また人口規模では20万人未満の都市や大都市周辺の住宅都市などで目立っている［市川・江口，1998］。

　いずれにしても地方都市における中心市街地は，改正大店法のもとでその主要な担い手である商業機能を失いつつある。中心市街地には他の機能もあるとはいえ，その主要な担い手を失うことは，単に経済的機能のみならず，「街の顔」や「賑わい」を欠落させることになる。重要なことは個店に魅力がなければならないことである。それには消費者ニーズに対応した業態の転換や，品質のよい商品やサービス等の品揃えを充実させることが何よりも重要である。消費者は「モノ」を買う際，その「モノ」に付随した「情報」ないしは「物語」にも大きな関心を寄せるのである［服部・杉村，1974］。多様な消費者ニーズに対応するための品揃えで中小規模の個店が大店舗に対抗するためには，やはり異業種・同業種を多様にとりまぜた商業集積を構築するしかない。

　主要な担い手としての商業集積を中心市街地に再構築するためには，商業集積としての商店街に金融機能や通信機能，さらにはコミュニティ施設の整備充実などが都市規模に応じたものとして必要とされる。賑わいとして表現される活力はやはり商業集積に起因するものでなければならない［大石，1998］。商店街は盛衰別を問わず，新たな参入者が確実にあり，参入しやすい条件をどのように整えるのか。その条件とは公園や駐車場さらには公共交通機関といったハード面での都市環境整備にとどまらず，税制上の優遇措置あるいは補助制度などソフト面での支援体制の整備が必要とされよう。

　今なによりも重要なことはわれわれがなぜ街の中心部を問題とするのかである。それは中心部が都市のもう一つの大きな本質としての「結節性」を担っているからである。「だれもが，自由に，平等に結節できる空間としての都心(中心商業地)や商業中心地は，その意味で，都市で最も重要な場所の1つとなる。それは都心が，都市の中の都市，都市の顔といわれるゆえんである。中心商業地や商業中心地は，その都市や地区文化・地域性の表現場所と

しての役割を担っているといえる」［戸所，1991，319頁］ことが確認できるかどうかが中心部再生の鍵となるのである。中小小売業の集積としての商店街の再構築はまさに「地域の視点」からなされなければならない［石原，1997］。

(1)　資料は総理府大臣官房広報室「小売店舗等に関する世論調査」1997年6月。調査対象は全国20歳以上の者3000人を層化二段階無作為抽出法で抽出し，調査は97年6月5日から6月15日にかけて調査員による面接聴取によって行なわれた。有効回答数は2138人，有効回答率は71.3%であった。
(2)　人口10万人以上。
(3)　人口10万人未満。
(4)　「便利になった」と答えた者に，12項目の選択肢の中から複数回答を求めている。
(5)　「不便になった」と答えた者が7項目の選択肢から複数回答。
(6)　1997年の『商業統計表—立地環境別特性別統計』は執筆段階では未公表であり，94年までの数字に依存した。
(7)　この調査は1998年8月に福島大学経済学部「地域経済論」の受講生が主として商店街の役員に対して面接法によって行なったものである。ただし調査対象となった商店街は受講生によって任意に選択されたものであり，統計学的なサンプリング法によって選択されたものではない。回答を得た商店街数は198であり，対象商店街は福島県や宮城県など東北地方を中心としつつも，全国に及んでいる。
(8)　消費者の商品選択に関する認識と小売業者の認識とのギャップも問題として指摘される。5年前と比較して，特に「品質」「安全性」「環境配慮」という点では小売業の認識以上に消費者は重視するようになっており，一方で「低価格」や「新製品」「ブランド」等については小売業の認識ほどには重視していない［中小企業庁，1997，244-245頁］。
(9)　商店街類型では，「第一種大型店を含む商店街」には「第一種大型店」が必ず含まれている。他の型の小売店舗が含まれるか否かは問わない。「第二種大型店を含む商店街」には第一種大型店は含まれず，第二種大型店が必ず含まれ，コンビニと中規模小売店が含まれるか否かは問わない。「中規模小売店を含む商店街」には第一種大型店と第二種大型店とは含まれず，中規模小売店舗が含まれ，コンビニは含まれるか否かを問わない。「コンビニを含む商店街」には第一種・第二種大型店と中規模小売店とを含まず，コンビニを含む。「個店のみによる商店街」には第一種・第二種大型店・中規

第6章　商店街の盛衰分析と再構築の視点

　　模小売店・コンビニのいずれをも含まない。
(10)　ここでは調査対象の選定方法との関係で「繁栄」「停滞」「衰退」の比率は問わないこととするが，『中小企業白書』(平成10年版)によれば，「繁栄」3.8%，「停滞」41.8%，「衰退」54.4%となっている。
(11)　店舗の入れ替わりは，最も通行量の多い核心部に著しくみられ，歩行者通行量の多い地区ほど激しい立地競争が行なわれている［五十嵐，1996］。

第7章　地方中核都市における中心市街地活性化基本計画

I　地方中核都市の中心市街地商業の空洞化

1　中心市街地の商業活動

　「基本的な方針」に基づいて設定される「中心市街地」地区は，すでにみたように都市によってかなりのばらつきがある。またこれを統計データとして収集することも，現時点では大きな困難がつきまとう[1]。ここでは従って，報告書に盛り込まれた統計データと記載文に依存して，定性的な記述を試みるにとどめる。

　都市人口規模別にたどってみたい。人口40万人程度以上の都市は中心市街地の商業活動が熊本市や松山市でも言われているようにかつては「一人勝ち状態」にあった。中心市街地内には商業集積拠点が複数存在するが，拠点間での商業集積にはなお明らかな格差が存在し，そのもとでの棲み分け的な分担関係が成立している。大型店が郊外あるいは隣接町村に立地することで，中心市街地商業の吸引力は次第に低下してきているとはいえ，なお対抗しうる力を充分に保持している。

　ただし小売業における吸引力の対抗軸は都市圏内における中心市街地と周辺郊外地とにかぎられない。それは熊本市や鹿児島市で言われているようにより高次の中枢都市との競合がでてきていることや，岡山市で言われるようにアミューズメント系の魅力的な店舗が中心市街地に不足していることもかかわっている。

　全市に対する中心市街地シェアの動向をみると，商店数では微減にとどまっている。売場面積シェアは91〜94年にかけて大きく後退した。年間販売額シェアはそのあとの94〜97年において大きく低下した。この都市人口規模の

中心市街地内には複数の商業集積拠点があり，いずれの商業拠点も大きな落ち込みはないようである。ただし中心市街地内部での商業集積の変化は再開発事業がらみを含めてやはり大型店の動向に規定されている。

人口規模20〜30万人台の都市では二極分化を読みとることができる。第1は中心市街地の空洞化が著しく進んできている都市であり，その典型は和歌山市である。あらゆる指標において厳しさが現れている。第2は商店数シェアがそれほど後退しないものの，売場面積や年間販売額でのシェア低下が著しい都市である。これは40万人台以上の都市と同様の傾向を持つが，例えば高松市・秋田市・徳島市などでは商店街あるいは町丁別格差がより鮮明に現れている。中心市街地内での商業集積拠点は，概ね従前からの商業集積拠点とJR駅前の商業集積拠点との2カ所に集約されるが，JR駅前の商業集積が従前の中心市街地商業集積を追い抜く様相を示している。

人口10万人台の都市になると，中心市街地そのものが解体されそうな様相が見られるようになる。佐賀市では商圏そのものが縮小傾向にある。松江市は都市間競争にも負けそうな気配である。上越市は旧来の商業拠点の中間に新しい郊外型商業集積が形成されている。もちろん小樽市のようになお中心市街地の商業シェアを一定保持している都市もある。しかし多くの都市の中心市街地商業はその中心性を失ってしまったと表現してもさしつかえない状況にある。

2　中心市街地の歩行者通行量の変化

中心市街地商業がふるわないのは，大型店の郊外出店あるいは流出の影響であり，中心市街地における歩行者通行量が激減しているからである。[2]この通行量がどの程度減少してきているかについて，統一的に整理されたデータはない。ここでも「中心市街地活性化基本計画」に記載された個別的な統計データおよび文章記述を参考にし，その変動の状況をみたい。対象とした30都市のうち数値ないしは記述が掲載されていたのは24都市であった。これらを都市人口規模順にならべると，次のようなことが指摘ができる。

まずは中心市街地全体における歩行者通行量であり，大幅に増加している

都市は一つもない。熊本市の「全体としては横ばい」を除けば，準地方中枢都市クラスである岡山市，鹿児島市，松山市，金沢市などにあっても，中心市街地全体の歩行者通行量は減少傾向にある。これらよりも人口規模が小さい地方中核都市等は，いずれの中心市街地も歩行者通行量が減少している。岡山市表町商店街は市内で最も来街者が多いが，1965年前後をピークとしてその半分に減少している。松山市の中心市街地の歩行者通行量は1991年をピークとしており，97年には91年の約18％の減となった。和歌山市では98年の歩行者通行量が対75年比で約50％減，対95年比で約15％減となった。都市圏内における中心市街地の求心力が確実に低下してきたのである。

ついで全体として歩行者通行量が減少する中での，休日と平日との間での相対的な動きの違いの意味についてである。その第1は中心市街地の全体として休日の歩行者通行量が平日を上回わるケースであり，これはその中心市街地が業務機能よりはショッピングやアミューズメント機能を持っていることを意味し，通勤圏より広い圏域から集客できていると考えられる。中心市街地の全体として休日の来街者数が平日のそれを上回っているとの明示的な記載がある都市は，岡山市や金沢市，宇都宮市，高知市などであり，最も都市人口規模が小さいのは高知市(32.1万人)である。もちろん中心市街地内の全ての調査地点でそうなっているわけではない。[3]

第2は休日の歩行者通行量が平日のそれを上回る調査地点が半数以上存在するケースであり，これには郡山市(11/18地点，1998年)，徳島市(17/25地点，1996年)，佐世保市(2/3地点，1998年)などがある。人口規模が最も大きいのは郡山市(32.6万人)であり，最も小さいのは佐世保市(24.4万人)である。第3のケースは休日の歩行者通行量において平日のそれを下回る調査地点が半数以上存在するケースである。明示的な記載があるのは，青森市(13/35地点，1992年以降)，福島市(2/13地点，1998年)，山形市(5/12地点，1997年)，松江市(1/8地点，1995年)，山口市(8/14地点，1998年)などであり，最も人口規模が大きいのは青森市(29.4万人)であり，最も人口規模が小さいのは山口市(13.6万人)である。青森市において休日の通行量が平日を上回る地点の集合は，駅ビル→成田本店→金正堂本店といった新町商店街とこれにＴ字型に交わ

第 7 章　地方中核都市における中心市街地活性化基本計画

る夜道通り商店街と昭和通商店街とであり，回遊性が形成されている。

　深刻なのは中心市街地のすべての調査地点において，歩行者通行量が休日・平日ともに減少しかつ休日のそれが平日を下回る都市が存在することである。明示的な記載があるのは長岡市である。主要調査地点での調査結果によれば，休日の通行量が平日を上回るのが4/6地点(1980年)から5/6地点(1985年)，6/7地点(1988年)へと増加したが，その後は3/7地点(1993年)へと減少し，1998年には0/7地点となった。石巻市での歩行者通行量は，平日が3万8851人(1988年)から2万6566人(1997年)へ，また休日が4万8093人から2万4751人へと激減している。

　休日における歩行者通行量が最大となる地点については，移動のなかった都市と移動のあった都市とがある。休日における最大歩行者通行量が最大となる地点が移動していないのは，岡山市(下之町天満屋ピロティ前)，金沢市(堅町商店街)，宇都宮市(オリオン通り)，青森市(成田本店前)，福島市（ゼビオ前)，山形市(七日町通りヨネフク金物店)，佐世保市(親和銀行京町支店前)，松江市(南殿町)などである。

　これに対して，休日最大歩行者通行量地点が移動したのは，郡山市，宮崎市，水戸市，長岡市，山口市などである。郡山市では1998年にそれまでの郡山駅前通りの「旧鈴木せともの店前」から郡山駅前の西武百貨店前に移動した。宮崎市では1997年にそれまでの橘通り3丁目から高千穂通りに移動した。水戸市は野村証券(旧丸井)前(1970～1977年)からカワイ楽器店前(1979～1983年)，再び野村証券前(1985～1991年)となり，さらにマイムビル2F(旧丸愛前)(1994年)へと移動した。長岡市では大手通り(厚生会館・日の出カメラ，1980年)からセゾン広場前(1985年)に，そして駅2階通路(1988～1998年)へと移動した。山口市では中町(JTB前，1996年)から米屋町(第一勧銀前，1998年)に移動した。

　このように中心市街地全体として特に休日において来街者数の減少が著しいが，調査地点によっては回復ないしは増加している事例も見られる。鹿児島市の中央地区，宇都宮市のオリオン通り，宮崎市(11/15地点)，福島市の駅東西自由路(13年間で休日60％増，平日56％増)，水戸市のマイムビル2F

139

(旧丸愛前），佐世保市の Papas，松本市の伊勢町・大名町などがそれである。回復ないしは増加してきた理由は，「再開発事業完成」(水戸市)や「駅から大型店への動線状に位置する」「区画整理事業や駐車場の増設」「景観整備やイベント」(松本市)，「ショッピングセンターひとつ」(松江市)などである。

3　中心市街地の回遊性の希薄さ

　歩行者通行といった量的な問題だけではなく，回遊性の欠如といった連携性の問題もある。回遊性が高いということは商業集積の魅力が高いことを意味し，同時に延べ歩行者通行量が多くなれば，それだけ販売額が高まる可能性をもたらす。しかし熊本市と松山市での事例によれば，回遊性が高いのは若者であり，年齢が高くなるにつれて低くなり，高年齢者は特定の拠点のみに集中することが強まる。

　(1)　**熊本市**　　熊本市［1999］の中心市街地における歩行者の回遊性については，特に上通・下通・新市街を対象として調査が行なわれた。調査は対面アンケートで1998年12月10日・13日に実施された。その結果は，年齢層別の違いはあるものの，ほとんどが上通→下通→新市街というアーケード商店街を軸とした線型の回遊パターンを示している。しかし個人個人の動きで共通するのは，特定の人が上通→下通→新市街の範囲を全て回遊するケースはまれで，1人当たりの回遊ルートは一般的には上通→並木坂方面，上通→下通間，下通→新市街という程度の限られた範囲となっている。

　年齢別では，10代の男女はパルコを中心として並木坂→上通→下通→新市街地(もしくはシャワー通り)と広範にわたっている。1カ所を核とした限定的な動きではなく，広範囲で回遊するのが10代の特徴である。20歳代の男女は10歳代と類似した回遊パターンを示す。ただし10歳代と比較すると，鶴屋百貨店，パルコといった通町筋の大型店の利用が多くなっており，大型店を核とした動きが比較的多くみられる。また20歳代では10歳代よりも並木坂やシャワー通りといったいわゆる「ファッションストリート」の人気が高い。

　30～40歳代は鶴屋百貨店を核とした動きが極めて顕著になる。10～20歳代には見られなかった岩田屋まで足を伸ばす動きがみられ，商店街よりも大型

店が重視されている。50～60歳代の回遊パターンは30～40歳代に類似するもののよりせまい範囲での回遊パターンとなる。特に鶴屋百貨店のみと答える人が非常に多くなっており，中心市街地来街＝大型店来街という意味合いが強い。他の世代に比べると鶴屋百貨店から岩田屋へ行くというケースも見られ，大型店を中心とした利用に下通を若干歩くというルートがこの世代の一般的な回遊ルートである。

(2) **松山市** 松山市［1999］での来街者回遊性にかかわる調査は98年11月12日（木）と15日（日）との２日間で行なわれ，2564件の有効回答を得ている。平日・休日別，世代別の回遊行動パターンの上位30パターンをみると，全体的には，湊町４丁目⇔湊町３丁目，湊町３丁目⇔大街道１丁目⇔２丁目というように，銀天街や大街道など中心商店街を線的に回遊するパターンが多く見られた。一方，大街道２丁目のみ，三越のみ等回遊を行なわないパターンも少なからず散見された。

平日・休日別では，全体的な回遊パターンはあまり変わらず，休日の松山市駅周辺，いよてつそごう等から湊町４丁目への回遊が平日に比べて多い。世代別では10～20歳代は大街道２丁目を中心に回遊している一方，50～60歳代ではいよてつそごう⇔三越，いよてつそごう⇔サティ，サティ⇔三越等の離れた大型店間の回遊も見られる。

II　まちづくり三法

1　まちづくり三法の施行

地方都市における中心市街地の空洞化は地域政策の明らかな失敗である。地域経済が右肩上がりで成長している状況では，より高い地代を支払うことができる経済的社会的機能を誘致するために，その受け皿づくりとして中心市街地を再構築することが経済計算として可能であった。実際にこの経済計算はバブル経済そして地価上昇を前提として成り立つのであり，バブル経済の崩壊そして地価の急激な下落とともになりたたなくなった。しかし過去に

おいて日本は，列島改造ブームの破綻や二度にわたる石油危機を克服してきたという経験を持っていた。このことが日本経済の立ち直りに淡い期待を抱かせることになり，経済政策や地域政策の転換時期を見誤ることになった。

バブル経済の崩壊の後，経済の建て直しのキーワードが「規制緩和」，そして「構造改革」へと進んだ。この「規制緩和」の方向性は1990年の日米構造協議最終報告によって決定的なものとなり，大規模小売店舗法の改正はその目玉商品として位置づけられた。大規模小売店舗法の法律としての改正施行は1992年であるが，それ以前に実質的な規制緩和が進められ，施行後もその緩和が引き続き進められ，大型店が加速度的に出店し，特に地方都市において深刻な問題をもたらした［山川，1997］。

この深刻さは単に大型店の出店戦略が大型店対商店街という図式ではなく，大型店間でのサバイバルゲームとして展開されていることにある。それはサバイバルゲーム下では，企業全体としては店舗網の頻繁なスクラップ＆ビルドによってようやくの利益を確保している［山川，2000］。そのため商店街の一角を支えていた大型店であっても，経営戦略との関係で突然閉店されることが頻繁に起きるのである［山川，2001］。

地方都市における中心市街地の空洞化が，90年代後半になって政治レベルでも地域問題として認識されるようになり，中心市街地の活性化に向けた「まちづくり三法」が制定された。この「まちづくり三法」とは「大規模小売店舗立地法」「改正都市計画法」「中心市街地活性化法」の3つをさす。この3つのうち中心市街地活性化のための事業を担保するものが中心市街地活性化法であり，正式には「中心市街地における市街地の整備改善及び商業等の活性化の一体的推進に関する法律」で，1998年7月24日に施行された。

2　中心市街地活性化基本計画と中心市街地の性格

中心市街地を活性化する補助事業を行なうためには，法律に拠って国が提示する「中心市街地における市街地の整備改善及び商業等の活性化の一体的推進に関する基本的な方針」(以下，基本方針)に基づいて市町村が策定する『中心市街地活性化基本計画』(以下，基本計画)が，国に提出されなければな

第7章　地方中核都市における中心市街地活性化基本計画

らない。

　市町村からの基本計画の提出は増加しており，年度別では1998年度に83地区，1999年度に133地区，2000年度に163地区，そして2001年度では86地区であり，2001年12月4日現在で，その合計は465地区に達した。都道府県別では愛知県が最も多く22地区であり，これに長野県21地区，北海道19地区，埼玉県19地区，兵庫県18地区と続いている。少ないのは京都府・徳島県・群馬県が各3地区にとどまっている(表7-1)。

　基本計画で指定された中心市街地の面積規模は最小の10haから最大の900haの間に分布するが，20ha刻みで整理すると80～100haクラスが最も多く，これに60～80haと100～120haクラスが続いている(表7-2)。

表7-1　中心市街地活性化基本計画の都道府県別提出状況

都道府県	提出件数	都道府県	提出件数
北海道	19	滋賀県	5
青森県	10	京都府	3
岩手県	16	大阪府	5
宮城県	11	兵庫県	18
秋田県	8	奈良県	6
山形県	6	和歌山県	6
福島県	14	鳥取県	4
茨城県	13	島根県	7
栃木県	12	岡山県	5
群馬県	3	広島県	14
埼玉県	19	山口県	8
千葉県	14	徳島県	3
東京都	11	香川県	5
神奈川県	10	愛媛県	10
山梨県	4	高知県	3
長野県	21	福岡県	16
新潟県	17	佐賀県	6
富山県	13	長崎県	7
石川県	10	熊本県	17
福井県	5	大分県	6
静岡県	13	宮崎県	7
愛知県	22	鹿児島県	9
岐阜県	10	沖縄県	6
三重県	8	合計	289

　注：2001年12月4日現在。
　資料：中心市街地活性化推進室ホームページ(http://www.jas.biglobe.ne.jp/madoguchi-go/frame/)により作成。

表7-2 中心市街地活性化基本計画による中心市街地面積規模の分布

面　積	地区数	比率(%)
0ha～	7	1.5
20ha～	29	6.2
40ha～	39	8.4
60ha～	57	12.3
80ha～	63	13.5
100ha～	51	11.0
120ha～	41	8.8
140ha～	36	7.7
160ha～	32	6.9
180ha～	22	4.7
200ha～	17	3.7
220ha～	17	3.7
240ha～	8	1.7
260ha～	8	1.7
280ha～	5	1.1
300ha～	17	3.7
400ha～	7	1.5
500ha～	9	1.9
合　計	465	100.0

注：2001年度は2001年12月4日現在。
資料：表7-1と同じ。

次いで中心市街地の歴史的性格をみると、提出が比較的早い時期の1999年頃では、「城下町」36.2％や「街道沿いの宿場町」27.1％などが多かったが、2000年頃には「その他」が第1位になり、さらに2001年頃にはその比率が38.1％へと高まった。その分「城下町」や「街道沿いの宿場町」の比率が低下したのである。これは歴史的性格をもつ中心市街地ほど空洞化が深刻であり、それだけ早い取り組みがなされたものと思われる。また「その他」は明治期以降に形成された市街地であると推定され、次第に策定の対象が多岐にわたってきている（表7-3）。

近隣の都市機能との関連では「交通ターミナル」や「公共交通機関」をもつ中心市街地が多く、いずれの時期においてもこれらが8割以上をしめてい

表7-3　活性化基本計画策定中心市街地の歴史的性格

中心市街地活性化基本計画提出順（提出時期）	No.1～180まで(1999年11月5日まで)	No.181～352まで(2000年11月13日まで)	No.352～448まで(2001年8月10日まで)
城下町	36.2	24.4	17.8
街道沿いの宿場町	27.1	24.4	21.2
港町	6.4	20.8	14.4
門前町	10.1	2.7	8.5
その他	20.2	27.6	38.1
合　計（%）	100.0	100.0	100.0
延べ回答数（実数）	216	215	122
回答数（計画策定数）	180	172	97

資料：表7-1と同じ。

表7-4 近隣都市機能との関係

中心市街地活性化基本計画提出願（提出時期）	No.1～180まで(1999年11月5日まで)	No.181～352まで(2000年11月13日まで)	No.352～448まで(2001年8月10日まで)
交通ターミナルが市街地にある	46.4	41.6	42.8
公共交通機関が市街地にある	41.0	39.9	40.7
工場等産業施設に隣接している	5.7	11.3	7.2
ベッドタウンに隣接している	6.9	7.2	9.3
合　計（％）	100.0	100.0	100.0
延べ回答数（実数）	216	215	122
回答数（計画策定数）	180	172	97

資料：表7-1と同じ。

る。やはりほとんどの中心市街地は交通結節点に位置している(表7-4)。

3　中心市街地の空洞化原因に対する認識の変化

　中心市街地の空洞化問題をとらえる視点が最近，変化してきた。中心市街地活性化推進室が取りまとめている『提出された基本計画の特徴について』を提出順に3つの時期でまとめてみると，「中心市街地疲弊の原因として最もウエイトが高いもの」が，1999年11月までは「商業サービス施設の郊外移転」が38.0％をしめて第1であり，これに少し離れて「モータリゼーションへの対応の遅れ」26.4％と「中心市街地の店舗構成の魅力低下」21.3％とが続いていた。第1位と第2位の要因は中心市街地を取り巻く環境の変化であり，この時期までにおいては中心市街地空洞化の原因は外部要因であったと理解されていた。

　ところが1999年11月から2000年11月の期間になると，上位3つの項目の構成比率がそれぞれ30％前後に集中するようになった。さらに2000年11月から2001年8月までの期間になると，上位3つの要因の順序が変わることになった。前期まで第1位にあった「商業・サービス施設の郊外移転」は29.5％で第2位に落ちたのである。これに代わって第1位になったのは「中心市街地の店舗構成の魅力低下」であり，35.2％をしめた。第3位は前期では第2位にあった「モータリゼーションへの対応の遅れ」であり，25.4％に落ちた。このように中心市街地の空洞化に関する原因の認識が，短期間に外的要因か

表7-5 中心市街地疲弊の原因として最もウエイトが高いもの

中心市街地活性化基本計画提出時期	No.1〜180まで (1999年11月5日まで)	No.181〜352まで (2000年11月13日まで)	No.352〜448まで (2001年8月10日まで)
商業・サービス施設の郊外移転	38.0	30.7	29.5
モータリゼーションへの対応の遅れ	26.4	29.8	25.4
中心市街地の店舗構成の魅力低下	21.3	28.8	35.2
住宅地の郊外化	10.6	8.4	8.2
公共施設の郊外移転	3.7	2.3	1.6
合　計（％）	100.0	100.0	100.0
延べ回答数（実数）	216	215	122
回答数（計画策定数）	180	172	97

資料：表7-1と同じ。

ら内的要因へと変化してきたのである(表7-5)。

III　中心市街地活性化基本計画と中心市街地の特徴

1　中心市街地活性化基本計画とは

　1998年7月31日に告示された『中心市街地における市街地の整備改善及び商業等の活性化の一体的推進に関する基本的な方針』によれば，なお「中心市街地は商業，業務，居住等の都市機能が集積し，長い歴史の中で文化，伝統を育み，各種の機能を培ってきた『街の顔』とも言うべき地域である」と定義されている。活性化基本計画策定の対象となりうる「中心市街地」は次の3つの要件を備え，しかも「都市機能の増進及び経済活力の向上を図ることが必要であると認め」られなければならない。

　第1は「当該市街地に，相当数の小売商業者が集積し，及び都市機能が相当程度集積しており，その存在している市町村の中心としての役割を果たしている市街地であること」（法第2条第1号)である。すなわち「中心市街地が備えるべき小売商業者及び都市機能の集積の程度は，それぞれの市町村ごとに異なるものであり，当該市街地が存在する市町村内の他の地域と比較し

て，相当数の小売商業者が集積し，各種事業所，公益施設等が密度高く集積することによって様々な都市活動が展開され，それを核として一定の商圏や通勤圏が形成されていることなど，当該市町村における当該市街地の経済的，社会的役割に着目して判断することが重要」になる。

　第2は「当該市街地の土地利用及び商業活動の状況等からみて，機能的な都市活動の確保又は経済活力の維持に支障を生じ，又は生ずるおそれがあると認められる市街地であること」(法第2条第2号)である。すなわち「低・未利用地の状況，小売商業の店舗数や販売額，その他の都市活動に係る事業者数や従業員数等当該市街地の土地利用，商業活動等の状況・動向を参考に判断すること」が求められている。第3は「当該市街地において市街地の整備改善及び商業等の活性化を一体的に推進することが，当該市街地の存在する市町村及びその周辺の地域の発展にとって有効かつ適切であると認められること」(法第2条第3号)である。すなわち「当該市町村及び周辺地域の市街地の規模，配置，相互関係等の現状，都市計画や産業振興に関するビジョン等の今後の地域づくりの方針等に照らして，事業実施の効果を判断すること」が求められる。

　そのうえで市町村が基本計画に中心市街地の位置及び区域を定めるに当たっては，以下の4点について留意が必要とされる。第1は中心市街地の数についてであり，「中心市街地は，それぞれの市町村の中心としての役割を果たしている市街地であることから，基本的には一市町村に一区域となるものであるが，合併市町村，政令指定都市等において，地域の実情により要件に該当する中心市街地が複数存在するような場合には，それぞれについて基本計画を作成することもありうる」としている。第2は中心市街地の規模等についてであり，「それぞれの市町村ごとに多様であると考えられるが，土地利用や諸機能の集積の実態，想定される事業の実施範囲等の観点から，一体性があり，集中的・効果的な取組みが可能な適切な広さになるよう定めることが必要」としている。

　第3は土地利用計画との関係についてであり，「中心市街地の区域は，各種の土地利用計画との整合性にも配慮することが必要である。特に都市計画

が定められている場合には，当該区域が都市計画法(昭和四十三年法律第百号)第八条第一項第一号に掲げる商業地域又は近隣商業地域を含むように調整を図ることが必要である」としている。第4は中心市街地の区域の境界についてであり，「中心市街地の区域は，できる限り市町村の区域内の町界・字界，道路，河川，鉄道等の施設，都市計画道路等によって，対象となる土地の範囲を明確に表示して定めることが必要」とされる。

2 基本計画からみる中心市街地の特徴と活性化取り組み状況

次いで中心市街地活性化への取り組みをみると次のような特徴が出てくる(表7-6)。まずは「商業などの魅力を高める」取り組みであり，これに関しては「商店街の環境整備」や「商業サービスの向上(ソフト事業)」「テナントミックス」が多く，「核店舗の誘致」や「アミューズメント機能の導入」「都市型新事業の育成」などが低い。ここからは商店街の小売業にかかわる直接的な支援の取り組みが高いこと，逆に商店街の魅力を高めるであろう付加的な機能や事業の育成への取り組みが低いことがわかる。

次いで「文化・交流・福祉などの機能を強化する」取り組みであり，これに関しては，従来型の機能を中心とする「文化・交流・学習施設などの整備」や「区画整理事業等の面整備」が，今後の地域問題対応の機軸となるべき「福祉・健康増進施設等の整備」や「情報関連施設の整備」よりも相対的に高く表れている。

「イベントなどを催す」取り組みに関しては「イベント等の実施」が「イベントが可能な場の整備」を上回っている。

「街を訪れる人に目を向ける」取り組みに関しては「観光資源や歴史的資産の活用」が圧倒的に高くあらわれ，かなりの格差を持って「観光客等へのサービス向上」や「観光資源の開発」が続き，「大会や会議の誘致」はかなり低い水準にとどまった。「活用」という現状維持レベルにとどまり，「向上」や「開発」「誘致」など新たな展開への関心が弱いように思える。

「快適に過ごせる環境を整える」取り組みに関しては，「街並み・景観整備」や「歩きやすい環境の整備」「公園等憩いの場の整備」がいずれも8割

第7章　地方中核都市における中心市街地活性化基本計画

表7-6　中心市街地活性化基本計画での取り組み状況と重要性認識状況

目的別取り組み状況	該当する地区数	対回答地区数比率(%)	重要と考える地区数	対回答地区数比率(%)
商業などの魅力を高める				
商業サービス向上（ソフト事業）	385	85.9	43	9.6
商店街の環境整備（パティオも含む）	372	83.0	111	24.8
テナントミックス	311	69.4	44	9.8
共同店舗の整備	212	47.3	30	6.7
アミューズメント機能の導入	144	32.1	6	1.3
都市型新事業の育成	127	28.3	15	3.3
核店舗の誘致	121	27.0	27	6.0
文化・交流・福祉などの機能を強化する				
文化・交流・福祉などの機能を強化する	343	76.6	79	17.5
区画整理事業等の面整備	268	59.8	132	29.5
情報関連施設の整備	241	53.8	21	4.7
その他の公共施設の整備	237	52.9	24	5.4
福祉・健康増進施設等の整備	219	48.9	18	4.0
イベントなどを催す				
イベント等の実施	379	84.6	26	5.8
イベントが可能な場の整備	280	62.5	12	2.7
町を訪れる人に目を向ける				
観光資源や歴史的遺産の活用	378	84.4	60	13.4
観光客等へのサービス向上	245	54.7	11	2.5
観光資源の開発	167	37.3	12	2.7
大会や会議の誘致	41	9.2	0	0.0
快適に過ごせる環境を整える				
街並み・景観整備	408	91.1	49	10.9
歩きやすい環境の整備	405	90.4	61	13.6
公園など憩いの場の整備	383	85.5	36	8.0
バリアフリー化	354	79.0	9	2.0
放置自転車対策	105	23.4	1	0.2
自動車交通流入の抑制	104	23.2	1	0.2
関連道路や駐車場を整備する				
駐車場・駐車場案内システムの整備	362	80.8	37	8.3
幹線道路等の整備	359	80.1	94	21.0
公共交通の利便性を向上させる				
公共交通の利便性を向上	311	69.4	28	6.3
交通ターミナルの整備	225	50.2	40	8.9
住む人を増やす				
都心型居住の供給	269	60.0	23	5.1
高齢者に配慮した住宅の供給	204	45.5	6	1.3
事業に伴って移転する人の受け皿住宅の供給	75	16.7	4	0.9
核になる組織を作る				
TMO	406	90.6	108	24.1
協議会組織	224	50.0	9	2.0
市町村内部の専任組織	156	34.8	0	0.0
その他のまちづくり組織	137	30.6	12	2.7
中心市街地整備推進機構	34	7.6	1	0.2
気持ちをあわせる				
市民参加	313	69.9	10	2.2
数値目標	29	6.5	0	0.0
回答地区数	448	100.0	448	100.0

注：2001年12月4日現在
資料：表7-1と同じ。

台であり，これらに「バリアフリー化」が続き，いずれもハード面での整備への期待が高い。これに対して「自動車交通流入の抑制」や「放置自転車対策」といったソフト面の色彩が濃い対策に対する期待は低い。

「来やすくする」取り組みに関しては「幹線道路の整備」や「駐車場及び駐車場案内システムの整備」への期待は高い。「公共交通の利便を向上させる」取り組みは「公共交通の利便性の向上」が「交通ターミナルの整備」を上回るものの，いずれも自家用車が来やすくなる諸施設の整備を下回っている。

「住む人を増やす」取り組みでは「都心型住宅の供給」は6割台にとどまり，しかも「シルバーハウジング等高齢者に配慮した住宅」や「事業に伴って移転する人の受け皿住宅の供給」はかなり低い水準にある。

「核になるべき組織をつくる」ことに関しては，「TMO」がほとんどの市町村でつくられようとしている。「協議会」や「市町村内部の専任組織」は少なく，「整備推進機構」についてはさらに低い。民間を主体とする組織に移行したいとの希望を見ることができる。「気持ちをあわせる」に関しては，「数値目標」を「市民参加」が圧倒的にうわまわっている。

以上のことから，基本計画における活性化取り組みの特徴は，商店街における商業活動にかかわる直接的な支援が商店街の魅力をさらに高めることにつながるであろう機能や事業の育成への関心が高くないこと，機能強化についても従来型ないしは活用型を中心とするにとどまり，近未来型ないしは新たな展開への関心が比較的低いこと，都市交通面ではなお自家用車から公共交通や自転車活用に転換しようとする意向はなお弱く，人口面では定住人口よりは交流人口に重点が置かれていること，そして中心市街地づくりについては市民参加による民間を主体とする組織に大きな期待をしていること，などである。

IV 地方中核都市における中心市街地再構築の視点

このように中心市街地の空洞化は商業集積という観点からしても厳しい局面を迎えている。ここに中心市街地活性化基本計画が策定される原因があるのである。ではどのような方向で中心市街地を再構築しようとするのであろうか。いうまでもなく中心市街地は様々な諸条件によって歴史的に形作られてきたものであり，多様な形態を持っているので，単純な整理は危険を伴うが，ここではその再構築の視点を都市人口規模別に概観しておきたい。

1 人口規模40万人以上の地方都市

人口規模が40万人以上の都市においては，中心市街地は概ね2〜3つの中心核から構成されている。いずれも「江戸時代までの古い中心核」とそこから比較的離れた所に設置された「鉄道駅を中心とする新しく形成されてきた中心核」とを含んでいるので，中心市街地には面的な広がりがみられる。

熊本市の中心市街地は3つの地区から構成されている。「かつて市の中心地として栄えた古町・新町地区」「20世紀に入って商業集積が進んだ通町筋を中心とした上通・下通・新市街周辺地区」及び「玄関口である熊本駅周辺地区」とである。岡山市の中心市街地は「岡山駅やサンスクエアおかやまを中心とした，広域都市圏の商業・業務の中心エリア」と「岡山城・後楽園や表町商店街を中心としたオールドタウン」とから構成されている。鹿児島市は「北の玄関口としての上町・鹿児島駅地区」「広域型商店街があり，本市の都心の核となるいづろ・天文館地区」および「陸の玄関かつ西の玄関である西鹿児島駅地区」の3つから構成されている。

松山市の中心市街地は「2核2モール」構造であり，「いよてつそごうと三越のふたつの百貨店を核として，いよてつそごうに地下で隣接したまつちかタウンと，ふたつの百貨店を結ぶ銀天街，大街道の5商店街で中央商店街」が形成されている。金沢市の中心市街地は，金沢駅，武蔵が辻及び香林坊・片町の3地区から構成され，これらが都心軸の骨格を構成している。宇

都宮市の中心市街地は「古くから市の顔として発展した二荒山神社」を中心として，「西は東武宇都宮駅周辺」「東はJR宇都宮駅周辺」に広がる範囲に立地している。

2 人口規模20〜30万人の地方都市

　これに対して，人口規模が20〜30万人台の都市の中心市街地は概ね1〜2地区から構成されている。2地区から構成される中心市街地の一方はJR駅周辺地区であり，この地区の比重が次第に大きくなってきている。JR駅等に商業集積が形成されてこなかった都市では，中心市街地の空洞化が深刻になっている。それが和歌山市の例である。和歌山市の中心市街地は南海和歌山駅とJR和歌山駅の中間に位置する商業地域としてのぶらくり丁地区である。和歌山市では官公庁施設や業務地域が隣接していても，商業集積としては厳しい状況におかれている。これに対してJR駅周辺に商業中心がシフトしてきている都市では，なお郊外の商業集積に対抗する力をかろうじて維持できているようである。

　都市人口規模順で観察すると次のようになっている。福山市の中心市街地はJR福山駅周辺地区である。郡山市の中心市街地はJR郡山駅と国道4号線との間にはさまれた地区である。高松市の中心市街地はJR高松駅周辺から琴電瓦町駅周辺に至る商業地区である。高知市の中心市街地は高知駅からはりまや橋，高知城周辺の地区である。秋田市の中心市街地は業務商業地域と官公庁施設とが離れている。中心商業地域は秋田駅周辺及び西側の千秋公園を含む地区である。以上は30万人台の地方都市である。

　以下は，20万人台の地方都市の中心市街地の地域構造である。ここでの中心市街地も概ね2つの核をもっており，JR駅周辺地域へのシフトが見られる。青森市の中心市街地はJR青森駅から東に伸びる新町通を軸としており，多くの商業施設が張り付いている。函館市の中心市街地は函館駅前・大門地区である。福島市の中心市街地は福島駅東側の商業地域である。福井市の中心市街地は福井駅・福井城を含む足羽川以北の商業地域であり，その中心は呉服町周辺から福井駅周辺へと移動してきた。徳島市の中心市街地は徳島駅

及び JR 徳島本線の南部の旧市街地であり，商業地域は新町川を挟んでいる。山形市の中心市街地は七日町周辺から山形駅周辺に至る口の字型の地域構造をもち，その核は七日町と駅前大通りである。水戸市の中心市街地は水戸駅から大工町までの国道50号沿道約2kmの地域であるが，そのイメージは駅前地区と泉町地区とに二分されている。佐世保市の中心市街地は佐世保駅・佐世保港から市役所までの国道35号沿いの商業集積を中心としている。松本市の中心市街地は駅周辺の中心商店街地区と広域的集客機能を持つ松本城周辺地区とから構成されるが，両地区は連続性をもちえていない。

3 人口規模10万人台の地方都市

　都市人口規模が10万人台の地方都市も1～2地区から構成される中心市街地をもつが，いずれも空洞化の危機に直面している。長岡市の中心市街地はJR駅西口が主力となっているが，大手通にかけての回遊性が崩れており，中心市街地全体の商業面での集客能力が極端に弱まっている。佐賀市の商業分布は駅周辺の新しい商業集積とアーケードによって結ばれた商店街に二分され，都心の中心性や一体性が薄れてきた。小樽市の中心市街地は小樽駅を中心とした商業地区であり，国道5号をはさんで山側の公共施設集積地区と連続している。松江市の中心市街地はJR松江駅から殿町へのL字ラインと殿町から松江温泉駅への東西ラインを囲む地域であるが，商業集積は橋北と橋南に分かれている。山口市の中心市街地は湯田地区と白石地区の二極から構成され，空洞化の危機におかれている。

　上越市の中心市街地は合併以前の高田地区と直江津地区の2つから構成されている。いずれもJR駅を起点とする商業集積を持ち，両地区の中間地点の春日山地区に郊外型商業集積が形成されてきている。石巻市の中心市街地は石巻駅の東南部の商業地を中心としており，そこには公共施設も集中している。しかし全体的な落ち込みがみられる。東広島市の中心市街地は西条駅南側の商業地から市役所に至る市街地であるが，公共施設の郊外化が進んでいる。

V　まとめ

　中心市街地活性化のために投入されようとしている公的資金は，2000年度当初予算で関係省庁は総額 1 兆6410億円に達した。これに基づく投資の多くは，中心市街地における建造環境を整備することに向けられた。この建造環境の整備は域外からの資本進出あるいは郊外からの転入のための受け皿づくりでもあり，この受け皿の形成は施設立地の S&B をさらに強める役割を果たすであろうし，中心市街地が生活・居住機能を持たない企業空間としての色彩がさらに強める恐れもある。

　本章では地方圏における地方中核都市クラスの30都市で策定された「中心市街地活性化基本計画」等を素材として，中心部の商業活動を軸とした中心市街地の空洞化問題を都市人口規模別に検討した。地方中核都市の盛衰分岐はその都市人口規模とともに国土軸へのアクセス可能性によって規定されているようである。中心市街地の空洞化は住宅や公共施設の郊外移転など地域経済システムそのものの変動が基本的な要因であるが，大型店の郊外立地の加速化が特に週末ないしは休日における中心市街地への来街者数減少に拍車をかけてきたことは確かである。人口規模で20〜30万人台の都市がその中心市街地の商業拠点が維持されるか否かの分岐点に立たされており，都市人口規模が10万人台になると，中心市街地における商業集積の維持は非常に厳しい局面に追い込まれている。

　人口40万人程度以上の都市では中心市街地はそのなかに複数の商業集積拠点をもち，なお郊外の大型店に対抗しうる力を保持している。しかし人口規模20〜30万人台の都市では対抗できない中心市街地も現れており，人口10万人台の都市になると中心市街地そのものが解体されそうである。また解体されないとしても商業集積や歩行者通行量の最大地点が駅前に移動するなど様相を含んでいる。

　歩行者通行量の増大を目指すことが当面する中心市街地再構築の目標となっており，中心市街地活性化基本計画はそのためのハード事業やソフト事業

を取り組もうとしている。市街地再構築は商業集積を主とする拠点整備のための「ゾーン」ないしは「核」を設定する。機能分担した「ゾーン」ないしは「核」を取り結ぶために「軸」が設定される。

しかし歩行者の回遊性は現状でも限定されており、ましてや高齢化が進むにつれて歩行者の回遊性は狭まる可能性が強まると予想される。回遊性を高めるには集積拠点を魅力あるものとするために新たな機能を導入し強化する必要があり、また拠点へのアクセス性や拠点間の連携性を高めるためには安価で快適な公共交通手段を活用する必要がある。

注意しなければならないのは中心市街地を生活空間として再構築する方法である。中心市街地の賑わい性を創出するには、単に交流人口のみの増大に依存するには不十分であり、定住人口をも確保しなければならない。定住人口無くしては、たとえTMOなど民間活力を引き出そうとする組織を立ち上げたとしても、その担い手を確保できないからである。

(1) その理由は区域を確定する基準が都市によってことなるからである。メッシュデータあるいは町丁単位による検討が必要となろう。これに関しては生田［1991, 第3章］が3大都市圏を、根田［1985］が地方中枢都市としての仙台市を、中小企業金融公庫調査部［1998］が新潟市や岡山市などの準地方中枢都市を、また根田［1997］が地方中核都市としての釧路市と鳥取市とを取り上げて分析している。
(2) 1980年代前半での大型店立地の影響、消費者購買行動の実態、商店街を軸とする都心再活性化のあり方などについては戸所［1991］が詳細に検討している。
(3) 店舗間の買い回りは川越市での調査によれば、大型店間のものが多く、一般商店とリンクする確率は低い［荒井他, 第9章, 1996］。

第8章　中心市街地活性化基本計画とTMO

　地方中小都市の持続的発展を担保すると考えられる中心市街地の活性化への取り組み，特にその担い手として期待されるTMO(Town Management Organization)の現状と問題点を検討する。これらの検討を深めるにあたっては，福島県内の福島市，郡山市，いわき市，会津若松市，須賀川市，白河市，二本松市，喜多方市，原町市，本宮町，三春町，猪苗代町，川俣町などでのヒアリング調査結果を活用する。

I　基本計画におけるTMOの位置

　市町村が中心市街地活性化基本計画を策定するのは，国が準備した中心市街地における活性化プロジェクトの補助金メニューを活用するためには不可欠となっているからである。ちなみに関係省庁の「市街地の整備改善及び商業の活性化の一体的推進にかかわる当初予算」は，2000年度で1兆6410億円，2001年度で1兆1725億円が計上された。

　TMOを設立するためには中心市街地活性化基本計画に中小小売業高度化事業に関する記載がなければならない。TMOを担う団体(認定構想推進事業者)がこの記載をベースとして「TMO構想」を作成し，市町村から認定を受けることになる。この構想は特定中心市街地における中小小売業高度化事業の概要とその事業を実施することにより期待される効果が明記される。事業者はこのTMO構想に盛り込まれた事業を実施するためには，「TMO計画」を策定する必要がある。このTMO計画には，①中小小売商業高度化事業の目標および内容，②その事業の実施時期，③その事業を行なうのに必要な資金の額とその調達方法，などが明記される。これは事業者が市町村に

提出し，市町村は意見を付して申請し，経済産業大臣が認定することになる。

II　TMO構想・計画の認定状況と諸問題

1　TMO構想の認定状況と主な事業計画

　TMO構想の認定状況は2001年7月26日現在で150件に及んでいる。認定の時期をみると最も早いのが1998年11月であり，年月別で認定数が多いのは2000年3月から7月にかけてである。年度末に認定件数が多くなるのは行政日程との関係である。都道府県別で認定件数が多いのは北海道・岩手県・神奈川県・兵庫県・福島県・愛知県の順である。認定件数が皆無なのは京都府・奈良県・徳島県・大分県などであり，これらの府県では基本計画の策定市町村数も少なかった（表8-1）。

　TMOの所在市区町村を人口規模別でみると，人口10～20万人クラスと5～10万人クラスに全体の4割強が集まっている（表8-2）。このクラスの人口規模の都市は，中心市街地の空洞化に直面しており，これへの対策が急がれていることから，TMOへの関心が高いと考えられる。[1]TMOが関心をもつ事業は全体では空き店舗活用，テナント・ミックス，イベント，カードシステム，ファサード，チャレンジショップ，循環バ

表8-1　都道府県別TMO設置数

都道府県	TMO数	都道府県	TMO数
北 海 道	13	滋 賀 県	3
青 森 県	2	京 都 府	
岩 手 県	8	大 阪 府	1
宮 城 県	2	兵 庫 県	7
秋 田 県	2	奈 良 県	
山 形 県	3	和歌山県	1
福 島 県	6	鳥 取 県	3
茨 城 県	1	島 根 県	3
栃 木 県	4	岡 山 県	1
群 馬 県	1	広 島 県	5
埼 玉 県	3	山 口 県	2
千 葉 県	1	徳 島 県	
東 京 都	4	香 川 県	5
神奈川県	7	愛 媛 県	1
山 梨 県	2	高 知 県	2
長 野 県	3	福 岡 県	4
新 潟 県	5	佐 賀 県	3
富 山 県	4	長 崎 県	3
石 川 県	3	熊 本 県	3
福 井 県	1	大 分 県	
静 岡 県	4	宮 崎 県	4
愛 知 県	6	鹿児島県	4
岐 阜 県	1	沖 縄 県	5
三 重 県	4	合　計	90

資料：タウンマネージメント推進協議会（http://www.life-page.co.jp/tmo/frame02-2.htm（2001年7月26日現在））により作成。

表8-2 都市人口規模別TMO設置数分布

都市人口	TMO数	比率
50万人～	8	5.3
40～50万人	8	5.3
30～40万人	10	6.7
20～30万人	14	9.3
10～20万人	32	21.3
5～10万人	31	20.7
3～5万人	20	13.3
1～3万人	16	10.7
1万人未満	11	7.3
合計	150	100.0

資料：表8-1と同じ。

ス, 駐車場などが上位に来ている。

これを都市人口規模階層別(以下, 都市規模別)に整理すると, 空き店舗活用事業がいずれの都市階層でも第1位に登場する。ただし主たる事業総件数比率で見ると, 30万人以上クラスと10～30万人クラス以下との間で格差があり, 10～30万人クラス以下ではその比率が高く現れている。全体で第2位として登場するのはテナントミックス事業である。ただし

表8-3 都市人口規模別にみたTMO上位掲載事業項目

30万人以上			10～30万人		
項目	件数	比率	項目	件数	比率
空き店舗活用	10	9.2	空き店舗事業	27	15.1
テナントミックス	10	9.2	テナントミックス	20	11.2
イベント	7	6.4	イベント	11	6.1
アーケード	6	5.5	駐車場整備	10	5.6
チャレンジショップ	4	3.7	アーケード	8	4.5
ファサード	4	3.7	共同店舗整備	5	2.8
モール	4	3.7	共通カード・商品券事業	4	2.2
駐車場整備	4	3.7	カード	3	1.7
共通駐車券	3	2.8	チャレンジショップ	3	1.7
多機能カード導入	3	2.8			
合計	109	100.0	合計	179	100.0

5～10万人			5万人未満		
項目	件数	比率	項目	件数	比率
空き店舗活用	17	15.2	空き店舗活用	28	15.4
駐車場整備	9	8.0	テナントミックス	16	8.8
テナントミックス	7	6.3	イベント	14	7.7
イベント	4	3.6	ファサード	7	3.8
カード事業	4	3.6	駐車場整備	6	3.3
アーケード	3	2.7	アーケードリニューアル	3	1.6
ポイントカード	3	2.7	ポイントカード事業	3	1.6
			市街地再開発事業	3	1.6
合計	112	100.0	合計	182	100.0

注：ソート機能で抽出し, 上位3件までを掲載した。
資料：表8-1と同じ。

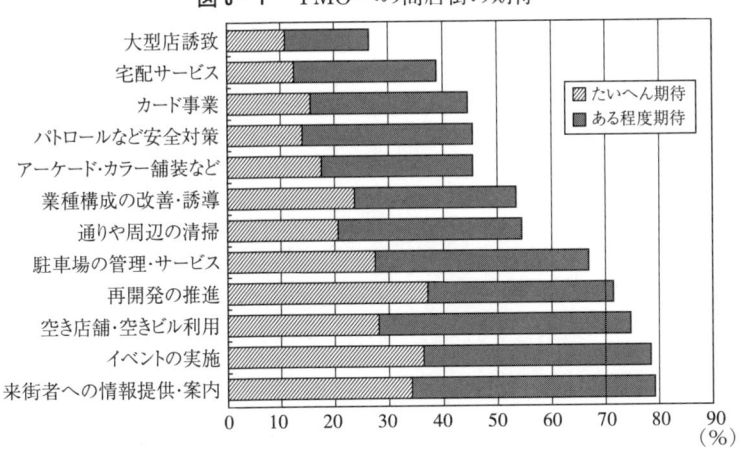

第8章　中心市街地活性化基本計画と TMO

図8-1　TMOへの商店街の期待

大型店誘致
宅配サービス
カード事業
パトロールなど安全対策
アーケード・カラー舗装など
業種構成の改善・誘導
通りや周辺の清掃
駐車場の管理・サービス
再開発の推進
空き店舗・空きビル利用
イベントの実施
来街者への情報提供・案内

たいへん期待
ある程度期待

資料：永家一孝「商店街活性化動向調査」『日経地域情報』 No. 376,
2001年10月1日より，一部修正。

5〜10万人クラスでは第3位にとどまっている。10〜30万人クラスで相対的に高い比率が現れている。全体で第3位に位置するイベントは，5〜10万人クラスの第4位を除けば，いずれの階層にあっても第3位に位置している。駐車場整備については5〜10万人クラスで第2位にあがっているのが特徴的である。チャレンジショップは人口10〜30万人クラス以上の都市で散見され，それよりも小さい都市ではこの表には登場しない(表8-3)。

このような事業計画に対して，商店街は何を TMO に期待しているのであろうか。商店街が TMO に期待する事柄で肯定的な支持率が過半を占めるのは，「来街者への情報提供・案内」を第1位として，これに「イベントの実施」「空き店舗，空きビルの利用」「再開発の推進」「駐車場の管理・サービス」「通りや周辺の清掃」「業種構成の改善・誘導」などである[永家, 2001]。TMO が掲げる事業の支持率順位とは多少ことなるが，概ね一致しているといえよう(図8-1)。

2　TMO の組織形態と設立

TMO の組織形態には第三セクター特定会社型(以下，特定会社型)，第三

159

表8-4　TMOの組織形態別構成

TMO組織形態	TMO数	比率
第三セクター特定会社型	38	25.3
第三セクター公益法人型	2	1.3
商工会・商工会議所型	110	73.3
合　　計	150	100.0

資料：表8-1と同じ。

セクター公益法人型(以下，公益法人型)及び商工会・商工会議所型(以下，商議所型)の3つがある。特定会社型は「中小企業が出資している会社であって，大企業の出資割合が1/2未満であり，かつ，地方公共団体が発行済株式の総数又は出資金額の3％以上を所有又は出資している」会社である。公益法人型は「基本財産の額の3％以上を地方公共団体が拠出している財団法人」である。商議所型は商工会あるいは商議所が運営主体となるものである。組織形態別構成をみると，商議所型が圧倒的に多くて約4分の3をしめた。特定会社型は4分の1であり，公益法人型はわずか2件にとどまった(表8-4)。

　商議所型が多くなる理由はどこにあるのであろうか。『TMOの活動実態に関するアンケート調査の結果〈調査結果の要約〉』(2)によると，現行のTMO形態を選択した理由としては，特定会社型では「行政と商業者・住民が参画できるので」が，また商議所型では「3セク設立は財政面での課題，行政の負担が大きい」がそれぞれ過半の支持を得て第1位にあがった。特定会社型選択では，第2位以下の理由として「補助金の申請に有利なので」や「収益事業を計画しているため」「既存の街づくり会社の実績が豊富なので」が続くが，第1位との間には支持率の格差があった。第4位にはさらに少し離れて「商工会・商工会議所の役割上推進できない」がでてきた。これに対して商議所型選択では，第2及び第3の理由として「商業者との連携が十分に取れる」と「中心市街地の経緯，現状，課題を熟知している」とがあがっているものの，第1位との間の支持率格差はわずかであった。しかし商議所型では「収益事業を想定していないので」とか「商業振興における実績が豊富なので」といった理由の支持率は低かった(図8-2，図8-3)。

　TMOを立ち上げるには，いずれの組織形態をとるにしても『TMO構想』を策定しなければならないが，この策定にあたっての問題点の軽重は組織形態によって若干異なる。特定会社型にとって最も大きな問題は「制度・

第8章 中心市街地活性化基本計画とTMO

図8-2 TMO形態の選択理由（商工会・商工会議所型）

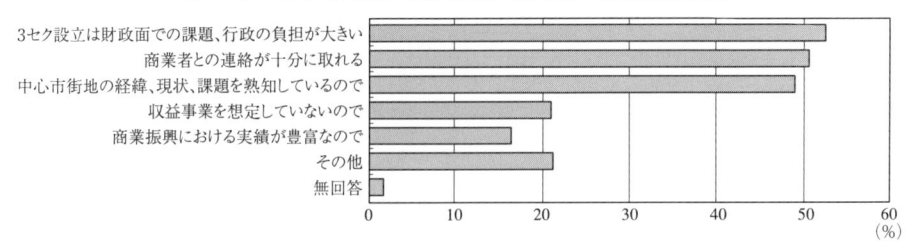

3セク設立は財政面での課題、行政の負担が大きい
商業者との連絡が十分に取れる
中心市街地の経緯、現状、課題を熟知しているので
収益事業を想定していないので
商業振興における実績が豊富なので
その他
無回答

資料：タウンマネージメント推進協議会「TMOの活動実態に関するアンケート調査の結果〈調査結果の要約〉」『タウンマネージメント』第4号, 2001年9月。

図8-3 TMO形態の選択理由（特定会社型）

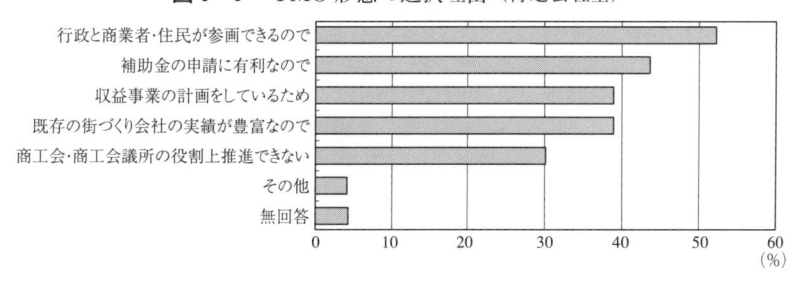

行政と商業者・住民が参画できるので
補助金の申請に有利なので
収益事業の計画をしているため
既存の街づくり会社の実績が豊富なので
商工会・商工会議所の役割上推進できない
その他
無回答

資料：図8-2と同じ。

施策に関する情報不足」であり，その指摘は3分の1強のTMOからなされた。また「TMOの運営資金・事業資金の調達方法」も2割強のTMOで問題として指摘される。しかし同率で「特に問題なし」が回答されている。また「地元商業者等とのコンセンサス形成」や「地元商業者の協力意識」などはいずれも2割弱であり，特定会社TMOが構想を策定する段階では「地元商業者」との関係をそれほど強く意識していないことがわかる。これに対して商議所型で最も大きな問題とされるのは「地元商業者」との調整である。回答の第1位と第2位には「地元商業者等とのコンセンサス形成」と「地元商業者の協力意識」とがそれぞれ4割強と3割弱で並んでいる。これら以外の項目についても，商議所型TMOは構想策定段階では特定会社型に比べて，多くの問題点や課題を抱えていた(図8-4)。これは商議所そのものが主として商業者を会員として構成されていることに起因している。

図8-4　TMO構想策定にあたっての問題点・課題

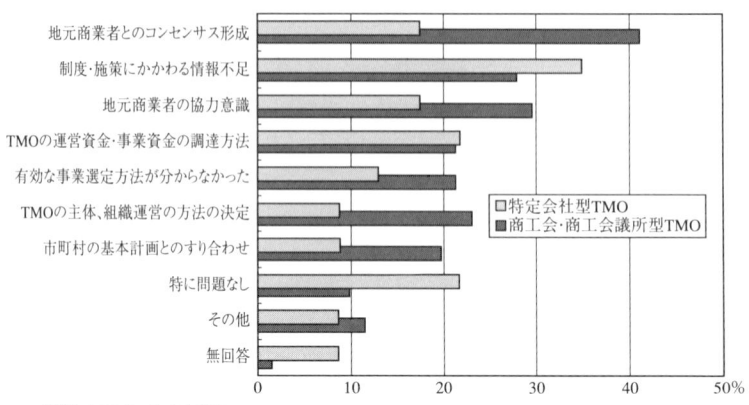

（グラフ：特定会社型TMO／商工会・商工会議所型TMO）
- 地元商業者とのコンセンサス形成
- 制度・施策にかかわる情報不足
- 地元商業者の協力意識
- TMOの運営資金・事業資金の調達方法
- 有効な事業選定方法が分からなかった
- TMOの主体、組織運営の方法の決定
- 市町村の基本計画とのすり合わせ
- 特に問題なし
- その他
- 無回答

資料：図8-2と同じ。

図8-5　TMO計画作成上の問題点・課題

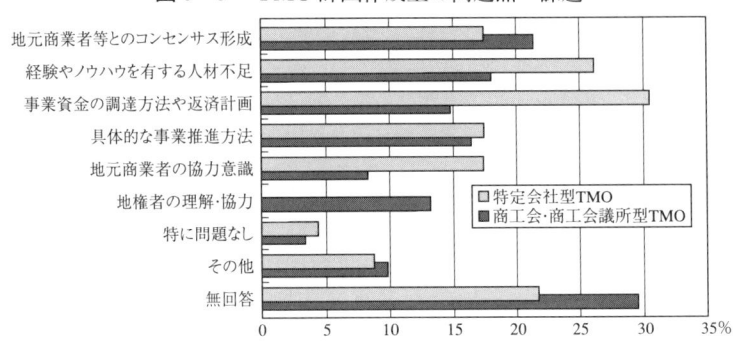

- 地元商業者等とのコンセンサス形成
- 経験やノウハウを有する人材不足
- 事業資金の調達方法や返済計画
- 具体的な事業推進方法
- 地元商業者の協力意識
- 地権者の理解・協力
- 特に問題なし
- その他
- 無回答

資料：図8-2と同じ。

　しかしTMO計画の作成という段階になると，問題点や課題は商議所型よりもむしろ特定会社型において強く指摘されている。特定会社型におけるTMO計画策定における問題点や課題の第1位は「事業資金の調達方法や返済計画」であり，3割のTMOが回答した。この比率は商議所型の2倍に及ぶ高さである。第2位は「経験やノウハウを有する人材不足」であり，これも商議所型より高い水準で回答された。第3位には「地元商業者とのコンセンサスの形成」「具体的な事業推進方法」「地元商業者の協力意識」などが並んだ。「地元商業者の協力意識」の回答率については，相対的にではある

が，商議所型の2倍の高さに及んだ。商議所型でのTMO計画上の問題点・課題は比較的分散しており，主要な問題点・課題をとりたてて抽出することは容易ではない(図8-5)。

3 TMOの運営・支援体制

特定会社型TMO運営における基本的な問題点の第1は資金調達と返済計画である。『タウンマネージメントガイドブック　Part II』(タウンマネージメント推進協議会，1999年)によれば，「まちづくり会社」は空き地・空き店舗の活用整備，広義の再開発，施設の運営，環境の質の保証などによって生まれる「開発利益」，例えば家賃の上昇分や含み資産の増価を成立の基本構造としている。ただしその初期においては開発利益が生まれにくいので，計画段階と過渡的段階においては公的支援を担保せざるをえないことになる。[3] 現にこの計画・過渡的段階にある特定会社型TMOは，その資金調達先の構成において，「自治体の補助」と「資本金」とがそれぞれ第1位と第2位に来ている。

特定会社TMOの「資本金」としての出資金額は「TMOの実態に関する調査の概要」[4]によれば，2000万〜5000万円が最も多く43%であり，これに1000万〜2000万円と5000万〜1億円とがそれぞれ21%で続き，1億円以上は14%にとどまった。例えばある特定会社型TMOは商業複合施設の建設をリノベーション事業として単独で実施したが，その際の総事業費は78.6億円に及んでいるものの，自己資金はわずか8%弱の6000万円に過ぎなかった。国や県からの補助金や建設協力金があったとしても，39%にあたる30.3億円は政府及び民間金融機関から借り入れなければならなかった。

資本調達先として収益事業はなお弱く，これを掲げたもののうち最も多いのは「駐車場事業収入」であり，約3分の1特定会社型TMOから回答があった。その他としては「地場産品販売や直売店収入」や「テナント家賃収入」「カード事業収入」などであった。これに対して商議所型TMOの資金調達先は商議所の「一般会計」と「自治体の補助」とがそれぞれ8割と7割弱であり，圧倒的に高い比率を示している。いずれの組織形態をとるにして

図 8-6　TMO の資金調達先

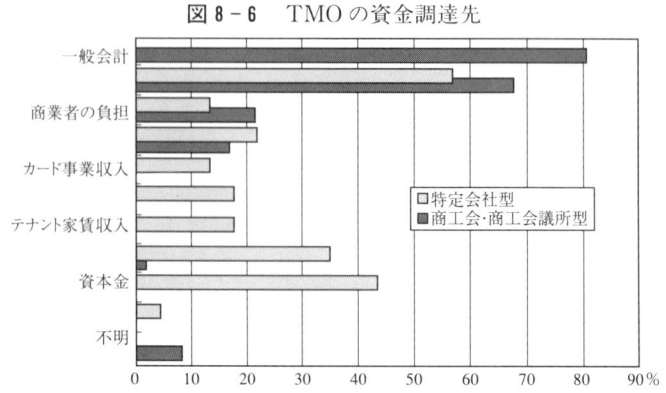

資料：図 8-2 と同じ。

も，TMO は自治体からの資金補助が必要とされていることが確認できよう（図8-6）。

　第2の問題点は人材不足であり，その中心は職員数問題にある。職員数は殆どの TMO で10名前後またはそれ以下で，専任の職員となると6割弱の特定会社型 TMO が1人もいないという状況であった。その職員数はほとんどが10名以下であり，専任の職員を抱えている。このことは非常勤役員の誰かがボランティア的に奉仕しなければ，TMO 運営が成立しないことを意味している。

III　地方中小都市における中心市街地の活性化と TMO
──福島県内を中心に──

1　特定会社型 TMO の事業

　このように TMO は商店街振興を軸とする中心市街地活性化の組織的担い手として位置づけされ，さまざまな問題点や課題を抱えながらも，各地で船出した。本節では2000年3月から2001年11月にかけて福島県で実施した TMO の設立準備や運営状況にかかわるヒアリング調査をもとに，その問題

第8章　中心市街地活性化基本計画とTMO

点と可能性を検討したい。

　まずTMOを設立するためには，中心市街地活性化基本計画が策定されなければならない。福島県内では中心市街地活性化基本計画は2001年7月現在で，14市町において策定されている。福島県内では10市のうち9市(福島市・郡山市・いわき市・会津若松市・須賀川市・白河市・喜多方市・二本松市・原町市)において中心市街地活性化基本計画が策定されている。相馬市のみが策定していない。この9市のうち，TMO構想が策定・認定されているのは，2001年末現在で福島市・郡山市・いわき市・会津若松市・須賀川市・白河市・原町市など6市である。このうち郡山市はTMOをどのような組織形態にするかが決まっていない。また福島県内には80町村があり，中心市街地活性化基本計画を策定したのは三春町・本宮町・猪苗代町・棚倉町・川俣町の5町である。このうちTMO構想が認定されたのは三春町・猪苗代町の2つである。

　このように福島県内には7つのTMOが立ち上がっている。これを組織形態別にみると，特定会社型をとるTMOは福島まちづくりセンター(福島市)，まちづくり会津(会津若松市)，楽市白河(白河市)，まちづくり猪苗代(猪苗代町)，三春まちづくり公社(三春町)など5つを数える。残りの3つのTMOが商議所型(いわき市・須賀川市・原町市)をとった。TMOが特定会社型をとるのかあるいは商議所型をとるのかの分岐点の1つは，収益事業をもつことができるか否かにある。ここでは特定会社型に限定して紹介しておこう。

　福島市(人口29.1万人)では(株)福島まちづくりセンターが1995年7月に設立された。TMO構想に掲げられた事業は21あり，そのうちTMOとしての福島まちづくりセンター(1995年設立)が，事業主体としてかかわったのは7事業である。この7事業のうちTMOの単独事業は2つであり，中心市街地共通駐車サービス券事業(1995年度〜)と中心市街地(ももりん)ポイントカード事業(1997年度〜)とである。これらの事業は概ね順調に進んでいる。残りのうち，文化通り拠点開発事業（TMO基金事業〔事業設計・システム開発〕：県・市)はTMO計画策定事業である。残りの4つ，すなわち中心市街

地テナントミックス管理事業(テナントミックス研究事業：県委託)，商業人材育成事業(緊急地域雇用対策事業：市)，街なか広場活用推進事業(中心市街地にぎわい事業：市委託)，吾妻通り街路用地活用推進事業(商店街等活性化先進事業「ももりんハウス」：国・県)は，TMO 計画策定以外の補助事業であった。

会津若松市(人口11.8万人)では(株)まちづくり会津が TMO として1998年7月に設立された。2001年度で費用が掲げられているのは10事業であった。そのうち TMO が単独で実施する事業は，商店街共通スタンプ事業 1 つのみである。他は会津若松市からの委託事業が 3 つ，また会津若松市や福島県などからの補助事業や支援事業が 5 つあった。その他として 1 事業があり，これは優良建築物等整備事業の推進支援を目的とした。

福島市より人口規模が一回り少ない白河市(4.8万人)では，(株)楽市白河が2000年 3 月末に TMO として認定され，2001年度には 4 つの事業を行なっている。これらの事業はチャレンジショップ開設(福島県産業振興センター補助)，不法投棄物調査及び撤去事業(緊急雇用対策基金事業)，IT 基礎技能講習事業(情報通信技術講習推進特別交付金事業)，市内循環バス運行事業(白河市補助金)である。楽市白河は TMO として発足したばかりということもあり，まだ福島まちづくりセンターのような単独事業をもつには至っていない。

2　特定会社型 TMO の事務局体制

特定会社型の TMO を設立するには専任スタッフの配置が不可欠である。福島まちづくりセンターのスタッフは 9 名体制である。そのうち常勤者は 6 名，非常勤者が 3 名である。常勤者のうち 4 名(参与，企画課長，総務課主事，臨時社員)はプロパーであり，残り 2 名(総務部長，総務課長)はそれぞれ商工会議所と金融機関からの出向者である。出資比率の最も多い市役所からの出向者はいない。非常勤者は社長(民間会社代表取締役会長)，専務(民間会社代表取締役)，参事(商工会議所職員)であった。福島まちづくりセンターは常勤者の数が比較的多い。

これに対してまちづくり会津やまちづくり猪苗代は常勤者の数が少ない。まちづくり会津は22名の職員から構成されている。22名のうち19名は役員で

ある。19名の構成は代表取締役1名(商工会議所副会頭)，取締役11名，監査役3名，顧問2名(会津若松市長・会津若松商工会議所会頭)，アドバイザー2名となっている。事務職員3名のうち常勤者は男子1名であり，女子2名はパートタイマーである。まちづくり猪苗代のスタッフは12名から構成されている。12名のうち8名は取締役である。常勤者は常務取締役1名である。他に事業推進室長1名，ITプラザ猪苗代担当1名(女子)，総務・経理担当2名(女子)がいる。常勤者は常務取締役と経理担当者(パートタイマー)のあわせて3名である。楽市白河は専務の他にはアルバイト職員が1名いるだけである。

特定会社型TMOの推進の実質的な担い手をどのように確保しているのであろうか。福島まちづくりセンターの場合にはプロパーのほかに出向者が確保されている。これに対して事務局体制がまだ弱いまちづくり会津では，取締役を各事業の責任者にすえ，実行委員会方式で新たな事業を推進しようとしている。例えばテナント・ミックス計画の推進にはS取締役(S問屋代表取締役，50歳代前半)が責任をもっている。まちづくり猪苗代のT常務取締役(50歳代前半)はコンサルタント会社からヘッドハンティングされた。楽市白河のY専務には地元Y酒造の若旦那(50歳代前半)が抜擢された。

3 TMOとまちづくり運動

TMOの設立にはまちづくり運動の蓄積が必要である。特に特定会社型のTMOの設立にはその蓄積が不可欠である。福島県内の各市は1980年代にそのすべてで地域商業近代化計画が策定され，特定会社型TMO設立にあたっては近代化計画の策定以降においてまちづくりにかかわる運動の蓄積がなされてきたか否かが分かれ目になっている。例えば，福島市では1991年度に中心市街地の若手商業者20名による「ザ・商人塾」が立ち上がり，92年度のまちづくり会社基本計画(中小商業活性化事業)を経て，94年度には「ザ・商人塾」の事務所としてまちづくりセンターが設置された。このまちづくりセンターが共通駐車券システムのスタートとともに(株)福島まちづくりセンター設立へと転化したのである。

会津若松市の場合には1990年度に地域商業近代化計画が策定され，同時に地元商業者レベルでまちづくりネットワーク協議会が設立された。会津若松市の場合には福島市とは異なり，まちづくりは景観づくりから進んでいった。92年には市景観条例と市中小企業振興条例とが制定され，修景事業と空き店舗対策とを並行して行なうことが可能となった。1996年に会津若松市内で最も衰退した七日町商店街で七日町まちなみ協議会が設立され，この協議会が推進力となって他の協議会を引っ張った。1996年4月にはまちづくり研究会ができ，これが(株)まちづくり会津の設立につながった。

　白河市の場合は福島市や会津若松市とは異なり，地域商業近代化計画の目玉商品であった大型店誘致を軸とした中心市街地における区画整理事業の推進が挫折したことで，まちづくりは行き詰まっていた。これが再開されたのは98年度での中心市街地活性化基本計画の策定を契機としており，99年度のコンセンサス形成事業を経て，2000年7月にTMOが設立された。挫折を経験したことがかえって民間の人たちを刺激したようであり，当初予定の4倍を超える出資が民間からあった。

　猪苗代町(人口1.8万人)の場合は地域商業近代化計画ではなく「まちおこし事業」(1991年度，通産省事業)にまで遡ることができる。1992年度に商業まちづくり委員会が設置され，商店街活性化基本計画が策定された。白河市の場合と同様に，99年度にはコンセンサス形成事業が使われた。猪苗代町では先行した空き店舗対策がうまくいったこともあり，TMOの設立にあたっては枠を上回る設立人希望があった。

　三春町(2.0万人)の中心市街地整備基本計画は1989年の都市計画街路事業を主軸にすえながら進められた。その後，町レベルでは景観条例(90年)，まちづくり交通計画・中心商業地整備計画，うるおい・緑・景観まちづくり整備計画(92年)，景観照明基本構想(93年)，特定商業集積整備基本構想検討委員会設置(92年，95年)，そして中心市街地活性化基本計画(1999年)へと展開した。商工会の取り組みは三春町大町商店街近代化調査(91年)，三春町商業振興ビジョン報告(92年)，三春町中心市街地活性化実施計画策定事業報告書(93年)，三春町中心街区活性化プラン策定事業報告書(94年)と続き，97年9

月には商業街区整備事業に着手した。

　三春町における民間レベルでの動きは, 89年に三春経営塾(40歳以下の商工業後継者23名), 90年にパワーアップ21(40～55歳の商工業者), 91年に街づくり会社を考える会をはじめ, 各年度に1つずつ以上の委員会や協議会が設置され, 議論や視察研修が繰り返された。TMOとの関係では, 街づくり会社に関する調査検討報告書(91年3月), 設立準備会発足(92年7月)を経て, 三春まちづくり公社(93年5月)が設立された。これが2000年にTMOに転化していった。

4　地方中小都市中心市街地での定住化の促進

　地方小都市は公共施設や商業施設の郊外移転によって中心市街地の求心性が著しく弱くなった。地方都市においては中心市街地の人口の希薄化が進み, DID地区(人口集中地区)が消滅する事態すら生じてきている。

　他方において地価が下落したことや超低金利政策を反映して, 大都市や地方中核都市においては中心部にマンションが建ち始めている。またこれを奨励する動きがある。東北地方においては, 地方中枢都市の仙台市のみならず, 地方中核都市の福島市や郡山市, いわき市, 会津若松市などにおいても, 件数は多くないものの, 民間マンションや商住複合ビルの建設が始まっている。福島市では2001年3月に『福島市住宅マスタープラン』を策定し, 中心部の民間住宅を市営住宅として借り上げる方針を出している。また金沢市でも中心部で市営住宅を建設する動きを見せている。

　ただし地方中枢・中核都市に隣接する地域を除いては, 中心市街地における民間住宅形成の動きは極めて弱い。福島県の場合でも, 郡山市に隣接する須賀川市では通勤に便利な駅前で民間分譲マンションの建設の動きはあるが, 白河市, 原町市, 相馬市, 二本松市, 喜多方市などではその動きはまったくない。これらの人口3～5万人規模の都市においては総人口としては安定しつつも, 中心部の人口の希薄化がなお進んでいくと予想される。商業系・業務系の経済的機能が空洞化する状況においては, 定住人口を伸ばすための積極的な住宅政策が望まれるのである。

郡部町村でもこうした動きはほとんどないが，しかし例外はある。郡山市に隣接する三春町ではTMO三春まちづくり公社が商住複合ビル「みはる壱番館」を建設した。このみはる壱番館は三春町中心市街地の中心部に位置していることもあり，賃貸住宅と貸し店舗のいずれも入居予約で満杯となった。そのほとんどが子育てを終えた町内居住者や町内の他のところで経営していた商店・事業所であった。

　まだ事例が少ないなかでこうした動きを一般化することには危険が伴うが，地方小都市における中心市街地の活性化は，相対的に移動性が小さい高齢者の定住を軸として，これに多様な機能（例えば福祉や医療）と多様な年齢階層のニーズに対応する施設の整備（保育所，図書館）などを組み合わせうるか否かにかかっている。ただしこうした機能や施設整備にとどまらない街の魅力を醸成しなければ，定住人口は増えていくものではない。交流人口のみならず定住人口においてさえ，そのまちに住み続けることの意味を常に問い続けているのであり，提案し続けることのできるまちづくりが問われている。

第9章　大型店の出店攻勢と地方中核都市近郊商店街の対応
　　　——改正大店法下での福島県内4町を事例として——

I　はじめに

1　課題と研究対象の限定

　改正大店法の施行以降では，大型店は中心市街地に近いところから郊外地に近いところに出店先を移してきている。郊外に進出する要因としては，改正大店法下でより大規模な売場面積での出店が容易になったことがあげられるが，加えて大型店の差別化のためにアミューズメント施設やより大きな駐車場が必要となり，より大規模な敷地面積の確保が必要となったことにある。より大規模な敷地面積は中心市街地ではなかなか難しい。しかし郊外においては規制緩和や米価低迷が農地転用を容易にしたこともあり，バイパスなどの交通条件に恵まれていれば，一回り大きな大型店が出店してくる。これらの大規模な郊外型大型店は一次商圏人口が少なくても，交通の要衝に立地することで30万人以上の商圏を見込んでいる。
　「郊外型」および「副都心型」の複合型大型店の出店はとりわけ地方都市商業の空洞化を深刻にさせている。通産省の「市町村実態調査」（94年12月）によれば中心市街地における商業の空洞化問題の認識は，これまでも深刻（「深刻」と「やや深刻」とをあわせた）であったが，今後についてはさらに深刻さが深まっている。都市人口規模別にみると深刻さの度合は，これまでについても今後についても人口が10万〜20万人未満の都市で最も大きく，これに5万〜10万人未満，人口5万人未満が続く。人口20万人以上の都市は相対的には「深刻」が低く出るものの，その分「やや深刻」が多くなり，深刻さには大きな差異は見られない（図9-1）。

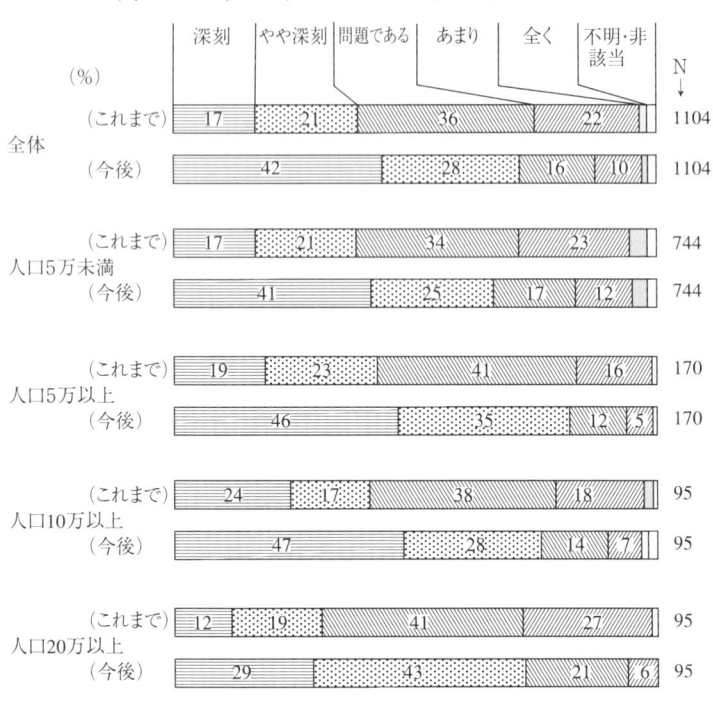

図 9-1 中心市街地における商業空洞化の認識

		深刻	やや深刻	問題である	あまり	全く	不明・非該当	N
全体	(これまで)	17	21	36	22			1104
	(今後)	42		28	16	10		1104
人口5万未満	(これまで)	17	21	34	23			744
	(今後)	41		25	17	12		744
人口5万以上	(これまで)	19	23	41	16			170
	(今後)	46		35	12	5		170
人口10万以上	(これまで)	24	17	38	18			95
	(今後)	47		28	14	7		95
人口20万以上	(これまで)	12	19	41	27			95
	(今後)	29		43	21	6		95

資料：通商産業省産業政策局・中小企業庁編『21世紀に向けた流通ビジョン』(財)通商産業調査会出版部，1995年6月。

　本章では厳しい経営環境におかれている地方中核都市近郊の商店街を取り上げて，そこでの商店街空洞化の危機的状況と空洞化の危機打開への取り組みについて，福島県と福島県内の4つの商工会を事例として検討したい。検討の手順はまず第II節で福島県全体における大型店の出店攻勢と，そのもとにおける中小小売店のおかれた厳しい経営環境や商店街が空洞化しつつある状況を明らかにし，次いで第III節で4つの商店街の停滞する商業活動や消費購買力の町外流出の実態をみる。第IV節では商業空洞化への取り組みについて，まず福島県全体での個店レベルや商店街レベルでの対応について既存調査結果を使いながら検討し，さらに筆者によるアンケート調査や商工会等地域振興支援事業等の報告書を活用して，商店街振興の主体となるべき商工会

の「地域活性化」への取り組みを探る。第V節では地域活性化と商店街振興とをどのように結び付けて行なうとしているのかに関して，4つの商工会での模索状況を検討する。そして第VI節では大型店出店攻勢が地域経済にもたらす影響や問題点，そしてどう対応するべきかについてまとめを行なう。

2 地方中核都市近郊4町の地域経済的概観

(1) いわき市好間町　　いわき市は福島県浜通りの南端に位置し，茨城県に接している。いわき市の人口は36万人で福島県内では最大の人口規模をもつ。好間町はいわき市の中心市街地である平地区に隣接し，東西方向に広がっている。好間町はかつて古河鉱業好間鉱業所を中心とする炭鉱の街であり，最盛期の1952年には地区人口が2万2000人を超えていた。その後，炭鉱の縮小とともに好間町の人口は減少した。特に閉山直後の65年には人口は1万2000人台にまで落ちた。人口が回復に向かうのは下好間叶田団地(75年)などの住宅地ができたり，好間中核工業団地に進出した企業が操業を開始してからである。好間町は88年3月に常磐自動車道のいわき中央インターチェンジが供用を開始したこと，95年7月に磐越自動車道が開通したこと，さらに常磐自動車道の北への延伸が決まったことなどにより，高速交通体系の要としての位置づけが強まっている。

好間町内総生産は残念ながら数字としては知ることができない。しかし事業所統計による従業者構成(91年)を見ると製造業が62.3%を占めており，好間町は工業の町であるが，これはほとんどが好間中核工業団地のものである。好間中核工業団地の主力業種は電気機械であり，工業出荷額の60.2%(93年)をしめている。好間町の第3次産業で特徴的なのは卸売業である。高速交通体系の要に位置していることもあり，好間町の卸売業は大きく伸びている。農業は第2種兼業農家が中心で農業によって自立できる農家はきわめて少なく，米や梨などが小規模に作られている。商店街は旧国道49号線沿いに張り付いているが，平バイパスができると交通量が激減し，商店街の空洞化が進んだ。

(2) 郡山市南郊の鏡石町　　鏡石町は福島県中通りにあり，郡山市と白河

市のほぼ中間に位置し，須賀川市に隣接している。鏡石町の人口は戦後一貫して増加してきた。特に60年代後半以降での人口の伸びが大きい。人口の増加は誘致企業の増加と密接な関係があり，戦時疎開の中外製薬，誘致企業第1号の麒麟麦酒ホップ工場，70年代の境工業団地や東部工業団地の造成とこれへの企業進出，その後のオーダーメード方式での企業誘致などが断続的に続いてきた。製造業の企業進出は，鏡石町内にはインターチェンジはないものの，東北縦貫自動車道の供用に依存するところが大きい。

　鏡石町の産業は工業が中心であり，町内総生産の過半をしめている。工業の柱は輸送機械と電気機械とプラスチックであり，93年ではこの3業種が出荷額の53％を，工業従業者の51％をしめている。農業も比較的がんばっており，きゅうりなどの野菜を中心とし，これに米，乳用牛や豚などの畜産，りんごなどの果実が加わり，農家1戸当たり生産農業所得は福島県内で第1位の高さであった。かくして鏡石町の就業者1人当たりの純生産は福島県平均を上回ることになる。しかし農業や工業の生産活動の活発さは，残念ながら地元の商業活動には反映していない。町内の購買力は地元商店街に向かわずに，国道4号線を経由して須賀川市や郡山市に流出している。

(3)　**福島市北郊の伊達町**　　伊達町は福島県北部にあり，福島市に隣接している。伊達町の人口は55年の合併時には8427人であり，その後一時的に減少したものの，すぐに回復して80年には1万人を突破した。この人口増加は工業団地の整備による企業進出や福島市への住宅地としての便利性などを要因としている。伊達町は福島市中心部へは片側2車線の国道4号線バイパスで9kmの位置にあり，JR東北本線でも10分以内で福島駅にアクセスできる。また東北自動車道の国見インターチェンジや飯坂インターチェンジへも6〜7kmでアクセスできる。住宅地の供給はさらに進みつつあり，福島市に隣接する地域に諏訪野団地が開発されている。

　伊達町の産業は製造業が中心であり，93年には町内総生産の3分の1を製造業が占めていた。製造業の中心はアサヒ電子工業や東邦電子工業(ただし倒産)などの電気機械であり，出荷額の42％をしめていた。第2位は東北エスエスケイ食品や不二家サンヨーなどの果実などの農産物を原料とする缶詰

を含む食品であり、第3位は戦前から操業している伊達製鋼などの鉄鋼である。これらの部門で工業従業者の56％を占めている。鏡石町と同様に伊達町では農業も産業として成立している。伊達町の農業の中心は桃やりんご、さくらんぼなどであり、土地生産性が10アール当たり生産農業所得が93年で18.6万円に達し、これは福島県内では泉崎村に次いで第2位にあった。しかし鏡石町と同様にヨークベニマル伊達店ができるまでは、町内の購買力は国道4号線を経由して福島市に流出していた。

(4) **郡山市東郊の三春町**　三春町は福島県のほぼ中央、阿武隈高地の西裾に位置し、郡山市の北東に隣接している。三春町の人口は合併した1955年がピークで2万4847人であった。その後減少を続けて75年には1万8000人台まで下がった。その後は変動はありつつも微増しており、95年に2万人台へよじ登った。人口減少の要因は、この地域が中山間地域に属し、農地も狭隘で農業生産力が低かったこと、また交通条件の整備が遅れ工業誘致が進まなかったことなどにある。三春町の第2次産業従事者数が第1次産業のそれを上回るのはやっと80年代後半になってからである。三春町が衰退の途から反転する契機は75年からの三春ダム建設にある。三春ダムの建設に係る周辺整備事業と連携をもたせつつ地域づくりが進展し、これが人口を増加させる要因となった。

　三春町の産業の中心は第2次産業であり、その柱は工業にあるものの、地域整備が急ピッチで進んでいることも反映して、建設業の比重が高い。三春町の工業は電気機械と一般機械が主要な柱であり、第3位に繊維がつけている。電気機械と一般機械で、93年の場合、工業出荷額の43％、工業従業者数の42％をしめている。三春町の農業は他の町村と同様に後退を続けている。三春町の農業も生産農業所得では野菜が第1位になり、かつての雄である葉たばこや養蚕は芳ばしくない。土地生産性や労働生産性は大きく落ち込んでおり、対県比でもそれぞれ4分の3、3分の1にすぎなかった。三春町は伊達町や鏡石町に比較すれば人口が多いので、その分だけ卸売・小売業の事業所数は多い。しかし卸売・小売業の事業所の減少件数は多く、活発化してきた消費購買力を受け止めることができていない。

II 福島県内での大型店出店攻勢と地域商業空洞化

1 大型店出店攻勢が続く福島県

　改正大店法施行(1992年1月)以降における，福島県内大型店の新設及び増設調整の実績件数は96年2月末までに148件であった。件数の内訳は第1種大型店(売場面積3000m²以上)の新設が25件，同増床が21件，第2種大型店(同501〜2999m²)の新設が82件，同増床が21件であった。年別結審件数では新設の場合は93年度が最も多く，特に第2種の出店ラッシュが顕著であった。第1種の場合はむしろ95年度(ただし96年2月末まで)に結審のピークが来ている。増床の場合は第1種第2種合計では94年度が最も多くなるが，種別では新設件数と同様の動きを見せた。県内外資本別でみると，新設では6割弱を，増設では5割強を県内資本がしめた。種別では第1種で県外比率が高く，第2種では県内比率が高くなった(表9-1)。

　同期間における総結審売場面積は28.5万m²であった。総届出面積が36.7万m²であるので，これに対する結審売場面積比率は77.6%にとどまった。種別でみると，新設では第1種は結審売場面積が12.8万m²で，結審比率は81.5%であった。第2種は結審売場面積が10.6万m²で，結審比率は78.8%であった。増床では第1種は結審売場面積が3.4万m²で，結審比率は67.0%であり，第

表9-1　改正大店法下における福島県内大店審調整件数実績

(単位：件)

		92年度	93年度	94年度	95年度	累計
新設	第1種大型店	3 (1)	7 (5)	4 (2)	11 (7)	25 (15)
	第2種大型店	12 (7)	48 (27)	11 (5)	11 (9)	82 (48)
	合　計	15 (8)	55 (32)	15 (7)	22 (16)	107 (63)
増床	第1種大型店	2 (0)	6 (2)	9 (5)	5 (1)	22 (8)
	第2種大型店	3 (2)	8 (6)	6 (3)	4 (3)	21 (14)
	合　計	5 (2)	14 (8)	15 (8)	9 (4)	42 (22)

注：1) 括弧内は県内資本（県内に本社をもつ大型店）。
　　2) 増床第1種大型店の累計は，資料によれば21 (7) であるが，ここでは92〜95年の各年度の合計の数字を用いた。

資料：福島県中小企業課による。

第9章 大型店の出店攻勢と地方中核都市近郊商店街の対応

2種は結審売場面積が1.7万m²で、結審比率は68.0％であった。全体としては新設よりも増床が厳しく、新設の場合は第1種より第2種の方が厳しい結審となった。ただし結審面積比率の経年変化は新設・増床を問わず緩和の方向、すなわち結審面積比率が明らかに上昇した(表9-2)。そして1994年7月現在での福島県内小売業売場面積210.3万m²に対する累計結審小売面積比率は13.5％にのぼり、大型店の出店攻勢の影響は地元小売商業者に対して大きくなった。

福島県の小売業は1994年時点で商店数は2万7660店、従業者12万3672人、年間販売額2兆2854億円、売場面積210万3000m²であった。商店数は1982年以降、全国平均と同様に一貫して減少してきた。従業者数や年間販売額、売場面積は82年から94年まで増加したが、売場面積は82～85年にかけては全国では停滞し、福島県ではむしろ減少した。全国ではその後は一貫して増加してきた。これに対して福島県は88年には82年水準に回復し、その後は増加を続けている。従業者数は伸びが大きくないものの、増加傾向にある。福島県の伸びは85～88年にかけては全国を下回ったが、88～94年では全国の伸びを上回った。

表9-2 改正大店法下における福島県内大店審調整売場面積実績

(単位：m²)

			92年度	93年度	94年度	95年度	累計
新設	第1種大型店	届出面積	24,659	61,737	19,681	51,309	157,386
		結審面積	15,993	53,649	16,037	42,646	128,325
	第2種大型店	届出面積	16,969	74,235	20,049	23,011	134,264
		結審面積	13,525	55,855	16,634	19,786	105,800
	小計	届出面積	41,628	135,972	39,730	74,320	291,650
		結審面積	29,516	109,504	32,671	62,432	234,125
増床	第1種大型店	届出面積	4,200	12,860	24,327	8,830	50,217
		結審面積	1,117	6,891	18,672	6,899	33,633
	第2種大型店	届出面積	3,393	9,207	9,084	3,919	25,603
		結審面積	1,895	5,562	6,048	3,919	17,424
	小計	届出面積	7,593	22,067	33,411	12,749	75,820
		結審面積	2,976	12,453	24,720	10,818	51,057
合計		届出面積	49,221	158,039	73,141	87,069	317,253
		結審面積	32,492	121,957	57,391	73,250	285,182

資料：福島県中小企業課による。

2　厳しい経営状況にある福島県内小売業

(1) 中小小売店に悪影響をもたらす大型店出店　大型店の出店の影響は商業統計での商店数動向をみるまでもなく中小小売業に大きな影響を与えている。1995年における福島県の調査(1)によれば，小売業経営者の68.6%が大型店による「悪影響」を感じていた。従業者数規模別では零細規模ほど「悪影響」を回答する比率が高くなる。「影響がない」とか，逆に「好影響」と回答した比率は相対的には従業員規模が大きくなるほど高くなり，16人以上の小売店ではその7.5%が「好影響」と回答した。1～2人規模で「好影響」があると答えたのはわずか0.7%にとどまった。

　悪影響の理由でもっとも目立つのが来客数の減少(53%)と売上高の減少(50%)とであり，これに粗利益の減少(29%)が続く。経費の増加や営業時間の増加などを悪影響の理由としてあげているのはそれぞれ1割未満にとどまった。悪影響の理由は従業員規模にかかわりなくこの順であるが，その比率には若干の変化がみられた。来客数の減少や売上高の減少の比率は6人以上と5人以下の間でギャップがあり，5人以下でより大きな比率となった。粗利益の減少は6～15人規模で数値が最も高く出た。経費の増加や営業時間の増加は従業員規模が大きくなるほど悪影響が強調された。

　3年前と比較した売上高は全体としては減少したとする回答が多く，「減少10%未満」と「10%以上減少」とをあわせた「減少」は7割弱に及んでいる。特に「10%以上減少」は46%に達した。業種間では特に大きな差異は見られない。従業者規模別では従業者規模が小さいほど売上高の減少が強く現われた。「10%以上減少」したとする比率は1～2人規模で58%と最も強く現われるが，6～15人規模では24%と比較的低く出た。そして従業者規模が大きくなるに連れて，最頻値が「やや減少」から「ほぼ横ばい」にうつる。従業者16人以上では「10%以上増加」した経営が23%に達した。立地環境別に売上高の動向をみると，ロードサイド商店街のみで「増加」と「減少」とが拮抗しており，他の商店街はいずれも「減少」の比率が「増加」の比率を上回った。オフィス商店街は「10%以上減少」の比率が5割と高いものの，「10%以上増加」した比率も相対的に大きい。「10%以上増加」した比率は住

第9章　大型店の出店攻勢と地方中核都市近郊商店街の対応

宅地，繁華街，駅前と進むに連れて低くなり，「10％以上減少」の比率も低くなる。農山漁村商店街は「増加」の比率が最も低く，しかも「減少」が7割を超える厳しい環境におかれていた。

(2)　**激化している大型店との競争状況**　3年前と比べて大型店との競争状況がどうなったかといえば，全体としては「激化した」38％が最も多く，これに「変わらない」31％が続く。「やや緩和した」や「緩和した」はあわせても3％に過ぎなかった。従業員規模別では零細規模の小売店ほど競争が「激化した」比率が高くなり，「やや激化した」は低くなり，「変わらない」も低く現われている。競争相手として意識しているのは全体では大型総合スーパー(40％)であり，これにディスカウント店(22％)とホームセンター(14％)とが続く。従業員規模別でもこの序列は変わらないが，相対的に強く意識される業態は1～2人規模の小売店では大型総合スーパーであり，3～5人規模ではディスカウント店や専門店であり，6～15人規模ではディスカウント店と百貨店であり，16人以上規模では専門店と生協であった。

　大型店と比較して「強み」として小売店が意識しているのは，まずは「客とのつながり」47％であり，これに「商品知識」26％と「営業時間日数」18％が続く。「客とのつながり」を除くと，だいたいは従業員規模が大きくなるに連れて小売店の「強み」の比率が高くなる。「客とのつながり」が最も高くでたのは6～15人規模であり，「営業時間日数」も6～15人規模であった。ただし「強み」「弱み」の回答項目は9項目であり，そのうち6項目は「弱み」の比率が「強み」の比率を上回った。商業者が最も「弱み」を感じているのは「価格」43％と「店舗規模」42％，「品揃え」41％であり，これに立地条件や施設の魅力，人材などが続く。従業員規模別でみると，1～2人規模では価格，品揃え，店舗規模，立地条件の順に「弱み」が大きくなり，3～5人規模では店舗規模，品揃え，価格，施設の魅力の順，6～15人規模では価格，店舗規模，品揃え，施設の魅力，16人以上では店舗規模，施設の魅力，価格，品揃えの順となる。

3 大型店出店は商店街に悪影響

　福島県の商店街調査(2)によれば,「大型店出店が商店街に与える影響」は全体としてマイナスであり,「悪い影響」と「やや悪い影響」とがあわせて7割強をしめた。「ややよい影響」と「よい影響」とはあわせても1割強にすぎない。悪影響の内容を来街者数と空き店舗数の動向でみておこう。まず「3年前に比べて商店街への来街者の増減」は,「減少した」と「やや減少した」とが多く,あわせると「減少」が4分の3に及んだ。「増加した」と「やや増加した」とあわせた「増加」は1割強にすぎなかった。次いで空き店舗の状況を観察すると,最近3年間での空き店舗数は「増加した」と「やや増加した」とをあわせた「増加」した商店街が,「減少した」と「やや減少した」とをあわせた「減少」をかなり上回った。現在の平均空き店舗数は5.5店であり,商店街の12％が空き店舗となった。そして空き店舗がどのようになっているかについては,全体としては「空き店舗のまま」が過半をしめ,これに「駐車場に変化」が続いた(表9-3)。

　立地場所別でその影響度の差異をみると,駅前商店街や繁華街商店街などでは「悪影響」が相対的にも高く現われ,7割台となった。オフィス街商店街は「悪影響」が相対的には低く出ているが,後に見るように深刻さがないということではない。駅前商店街とオフィス街商店街は来街者数が「増加」した商店街は皆無であり,「減少」した商店街がそれぞれ94％と80％に達し,深刻な状態にあった。繁華街商店街での「増加」は12％にとどまった。空き店舗率で深刻なのはオフィス街商店街であり,17％に及んだ。ただしここでの空洞化はそれ以前にも進んでいたため,過去3年間では「増加した」ではなく「やや増加した」にとどまった。これに対して駅前商店街は現在平均12％の空き店舗を抱えており,しかも「増加した」が「やや増加した」をかなり上回っており,最近になるほど深刻化している。繁華街商店街はオフィス商店街と駅前商店街の中間に位置している。空き店舗の現状はオフィス街商店街では「空き店舗のまま」が100％で,他への利用がまったくない。駅前商店街もほぼこれに近い。繁華街商店街でも大筋は変わらないが,また駐車場への活用があるだけ商店街に土地利用上での貢献をしたようである。

第9章　大型店の出店攻勢と地方中核都市近郊商店街の対応

表9－3　立地場所別大型店の影響と空き店舗状況（福島県　1995年）

立地場所別		駅前	繁華街	住宅地	ロードサイド	オフィス街	合計
商店街数		18	41	11	12	5	106
平均店舗数（店）		51.9	44.4	40.7	56.4	29.2	45.2
大型店出店が商店街に与える影響（％）	良い影響	5.6	11.9	9.1	9.8	－	8.5
	やや良い影響	5.6	4.8	－	8.3	－	3.8
	どちらともいえない	16.7	9.5	18.2	16.7	40.0	15.1
	やや悪い影響	11.1	9.5	9.1	25.0	－	11.3
	悪い影響	61.1	64.3	63.6	41.7	60.0	61.3
3年前と比較しての来街者数の増減（％）	増加した	－	2.4	9.1	16.7	－	4.7
	やや増加した	－	9.5	18.2	16.7	－	8.5
	変わらない	5.6	9.5	18.2	8.3	20.0	9.4
	やや減少した	33.3	31.0	18.2	25.0	60.0	30.2
	減少した	61.1	45.2	36.4	33.3	20.0	45.3
現在の空き店舗	空き店舗数（店）	6.4	5.0	3.8	3.7	5.0	5.5
	空き店舗比率（％）	12.3	11.3	9.3	6.5	17.1	12.1
空き店舗の現状（％）	空き店舗のまま	72.2	61.9	54.5	41.7	100.0	56.6
	住宅に変化	－	2.4	9.1	16.7	－	6.6
	駐車場に変化	5.6	21.4	18.2	8.3	－	17.0
	その他	－	7.1	9.1	16.7	－	8.5
	無回答	22.2	7.1	9.1	16.7	－	11.3

注：合計には「その他」及び「無回答」商店街を含む。
資料：福島県『平成7年度商業実態調査報告書』1996年2月。

　これらに対してロードサイド商店街や住宅地商店街はどうなっているのであろうか。ロードサイド商店街や住宅地商店街も大型店出店の「悪影響」を受けており，その程度は7割前後に達した。しかしこれらの商店街は過去3年間における来街者数が「増加」したとする比率が3割前後で，相対的に高く現われた。空き店舗数は1商店街平均で4店弱で，空き店舗率も1割を切った。しかも最近3年間での空き店舗数は「減少」したとする商店街が「増加」したとする商店街数をかなり上回った。空き店舗の利用については，いずれも「空き店舗のまま」が第1位であるものの，住宅地商店街では「駐車場に変化」が21％で，ロードサイド商店街では「その他」17％が第2位に来ており，消極的な空き店舗の活用がみられた。いずれの立地場所であっても，商店街への来街者数が大きく落ち込み，空き店舗を抱えるに至るなど，大型店の出店が商店街に悪影響を与えた。

III 消費購買力の流出と商店街の停滞

1 平地区への消費購買力流出と商店数半減──好間町商店街

　1995年5月現在でいわき市内には大型店が69店あった。そのうち3000m²以上の第1種大型店は17店であり，500〜3000m²の第2種大型店は52店であった。第1種大型店の増加が目立つのは70年代前半までと90年代であり，第2種大型店の増加は70年代後半から80年代前半と90年代においてである。市内地区別に大型店の分布を見ると，第1種大型店はJRいわき駅のある平地区と港湾を抱える小名浜地区に集中し，第2種大型店は市内の地区別人口にほぼ対応して分布した。いわき市はもともと広域合併をした多核心都市であり，これらの複数の都市をカバーしようとする大規模な売場面積を持つショッピングセンターが平と小名浜をむすぶ通称「鹿島街道」沿いに進出している。ただし好間地区には第1種大型店はなく，第2種大型店としてのマルト好間店（1350m²）と藤越好間店（1458m²）との2店がある。これらが好間地区小売業売場面積にしめる比率は31.0％であり，市平均の45.3％に比べれば低い水準にあった。

　好間町の消費購買力はかなりの部分が平地区に流出している。好間町住民が好間町で買物をする比率は，1994年の場合，買回品ではわずか9.8％であり，最寄品でも食料品は26.1％にとどまり，日用雑貨でやっと44.0％を確保したにすぎない。しかも91年〜94年にかけて，買回品も食料品も地元での購買比率は大きく低下した。買回品のうち家庭電器や医療品・化粧品，書籍・文具などは，地元購買率が91年には相対的には高かったが，94年にはかなり後退した（表9-4）。より内陸部にある小川地区から好間地区への購買力の流入もみられるが，それほど大きなものではない。

　いわき市好間町の商店街は旧国道49号線沿いに張り付くように長く伸びている。この商店街は大きくは好間町商店街と北好間・上好間商店街とに分れる。好間町商店街は国道49号線に平バイパスができたことによりかなりの悪影響を受けた。商店数は79年から94年にかけて45店から22店へと半減し，売

第9章　大型店の出店攻勢と地方中核都市近郊商店街の対応

表9-4　いわき市好間町民の消費購買動向

(単位：％)

		年別	好間から			
			好間へ	平へ	内郷へ	その他へ
買回品	背広・スーツ	89年	4.4	88.5	1.1	6.0
		94年	4.3	86.4	0.5	8.8
	セーター・ブラウス	89年	4.4	89.6	2.7	3.3
		94年	3.3	88.0	2.2	6.5
	下　着	89年	6.6	86.3	4.9	2.2
		94年	3.8	82.6	2.7	10.9
	靴・カバン	89年	7.1	87.4	0.5	4.9
		94年	5.4	84.2	1.6	8.8
	家庭電器	89年	20.8	68.9	4.4	5.9
		94年	9.8	77.7	3.3	9.2
	医療品・化粧品	89年	38.8	56.8	2.2	2.2
		94年	31.0	61.4	3.3	4.3
	書籍・文具	89年	16.9	80.3	0.0	2.8
		94年	10.9	83.2	3.3	2.6
	小　計	89年	14.1	79.7	2.3	3.9
		94年	9.8	80.5	2.4	7.3
最寄品	食料品	89年	42.1	47.5	9.8	0.6
		94年	26.1	57.5	14.1	2.2
	日用雑貨	89年	―	―	―	―
		94年	44.0	48.4	4.9	2.7
その他	家族連れ外食	89年	13.7	78.1	2.7	5.5
		94年	9.8	77.2	2.7	10.3
	合　計	89年	17.2	75.9	3.1	3.8
		94年	14.8	74.7	3.9	6.6

注：日用雑貨の89年は調査なし。
資料：福島県中小企業課『第9回福島県消費購買動向調査結果(平成6年度)』1995年。

場面積も1604m²から909m²へと著しく減少した。従業者数や年間販売額も79年から91年にかけては102人，6.78億円から50人，5.41億円へと後退した。しかし1994年には従業者数は78人へと回復し，年間販売額は9.95億円と過去最高の水準となった。これは94年6月29日にはマルト好間店が1350m²(食料品を中心とするマルトが1220m²，くすりのマルトが130m²)が開店しており，好間町商店街は店舗数ではともかくとして，売場面積や従業者数，年間販売額などでは大きく貢献した。

北好間・上好間商店街では79年から94年にかけて，従業者数が143人から

183

124人へと減少したものの，商店数が32店から34店，年間販売額が7.61億円から16.21億円，売場面積が898㎡から1097㎡へと増加した。これは95年8月には磐越自動車道がいわき・郡山間で開通し，少なくとも平地区へは路線経由の関係から旧国道49号線の方が使い勝手がよいので，今後ともそれほど心配することはない。

2 買回品は郡山へ，最寄品は須賀川へ──鏡石駅前地区商店街

鏡石町には2つの地域商業集積，すなわち不時沼商店街と本町・緑町商店街がある。1979年から94年にかけては，不時沼商店街は商店数(22店→40店)，従業者数(63人→153人)，年間販売額(8.29億円→35.55億円)，売場面積(898㎡→1097㎡)ともに順調に伸び，鏡石町の中心商店街としての地位を確立してきた。これと対照的なのが本町・緑町商店街である。本町・緑町商店街は91年までは概ね順調に伸び，商店数や従業者数では不時沼商店街をなお上回っていた。しかし年間販売額は91年に不時沼商店街に抜かれ，売場面積ではかなりの差が開いた。そして本町・緑町商店街は94年には売場面積は2125㎡に増加したものの，商店数が38店へ，従業者数が101人へ，年間販売額が23.60億円へとかなり落ち込み，鏡石町の中心商店街としての地位を完全に失った。本町・緑町商店街は販売効率の面で見ると，売場面積1㎡当たり年間販売額では本町・緑町商店街が常に不時沼商店街を上回っているものの，従業者1人当たり年間販売額では不時沼商店街が本町・緑町商店街を上回ってきた。

しかし消費購買動向調査によれば，鏡石町住民が町内で商品を購入する比率は落ちてきている。例えば背広・スーツの町内購買率は1980年代には15％前後であったのが，90年代には3～4％に落ちた。またセーター・ブラウスの町内購買率は80年代には3割前後であったのが，90年代では2割前後になった。家庭電器の町内購買率は80年代前半までは6割台にあったのが，80年代後半には4割台に落ち，さらに90年代では2～3割台にまで落ち込んだ。このように買回品の購買は町外への依存度が急速に高まっている。また最寄品であっても楽観視することはできない。

表9-5は，1995年11月の調査結果である。生鮮及びその他食料品は鏡石

第9章　大型店の出店攻勢と地方中核都市近郊商店街の対応

駅前を始めとした町内への購買依存度が高く，これらはほぼ毎日必要とするものであることから，購入場所が近くに求められている。しかし同じ最寄品であっても，必ずしも毎日は必要とされない日用衣料品や日用雑貨・台所用品の場合には，まず商品の種類の多さが消費者に求められ，隣接する須賀川市に購買力が流出している。買回性が高くなるに連れて，郡山市で購入する

表9-5　鏡石町住民の商品別購入場所とその理由（1995年11月）

（単位：％）

	主な購入場所		その理由	
肉・野菜・魚	駅　前	53.4	近い	69.1
	須賀川	23.0	安い	27.5
	他町内	12.8	種類	27.5
生鮮以外の食料品	駅　前	45.4	近い	64.8
	須賀川	24.1	種類	29.1
	他町内	14.9	安い	28.4
美容院・理容院	駅　前	42.9	安い	56.4
	須賀川	19.7	対応	29.9
	他町内	19.4	サービス	20.5
日用衣料品	須賀川	39.2	種類	43.0
	駅　前	26.0	安い	28.3
	郡　山	24.0	近い	27.5
日用雑貨・台所用品	須賀川	51.4	種類	46.7
	駅　前	25.0	近い	33.7
	国道4号	8.5	安い	33.0
書籍・カメラ	須賀川	39.3	種類	50.8
	郡　山	30.2	近い	29.8
	駅　前	23.3	自動車	19.0
飲食店	須賀川	36.3	近い	35.3
	郡　山	22.3	自動車	22.4
	駅　前	18.3	種類	17.6
贈答品	須賀川	35.7	種類	53.0
	郡　山	30.3	近い	27.5
	駅　前	14.4	自動車	15.4
家具・家電類	須賀川	53.7	種類	53.5
	郡　山	26.7	安い	41.9
	駅　前	8.8	自動車	20.2
くつ・かばん類	郡　山	46.7	種類	60.5
	須賀川	36.4	品質	19.9
	駅　前	5.9	安い	18.4
おしゃれ着	郡　山	59.8	種類	54.8
	須賀川	28.2	流行	28.3
	駅　前	4.8	楽しみ	28.3
全商品を通じて	須賀川	42.1	種類	45.5
	郡　山	23.4	近い	37.4
	駅　前	21.5	自動車	22.8

全商品を通じての選択肢別比率	
主な購入場所の選択肢（略称）	
駅前地区（駅前）	21.5
国道4号線沿い（国道4号）	5.0
その他町内（他町内）	6.1
矢吹町	0.4
須賀川市（須賀川）	42.1
郡山市（郡山）	23.4
白河市	0.0
上記以外の市町村	1.5
合　計	100.0
（サンプル数は261。ただし不明。非該当を除く）	
その他の選択肢（略称）	
近いから（近い）	37.4
商品の種類が多いから（種類）	29.1
車でいけるから（自動車）	22.8
値段が安いから（安い）	22.0
楽しみながら買えるから（楽しみ）	17.1
品質がよいから（品質）	8.5
通勤，通学の際に寄れるから	7.7
実用品が多いから	6.5
流行品が多いから（流行）	6.1
店のセンスがよいから	5.7
まとめ買いができるから	5.3
レジャーも一緒に出来るから	4.5
家族の意向	4.5
対応が親切で信頼できるから（対応）	4.1
店員のサービスがよいから（サービス）	3.7
都会的ムードがあるから	1.2
高級品が多いから	0.0
その他	4.1
合　計	100.0
（サンプル数は246。ただし不明。非該当を除く）	

資料：鏡石町「鏡石町地域中小小売商業活性化ビジョン策定事業報告書」1996年3月。

比率が高くなる。購入場所を選択する理由も，商品の種類が多いということに，車で行けるからという理由が加わった。さらに買回性が高くなり，郡山市への依存度が高まる商品に関しては，購入場所選択の理由に流行や品質，楽しみなどが加わった。

　消費者購買力の町外流出の大きな原因は鏡石町に大型店が少ないことにある。鏡石町内には第1種大型店はなく，第2種大型店が2店(1374㎡と748㎡で，いずれも寄合)あり，駅前地区内に立地している。これらが駅前地区における最寄品の購買率を高める役割を果たしてきた。ホームセンター(2200㎡)と家具などのインテリア(2640㎡)関連の第2種大型店が進出し，これらは国道4号線バイパス沿いに立地することから，駅前地区の最寄品販売とは直接的に競合することは少ないとはいえ，日用雑貨関連で影響が出るものと思われる。それだけではなく，鏡石町は須賀川市や郡山市に立地する第1種大型店(3店舗及び13店舗)の影響を強く受けているだけでなく，新規出店や増床のラッシュが続いており，さらなる影響を受けている。

3　ベニマル伊達店に奪われた最寄品購買力——伊達町商店街

　ヨークベニマル伊達店(以下，ベニマルと省略)は1993年9月23日に開店した。建物面積は7610㎡であり，売場面積はベニマル自体の売場面積4087㎡(対床面積比率は53.7%)とテナントへの貸与売場面積1518㎡(同16.8%)とからなる。売上高は初年度の93年度(93年9月23日から94年2月末)は18.89億円であり，94年度は38.62億円，95年度は38.36億円であった。94年の伊達町の小売業年間商品販売額は108.89億円であり，実にその36.6%をベニマル伊達店が占めたことになる。また91年の伊達町中央商店街の商品販売額は18.86億円であったことから，ベニマル伊達店の販売額はその2倍をこえていることになる。ベニマル伊達店の従業者数は初年度が39人であったのが，94年度には32人になり，95年度には31人へと減少した。売場面積には変化はなかった。

　ベニマル出店の影響はどこに現われたのだろうか。その第1は伊達町の小売業年間商品販売額が大きく伸びたことである。出店前の1991年には商品販売額は70.64億円であり，91〜94年の間に54.1%の増加を見た。しかしベニ

マルによる増加分を差し引くと，逆に0.5％減となる。福島県全体ではこの3年間で8.0％の増加を見ていることから，ここから単純に推計すると地元小売業は約6億円の売上高を減少させたことになる。

　福島信用金庫はベニマル伊達店が出店した翌1994年3月に『大型店の出店に関する影響度調査』を行なった。(3)「お客様アンケート」結果からベニマル伊達店の利用状況をみると，福島市北部地区よりも伊達郡北部の各町への影響が大きく現われた。これは福島市北部の瀬上や鎌田地区にはベニマル伊達店よりは売場面積規模は小さいものの大型店が複数立地していること，岡山地区は伊達店へのアクセス条件が比較的良くないこと，飯坂地区も近隣に規模的に対抗しうる大型店がすでに立地していること，などが関係しているものと思われる。これに対して伊達郡北部地区には生協とベニマル梁川店を除けば規模的に対抗しうる大型店はほとんどなく，買回品の購入は過半が福島市に依存していた。

　ベニマル伊達店への買物依存の程度は買回品よりは最寄品において高く現われた。商品別買物は表9-6のように，一般食品や生鮮食品，日用雑貨で2割前後がベニマル伊達店で行なわれている。これらの商品購入先の選択理由はいずれも第1位が近くて便利，第2位が駐車場がある，第3位が商品が豊富である，ことなどが共通してあがっている。町別でみると伊達町住民のベニマル伊達店への依存が当然高くなり，生鮮食品ではなおベニマル伊達店を伊達町商店街が上回っているものの，一般食品や日用・雑貨品ではベニマル伊達店での購入比率が伊達町商店街での購入比率をかなり上回ることになるのである。伊達郡北部の他町では隣接する保原や桑折よりもむしろ隣々接の国見や梁川の方がベニマル伊達店への依存が若干ではあるものの，高く出ている。

　また「経営者アンケート」結果によれば，「大型店出店による影響」は半数が「当初から悪い影響」(49％)がでており，生鮮食料品(72％)や酒類(76％)の商店で深刻となっている。地区別ではもちろんベニマル伊達店の足もとの伊達町で強く悪影響(68％)がでており，これに隣接する保原町(52％)が続いた。

表9-6　伊達町民の商品別買物先変動（上段1990年，下段1993年）

(単位：%)

	福島市 駅前大型店	福島市 その他商店	福島市 瀬上商店街	伊達町 商店街	伊達町 ヨークベニマル伊達店	保原町 生協保原店	保原町 その他商店	その他
アクセサリー	59.2 61.0	15.9 14.5	5.3 0.4	4.5 2.5	— 18.4	2.6 3.2	5.6 4.0	6.7 6.1
スーツ	47.9 43.4	35.4 36.7	1.0 0.1	3.9 2.8	— 4.4	0.7 1.2	5.4 6.1	5.7 5.3
セーター・ブラウス	44.4 42.2	9.2 9.2	11.2 1.3	15.1 4.8	— 22.1	4.9 3.5	7.7 8.8	7.5 8.1
呉服・寝具	38.4 39.4	13.7 13.4	10.5 2.1	16.5 9.5	— 17.7	5.6 3.8	7.9 7.0	7.3 9.1
ベビー服	38.7 37.3	8.9 8.5	14.7 2.1	17.3 3.9	— 27.7	5.2 3.8	7.4 8.2	7.3 8.5
カバン	31.8 33.2	33.6 31.5	2.6 0.1	14.1 6.7	— 13.4	4.1 3.6	9.4 6.2	4.3 5.3
中元・歳暮	31.9 25.3	10.6 12.3	15.3 10.8	26.6 14.4	— 23.6	6.0 5.7	4.6 3.3	4.9 4.5
下着類	25.9 22.9	7.0 6.9	20.1 4.6	22.1 8.6	— 30.7	7.4 5.1	7.5 7.1	9.9 14.3
メガネ・カメラ	8.2 15.9	23.6 46.2	6.4 2.7	45.7 13.4	— 7.2	4.7 0.2	10.2 11.0	1.2 3.3
買物・荒物	7.7 15.4	47.7 22.0	1.8 2.7	13.8 22.5	— 20.3	1.8 2.5	21.1 9.1	6.4 5.5
スポーツ用品・玩具	18.4 15.3	40.0 46.6	1.2 0.6	24.6 12.3	— 12.9	1.9 1.3	11.1 7.6	2.7 3.4
インテリア	4.8 13.8	45.8 52.2	1.2 0.3	27.1 3.5	— 4.1	2.7 0.7	12.1 17.5	6.2 7.9
飲食・喫茶	11.9 10.2	49.7 60.1	1.6 1.2	21.4 13.9	— 3.5	1.6 1.1	8.4 7.3	5.2 2.8
文房具	5.8 9.0	17.8 31.1	11.1 0.7	42.2 26.5	— 15.1	3.6 6.0	9.6 10.1	9.8 1.4
家具	12.2 8.1	44.5 51.4	2.2 1.3	20.5 16.8	— 3.8	0.7 1.3	13.4 11.7	6.5 5.6
医薬・化粧品	14.2 6.6	18.5 21.4	9.6 5.1	40.4 28.9	— 21.9	3.9 3.1	9.8 5.3	3.7 7.6
生鮮食品	2.6 2.1	3.4 1.3	37.0 17.0	40.7 28.4	— 41.0	8.6 7.2	3.2 0.9	4.5 2.2
調味料・酒	2.8 1.9	6.6 5.8	29.5 15.5	45.1 29.0	— 36.9	7.4 7.4	3.2 1.0	5.3 2.5

資料：伊達町商工会「伊達町中小商業影響調査事業報告書」1994年3月。

伊達町商工会が実施した影響調査結果は次のとおりであった。ベニマル伊達店が出店した後の伊達町内小売店の売上高[4]は全体として大きく減少した。売上高が増加したのはわずか2店のみであり，過半が20％以上の減少となった。業種別では特に食品小売への打撃が深刻であり，33店のうち9店で売上高が40％以上減少した。通過車両はどちらかといえば減った程度にとどまったが，深刻なのは歩行者が激減したことである。これは地元の中央商店街とベニマル伊達店とが国道4号線をはさんでおり，歩行者の流動線が完全に遮断されたためである。

消費者アンケート結果は次のように出た[5]。伊達町消費者がベニマル伊達店に依存する比率が最も高い商品は，生鮮三品(41％)や調味料・酒(37％)であり，これらは地元の商店への依存度も高く，強く競合している。次に高いのは下着類(31％)やベビー服(28％)，中元・歳暮(24％)，セーター・ブラウス(22％)，荒物・金物(23％)，医薬品・化粧品(22％)である。このうち地元商店と強く競合するのは中元・歳暮と荒物・金物，医薬品・化粧品である。ベビー服やセーター・ブラウスは地元での購入がほとんどなく，消費者は福島駅周辺の大型店とベニマル伊達店とをバランスさせている。ベニマル伊達店への依存度が10％台の商品は，文房具やスポーツ用品では地元との競合はあるものの，アクセサリーや呉服・寝具，カバンなどでは福島駅周辺の大型店に大きく吸引されている。ベニマル伊達店への依存度が10％未満の商品は家電やインテリア，メガネ・カメラ，スーツなどであるが，これらは福島市にあるロードサイド型の専門店に大きく流出していた。

4　流出原因は個店の努力不足と魅力のない商店街——三春町商店街

三春町には商店街が5つある。荒町，中町，八幡町，大町及び北町の5つである。商店街の空間的配置はもともと城下町であったことを反映して，T字型の街路が組み合わさっている。三春町の中心商店街は大町・北町であり，1979年には商店数50店，従業者数163人，年間販売額16.11億円，売場面積2781㎡であり，いずれをとっても最も大きかった。しかし80年代から90年代にかけて絶対的な後退を続け，町内商店街第1位の座から落ちた。中町は商

店数が微減したが，第2種大型店であるヨークベニマル三春店が進出することによって，従業者数，年間販売額で延ばし，売場面積でも回復を果たした。荒町や八幡町はいずれの指標においても停滞ないしは後退傾向にあった。このように三春町の中心商店街は全体としては良くて停滞，悪くて後退という動きであった。

88年から94年までの商品別購入先の変化を見ると，全体としては三春町民は郡山市への購入依存度を高めている。買回品では6～8割が郡山市に依存し，最寄品でも3割弱を郡山市に依存している（表9-7）。船引町への依存度はいずれの商品も1割台以下であって，しかも年次推移に傾向を読み取ることは難しい。これは船引町と三春町との中間における第2種大型店の進出ゲームと増床ゲームとを反映している。例えば下着において三春町の比率が高まったのは「しまむら」の進出に依存するところが大きいと思われる。

三春町商店街の現状における努力の程度や接客態度，商品知識には多くの問題がある。三春町内の田村高校生や地域リーダーは三春町商店街を次のように見ている。すなわち三春町の商店街の雰囲気について，地域リーダーの反応はあまり芳しくなく，「もう少し努力」が必要だと見ている。高校生は地域リーダーの反応と比べるとどちらかといえば両極端にふれていた。接客態度に関しては，高校生では男女とも「良くやっている」から「何ともいえない」との間に回答が集中した。地域リーダーの場合は男女によって回答が振れている。男性の場合は「良くやっている」との回答が最も多いが，女性の場合は「努力が必要」の回答が最も多い。商品知識では高校生と地域リーダーとの間でかなりの違いが出ている。高校生は三春町内商店の商品知識について，多くが「何ともいえない」と答えている。これに対して地域リーダーは多くが商品知識が店によって「格差が大きい」と見ている。

それではどうすればよいのであろうか。高校生の意見によれば，町内で買物をする人を増やすためには，何よりもまず商品の「センス良く」し「品揃えを豊富」にすることである。地域リーダーの意見によれば，全体としては「品揃えを豊富」にしつつ，男性では「楽しい雰囲気」や「まとめて買物」ができることが必要である。女性では「まとめて買物」が強調され，これに

第9章　大型店の出店攻勢と地方中核都市近郊商店街の対応

表9-7　三春町民商品別購入先の変化

(単位:％)

	年	郡山市	船引町	三春町
背広・スーツ	88	89.2	0.0	7.8
	91	83.8	3.4	7.8
	94	89.1	1.6	4.3
外食	88	74.7	4.8	13.3
	91	76.0	5.6	14.0
	94	82.1	4.3	8.7
靴・カバン	88	68.7	8.4	21.7
	91	69.3	10.6	17.3
	94	72.3	9.2	14.7
セーター・ブラウス	88	53.6	10.2	35.5
	91	57.5	12.8	26.8
	94	64.7	7.1	23.4
家庭電器	88	53.0	8.4	36.1
	91	53.1	12.3	33.0
	94	65.2	8.7	23.4
下着	88	29.5	13.9	54.8
	91	40.2	11.7	44.1
	94	40.8	7.1	48.9
医薬品・化粧品	88	24.7	6.6	66.9
	91	25.1	6.1	66.5
	94	28.8	4.3	63.6
食料品	88	21.7	8.4	69.3
	91	26.3	10.6	61.5
	94	28.8	6.5	63.0

資料：各年『消費購買動向調査』福島県商工課。

「センス良く」や「夜遅くまで営業」「楽しい雰囲気」などが続いた。そして商店街づくりで期待されていることでは，高校生と地域リーダーとの間で違いが現われている。高校生の場合は男女間でも違いがでている。高校生男性では期待することの第1，2位は「楽しめる」と「出かけて見たい」であり，これに「魅力的な」が続く。高校生女性は第1位を「魅力的な」におき，これに「出かけて見たい」が続く。地域リーダーでは比較的男女間の差はなく，第1位と2位とに「出かけて見たい」と「便利な」とが第3位以下をかなり引き離していた。

IV 「価格破壊」対応の困難性と地域商業集積づくり

1 きびしい個店レベルでの対応

　1ドルが80円を切る超円高の時期での「価格破壊」への中小小売業者の対応は容易なものではなかった。95年の福島県の調査によれば，3割の小売業者が「対応策はない」と答えている。特に零細規模ほどこの比率は高く1～2人規模では4割に達した。対策として最も回答率が高いのは「販売サービスの充実」であり，これに「仕入単価の引き下げ」や「粗利益の削減」が続いた。しかし従業者規模が大きければこれらの対策は実行に移されようが，零細規模の場合はこれらの対策を実行しようとする回答率は低かった。

　また大型店への対策も「何もしていない」回答率が「対策をたてている」回答率を上回り，「何もしていない」ことの約半数は「どうしたらよいのかわからない」というものである。1～2人規模の商店の3分の2は「何もしていない」のであり，「対策をたてている」が「何もしていない」を上回るのは，従業者が3人以上の商店においてである。従業者規模が大きくなるにつれて，対策をたてている割合は高くなる(表9-8)。

　大型店対策では「価格引き下げ」が4割をしめ，これに「休日の削減」や「営業時間の延長」などが続く。しかし「価格引き下げ」は売上高の減少や粗利益率の低下の原因となり，「休日の削減」や「営業時間の延長」は1～2人規模の零細自営業者層には過酷な労働強化をもたらし，また雇用者を抱える3人以上規模には人件費や光熱水費等の経費の増加をもたらすことにつながる。いずれの場合もソフト面での対応で切り抜けようとしている。これに対して従業者規模が16人以上の商店は，店舗改装・増築や駐車場の確保といったハード面での対応を進めようとしている。

　今後の経営課題は全体としては約6割の商店が「何とかやっていける」としているが，他方2割強の商店が「廃業を考えている」という厳しさがある。1～2人規模では3分の1が「廃業を考えている」のであり，1割強が「規模を縮小する」としている。「業種・業態転換」や「共同店舗を作る」「大型

第9章　大型店の出店攻勢と地方中核都市近郊商店街の対応

表9-8　小売店従業員規模別の大型店対策（福島県）
(単位：％)

	大型店に対しての対策			対策の内容								対策をとらない理由			
	対策をたてている	何もしていない	無回答		店舗改装・増築	営業時間の延長	休日の削減	チェーン店系列への参加	価格の引き下げ	外商・外販の強化	駐車場の確保	その他		どうしたらよいのかわからない	必要ない	その他	無回答
全回答	40.3	51.8	7.9	N=811	20.2	26.0	29.4	6.1	40.1	23.5	13.8	10.4	N=327	48.3	40.2	5.5	6.0	N=420
1～2人	30.3	62.4	7.3	N=436	7.6	22.7	31.8	2.3	40.2	24.2	4.5	9.4	N=132	49.6	39.0	6.3	5.1	N=272
3～5人	47.3	46.9	5.8	N=236	22.4	25.2	27.1	8.4	43.0	21.5	16.8	8.4	N=107	47.2	41.5	4.7	6.6	N=106
6～15人	59.2	32.7	8.2	N= 98	31.0	34.5	34.5	10.3	43.1	25.9	22.4	3.6	N= 58	40.6	43.8	3.1	12.5	N= 32
16人以上	67.5	22.5	10.0	N= 40	51.9	25.9	18.5	7.4	22.2	25.9	29.6	18.5	N= 27	55.6	44.4			N= 9

資料：三和総合研究所『福島県産業空洞化対応調査報告書』1996年3月。

表9-9　小売店従業員規模別の今後の経営課題（福島県）
(単位：％)

	充分やっていける	何とかやっていける	規模を縮小	業種・業態転換	店舗を移転	共同店舗を作る	大型テナントへ入る	廃業を考えている	その他	無回答	
全回答	6.8	59.1	9.2	7.8	4.4	3.2	2.5	22.6	2.8	3.1	N=811
1～2人	2.8	49.8	11.0	5.5	2.3	1.8	1.4	36.7	2.5	3.9	N=436
3～5人	6.6	72.6	9.3	11.1	8.0	5.8	4.4	6.6	2.2	1.3	N=236
6～15人	12.2	71.4	4.1	10.2	6.1	3.1	2.0	5.1	5.1	3.1	N= 98
16人以上	35.0	57.5	2.5	10.0	5.0	5.0	5.0	5.0	5.0		N= 40

資料：三和総合研究所『福島県産業空洞化対応調査報告書』1996年3月。

店のテナントへ入る」ことも経営課題としては考えられているが，それらの比率が相対的にではあれ高いのは3～5人規模においてである（表9-9）。

2　商店街レベルでの大型店や空き店舗対策

空き店舗が増加しているにもかかわらず，商店街レベルでの空き店舗対策はほとんど進んでいない。福島県の「空洞化対応調査」によれば，福島県全体では空き店舗を「積極的に活用を推進している」のは4.7％の商店街にと

どまった。空き店舗の活用についての障害は，第1に「所有者と周囲の価値観の相違で困難である」(43.6%)があげられ，これに「活用のアイディア不足」(21.8%)が続いた。従来，商店街は「イベント」(50.9%)や「共同売り出し」(43.4%)，「ポイントカード事業」(27.4%)などを行なってきており，今後もこれらの共同経済事業を強めようとしている。しかし広域的な「近隣商店街との共同事業」の推進に関しては，「行なっている」(29.2%)は「考えていない」(42.5%)をかなり下回っており，「検討中」(26.4%)をくわえることでやっと「考えていない」を上回わることになった。

　商店街のハード面，すなわち環境施設整備については，これまで整備したもので飛び抜けて多かったのは街路灯であり，商店街の4分の3はこれを整備していた。駐車場や歩道整備は4分の1程度の商店街で行なわれており，アーケードやコミュニティ設備はかなり遅れていた。今後整備したい環境施設として多いのは駐車場，コミュニティ設備，歩道整備などであり，それぞれ4〜5割台に達した。立地場所別でみると，駅前や繁華街の商店街はいずれも駐車場を第1位とし歩道整備やコミュニティ設備が2，3位に並ぶ。オフィス街商店街では駐車場を第1位とし，街路灯やアーケード，歩道整備が同率で2位に並んだ。住宅地商店街では駐車場を第1位とし，コミュニティ設備がこれに続いた。しかしロードサイドではコミュニティ設備が第1位に来て，これに街路灯が続いた。

　しかし商店街の活性化は容易ではなく，活性化に取り組む場合に中心になるのは，「個人の有志」よりも「商店街自体」としつつも，ビジョンづくりは「必要だが今はない」と答える商店街がなお全体の約3分の1をしめた。ビジョンが「ある」(23.6%)とビジョンを「策定中」(13.2%)とをあわせると，ほぼ「必要だが今はない」とする商店街の数に匹敵することになるが，「個店の足並みの不揃い」(60.4%)が商店街活動の足を引っぱっていた。また「商店街が断続的」であることや「駐車場がない」や「核店舗がない」ことが商店街活性化の壁になっていた。

3 商工会による地域活性化への取り組み状況

　福島県内の商工会で空き店舗対策があるのはわずか1商工会(商工会管理による空き店舗登録システムを創る)であり，検討中の商工会は13％にとどまっており，85％は対策がないと答えていた。空洞化対策について実績や具体的方策をもっていた商工会は1つもない。先進例を勉強し具体的方策を詰めつつある商工会が2つあるにとどまっていた。空き店舗対策の1つとして，商工会等による「仕事おこし」への取り組みが重要となるが，しかし多くは「検討を開始した」ないしは「関心が高まっている」段階であり，「事業化が進んでいる」ないしは「ターゲットは練られた」段階は少ない。しかし「事業化が進んでいる」ないしは「ターゲットは絞られた」であっても具体的な内容が答えられているわけでなかった。[7]

　仕事おこしの1つの手段として「産業おこし事業」はあるが，「第3セクターに出資している」や「部会等の事業として関わっている」など商工会が直接関わっているのは，9つある。例えば北塩原村商工会は振興公社へ出資している。しかし多くの商工会は「広告・宣伝などでの協力」や「イベントの際に補助」するにとどまっていた。

　そこで登場するのがビジョン作成である。商工会等地域活性化ビジョン等は過半の商工会で過去5年以内に策定されている。しかもここ2年以内に多くが集中している。今後も策定が進むようであるが，しかし「現在のところ予定はない」商工会が15％もあった。地域振興ビジョンが対象としている産業部門は商業・商店街に関するものが最も多く，これに観光業が続いた。地域振興ビジョンで提案された主要事業は既存商店街の街路を中心とした再開発が最も多く，これに公共施設を含めた複合型SCと，観光・物産販売をかねた「道の駅」が続いた。提案された事業の具体化への取り組み状況はビジョンを策定した商工会の約半分が「実施計画」の策定を検討中であり，事業を実施中は2つにとどまった。

　商工会の活性化にとって重要なのは部会の活動であり，「自己評価」として青年部の活動が活発なのは浪江町，東村，小野町，松川町，安積町などであり，同じく婦人部の活動が活発なのは浪江町，東村，松川町，安積町，飯

舘村などであった。県内他商工会が活動を注目する県内商工会は只見町5，鏡石町5，富岡町3，玉川村3，長沼町3，三春町3，飯舘村2，会津坂下町2などであった。

4　商工会等地域振興支援事業の展開(1993～95年度)

　商工会等地域振興支援事業は「商工会及び商工会議所による小規模事業者の支援に関する法律」にもとづいて実施された。この法律の趣旨は「商工会及び商工会議所が自らの組織，地域の小規模事業者に関する知見等を活用しつつ，従来からの経営改善普及事業と併せ，基盤施設事業等を行なうことにより，総合的に小規模事業者の経営改善を支援することを促進する措置を講ずる」ことに置かれた。地域振興支援事業はこの法律で新たに行なうことができるようになった事業の1つであり，初年度の93年度には7億円の予算が組まれ全国で700カ所で事業が実施された。この数は全国には商工会は2833カ所，商工会議所は508カ所あり，20.3％に相当した。商工会等地域振興支援事業は福島県では14カ所で取り組まれた。

　93～95年度に実施された福島県内における商工会等地域振興支援事業での商業振興ビジョンは商業集積類型別にみると表9-10～12の通りである。報告書を入手できたのは34商工会についてであり，これを商業集積類型別で見ると，地域型が棚倉町，浪江町及び小野町の3カ所，地元型が鏡石町，伊達町，三春町など12カ所，その他が白沢村など19カ所となっている。ここでは「その他」[8]を「近隣型」と名付けておこう。

　地域型での商業振興の方向は，棚倉町ではクアハウスや乗馬施設などをもつ第三セクター・リゾート「ルネサンス棚倉」[9]との結合で中心商店街を活性化しようとし，浪江町では「商業のもつやさしさ」を強調し，小野町では「強化・拡大型地域商圏戦略」をとろうとしている。共通する点としては地域商業拠点の確立に向けての面的な整備，例えば駅前整備や商店街セットバック，地域商業ゾーンの整備などが提案されている。

　地元型での商業振興の方向は地域密着型の商業集積をいかに確立するかをテーマとし，中心商店街の通りの整備が強調された。もちろん地元型といっ

第9章 大型店の出店攻勢と地方中核都市近郊商店街の対応

表9-10 福島県商工会等地域振興支援事業報告書一覧（1993年度）

商工会名	策定年度	テーマ	地域づくりのハードとソフト	商業集積類型	商業振興の方向	ハードとしての商業集積づくり	先進地視察
棚倉町	93	あたたかみのある町づくり	ルネサンス棚倉と中心商店街との連携の仕掛	地域型	ルネサンス棚倉との結合	商業複合施設、共同店舗、駅前周辺整備	新潟県中里村SC
只見町	93	水と緑とこころのふるさと「水源のエコミュージアム・只見」	観光・交流を軸にし農林漁業、商工業を複合させた振興	地元型	只見駅前拡幅に絡めた駅前商店街の街並形成	パティオ・イン只見構想	上山市かみのやま温泉と二日町再開発計画
梁川町	93	人々のふれあいと活力ある商店街づくり		地元型	1.1.3運動	商店街単位の核店道路拡幅の提案	
鏡石町	93	牧場の朝のストーリー	土地区画整備事業	地元型	地域一番商店街をめざして	ショッピングロード（街路）整備	
会津高田町	93	日本の美と郷愁に浸る神の町	花飾事業、美術館建設、水利用支援事業	地元型	流出している買回品ニーズの還流を図る	コミュニティ機能や文化・交流機能を併せ持つ広域商業中心核。門前通り整備事業	
広野町	93		ビジネスインキュベーター・福祉・生活密着型ハイテク情報センター広域観光導入核・広野町ファクトリーパーク	地元型	広野町駅前整備と合わせた広域吸引核形成	活性化複合拠点整備	
昭和村	93	恵まれた自然を生かし、地域の人々を生かし、自分の丈にあった住みやすい村＜昭和村＞を	村全体が山村の原風景を持つ山里公園。からむし織の里	近隣型	便利さのある商店（街）		山形県南陽市・高畠村。群馬県倉淵村。長野県栄村
三島町	93	IKIMAよく、みしま！	ふるさと公園只見川ライン舟下り	近隣型	生活者のためのコミュニティマートとして	道の駅「御蔵入り・MISHIMA」の開設	宮城県丸森町
樽葉町	93		天神岬スポーツ公園	近隣型	地域住民の買物利便性	「道の駅」と商業施設	新潟県能生町の道の駅「能生」
いわき市三和町	93	「三和」21世紀に残すために	生活基盤の強化	近隣型	地域資源の集約化による生活・文教・観光資源を組み合わせる	三和町生活交流センター構想	茨城県潮来町SCアイモア
東村	93	来訪客にも住民にも愛される魅力ある地域	中堅異業種交流研究会。ふるさと産品開発育成事業	近隣型		多世代交流センター	
岩瀬村	93	子供たちの夢を実現させよう	湧水マップの作成と立て看板の設置。手作りイベント	近隣型			
郡山市三穂田町	93	地域振興は定住人口の増加が基本		近隣型	購買力の流出抑制	村内にない品物を扱う共同店舗の設備	
白沢村	93	美緑（魅力）ある遊富里（ゆとり）・しらさわ		近隣型	消費購買力の著しい流出	ショッピングセンターvs複合コンビニ型商業拠点	新潟県中里村U-MALL茨城県新治SC

資料：各商工会等地域振興支援事業報告書から作成。

表9-11 福島県商工会等地域振興支援事業報告書一覧（1994年度）

商工会名	策定年度	テーマ	地域づくりのハードとソフト	商業集積類型	商業振興の方向	ハードとしての商業集積づくり	先進地視察
浪江町	94	人にやさしい街づくりを目指して	観光・保養地としての村づくり	地域型	商業のもつやさしさ	人にやさしい核店舗（役場跡地へ），商店街セットバック	盛岡市材木町，大通り，肴町，盛岡手作り村　盛岡，土・日ジャンボ市
伊達町	94	四季の花咲く桃源郷伊達の商工業を興す	伏黒地区街並み活性化イメージ。ファクトリーパーク，ビジネスインキュベーター，ハイテク情報センター	地元型	都市環境整備と並行した商工業活性化	複合型商工業活性化拠点整備構想	栃木県喜連川町商工会，栃木県栃木商工会議所蔵の街
大熊町	94		ファーマーズマーケット，異業種交流21，観光協会・特産センター構想	地元型	ヤングタウン大熊構想	複合型商工会館	東京都巣鴨，二子玉川，自由が丘，恵比寿
鏡石町	94	実現化に向けて大胆に行動－地域商店街活性化のグランドデザイン		地元型	本町通りの整備	集客施設メディアホール	岩手県盛岡市材木町　岩手県盛岡市石鳥谷「酒匠館」美瑛町
北塩原村	94	住んで満足，遊びに来て楽しい快適な村づくり	北会津村グリーンスコーレ21	近隣型			山形県西川町　山形県朝日村
北会津村	94	地域産業を中心とした村づくり	農場ゴルフ場ホースビレッジ	近隣型	商業流出63億円の対策	複合型共同SC	富山県福野SCアミュー
金山町	94	歳時記の郷・奥会津ふるさと仙遊郷	リゾートファーム，キャンピングファーム	近隣型	毎日性消費の流出防止	コンビニ型ミニSC，ショッピングテラス2	岩手県北上市江釣子SCパル　岩手県湯田町商工会
いわき市小川町	94	LOVE TOWN小川町	小玉湖周辺の整備	近隣型	楽しさ，快適さにあふる地域密着型商業集積づくり	区画整理事業による駅前商店街活性化。バイパス沿いに生鮮食品を中心とした集結店舗の建設	宮城県若柳中町商店街

資料：各商工会等地域振興支援事業報告書から作成。

ても商業集積規模に違いがあるので一律にまとめられるものではないが，具体的には複合型ないしは多目的型商工会館，集客施設メディアホール，パティオといった施設整備や，ショッピングロード，門前通りなどの街路整備が提案された。

　近隣型での商業振興の方向は厳しいところでは商店街のみならず分散する商店そのものの維持が困難になってきており，露骨に「商業流出対策」とするか，あるいは「村民に利便性を提供するワンストップショッピング」や「地域生活の基盤となる商業機能」の確保とするかといった表現上の違いだけであり，現在残っている数少ない個店をどのように活用するかに重点が置

第9章　大型店の出店攻勢と地方中核都市近郊商店街の対応

表9-12　福島県商工会等地域振興支援事業報告書一覧（1995年度）

商工会名	策定年度	テーマ	地域づくりのハードとソフト	商業集積類型	商業振興の方向	ハードとしての商業集積づくり	先進地視察
猪苗代町	95	地域ビジョン10大提言	全体を周遊する観光コースと道の駅構想。景観条例。	地元型	中央商店街を線から面へ	2つのパティオ構想	
小野町	95	フリーアクセスシティ＝ONO	阿武隈中核田園都市。	地域型	強化・拡大型地域商圏戦略	地域商業ゾーン整備計画（A,B,Cの3案）	宮城県松山町。岩手県一関市
三春町	95	勝ち残りをかけてえやるしかない	観光振興，工業振興いろいろ。商店街造りな総論。	地元型	商業振興いろいろ。商店街づくりなぜ必要なのかいろいろ		
塩川町	95	「屋号とのれんの街」づくり	「住んで良かった」と語りあえるよろして活力に満ちたまちづくりの誇りと魅力。	地元型	村内中心の地元型商業地の役割の強化	プロムナードとしての商店街づくり	
西郷村	95	西郷村の顔をはっきりさせる	村内回遊可能な観光基盤整備の拡充	地元型	地域密着型商業の再整備	多目的型商工会館の設立と地域支援型商業集積の整備	
表郷村	95	もてもて　おもてごう	重点プロジェクトも一般的な指摘。	近隣型	村民に利便性を提供するワンストップショッピング施設	具体的な展開はなし。	いわき市鹿島SC富岡町SCトムトム川俣町「道の駅」
大玉村	95	賑わいとふれあいの街	観光・保養地として	近隣型	村内を商圏とした近隣商業地の役割の強化	40歳代以上を対象とした小売市場形式の集結店舗	秋田県鹿角市商工会。鹿角観光ふるさと館。秋田県八幡平オートキャンプパークアクアスピア。
大信村	95	村内消費者の隣接地域への購買流出をいかに防ぐか		近隣型	観光複合施設	人にやさしいぬくもりのある便利な店舗村	新潟県黒川村阿賀野里「道の駅」。
南郷村	95	NANGO HOOP PLAN '21	観光開発・施設整備南郷スキー場	近隣型	山口商店街の改善	村交流促進センター・物産館の改善提案	新潟県入広瀬村新潟県巻町
飯坂町	95	昔懐かしき時代とぬくもりのある横町		近隣型	観光複合施設	環境複合施設と店舗（テント）村	千葉県茂原市榎町商店街。
新地町	95	商業拠点ゾーン利用策定		近隣型	いい店＋買物に便利＋にぎやか	道の駅構想とのドッキング	宮城県築館街山形県中山町と山辺町
柳津町	95	いつまでも好かれる町でありたい！そのために私たちは今！	町並み，駅舎など観光とのつながり	近隣型	地域生活の基盤となる商業機能	寺町構想ポケットパーク	

資料：各商工会等地域振興支援事業報告書から作成。

かれることになった。具体的には，国道が通るところでは「道の駅」が，そうでないところではコンビニ型商店付きの各種「交流センター」が提案された。

199

V 地方中核都市近郊での商店街活性化への取り組み

1 バイパス沿いの複合型 SC を構想——いわき市好間町

　好間町の商業活動に関する調査報告書はこれまでに 3 つ出た。最初は『好間町商店街総合診断報告書』であり，1988年度に調査が行なわれた。この報告書では好間町の小売商業をめぐる諸問題が厳しく指摘された。問題の第 1 は国道49号線に面し立地条件としては恵まれているにもかかわらず，商店分布が分散的で商店街の形態をなしていないことである。第 2 は商店の大半が最寄品店であり，核店舗がないので商品構成の面で魅力に欠けることである。第 3 は商店街の環境整備にかかわることであり，自動車交通時代にまったく対応できていないことにある。駐車場の不足だけでなく，国道に商店が面していることもあり，買物での安全性にとって必要不可欠な歩道が設置されていないのである。第 4 は商店経営者の意識の遅れであり，買物が買手市場になっているのにこれに対応できていないことである。

　この1988年には常磐自動車道と国道49号線の平バイパスが開通した。好間町はいわき中央インターチェンジで高速道路と主要国道が交差する結節点に位置しており，交通拠点性は著しく上昇した。報告書はこの交通拠点性の上昇が好間町の商業展開にとってはプラス要因であり，マーケティングチャンスであると謳い，メインゾーンの開発や商店街の活発化，商店経営の近代化を進めることで地区住民の生活を豊かにできる商業地になることを提案した。これらの提案のうち最も重要視されたのはメインゾーン構想である。このメインゾーン構想はショッピングセンター・マンション・ホテルを含んだ中央棟，クリニック・文化教室多目的ホールを含んだ複合ビル，銀行・公共サービスセンター，イベント広場そして278台分の駐車場の設置等を内容としていた。

　次いで『地域小売商業活性化事業(街おこし事業)』が1992年度の事業として取り組まれた。この調査事業は88年度に提案されたメインゾーン構想を必ずしも具体化することを目的としたものではない。「まったく危機的状態で

ある」好間地域の小売商業を何とかしなければならず，これを個店対策ではなく地域振興という観点から行なおうとするものであった。しかし同時にこの事業の隠された目的は，上好間字忽滑地区に大型ショッピングセンターを誘致することにあったといわれている。

　ところが地区住民意識調査(アンケート)や各種懇談会の結果から委員会は次のような提案を行なった。提案の第1は「好間地区は職・住隣接の地区」としての地域特性を生かした街づくりである。ここでの課題は住宅用地の確保，共同駐車場・共同店舗等による店舗の集約や核店舗の誘致による商店街の整備，街の中に自然を取り込む，教育・福祉関連施設の整備等であった。提案の第2は「地域住民が参加した街づくり」であり，街づくり推進機構を創設するものである。提案の第3は「子供たちへ夢を与える」ために街づくりスケジュール(振興基本計画)を作成することであった。

　その後の経過は芳しいものではなかった。1995年度の『好間町商工会地域振興支援事業報告書』によれば，これまでの『診断書』は第1に地域からの参加意識が低かったこと，第2に調査が商業に片寄り過ぎていたことなどの問題点があった。また『診断書』の提言などが実行できなかった原因としては，リーダーの欠如や危機意識の希薄さなどがあげられた。特に1988年度の報告書では診断の内容が事業計画として立案されていないこと，また92年度の報告書では診断プロセスに地域の意識形成が組み込まれていないことが，問題点として指摘された。

　このような問題点を克服しつつ，あらたな展開をしようとする動きが1994年度からはじまった。好間町商工会は「商工会及び商工会議所による小規模事業者の支援に関する法律」(1993年8月施行)に基づく事業を将来において進めるために，さしあたり会費制によるボランティア組織としての「よしま地域活性化推進委員会」を94年7月に設置した。この推進委員会の下にビジョン立案・策定分科会が設けられ，「よしま創造・夢発掘『49発会』」として94年11月に発足した。この「49発会」は「いわき市策定の第4次総合計画における『よしま』の位置付けを考慮し，歴史・文化等様々な分野を見直し，自然(水と緑)を活かした地域創りを目指し，49号線を中心とした当地区に

『人』を呼び込める魅力のある『よしま』にするため，新しい何かを発掘し後世へ残したいという意思を込めて」いたのである。

　このビジョン策定分科会ではBS―KJ法を用いて「好間のイメージ」を整理し，よしま活性化のコンセプトを「緑映え，友集う街，よしま」へと練り込んでいった。この練り込みにはフィールド分科会が好間の歴史，すなわち有史以来の年表や好間中核工業団地への進出企業操業状況，常磐及び磐越自動車道・国道49号線バイパスの開通がもたらしている影響の検討，人口や産業の動向，いわき市第4次総合計画，好間地区内の未利用地の調査，福祉による街づくりの発想，先進地事例の収集など，様々な側面からの検討結果が活用された。さらに素案であるとはいえ，1995年度の『好間町商工会地域振興支援事業報告書』に全面的に盛り込まれた「事業の計画」もA案〜E案という5つの案が提案されている。

　このボランティア的活動の結果を受け継ぎつつ，さらなる展開を目指すために，好間町商工会は1995年6月に「好間町地域振興ビジョン策定委員会」を設置した。この委員会は基本的理念を人格に相当する「よしま格」を模索することにおき，そのコンセプトには「よしま地域活性化推進委員会」のコンセプトを引き継ぎ，「緑映え，友集う街，よしま」とした。特にコンセプト「友集う」では，障害者や高齢者の基本的人権とそれを尊重する「福祉」を軸としたまちづくりの必要性が展開されている。その基本的人権とは「自己決定や自主参加の意思決定ができる関係」を内容としており，「『新しい福祉』は新しい発想にあるのではなく，下町的人情の回帰にこそ古さのゆえの新しいカギがある」としている。

　『好間町商工会地域振興支援事業報告書』のもう1つの特徴は専門小委員会が5つ作られ，検討内容が商業のみならず，工業，農業，福祉及び文化に至るまで広く，好間地区の地域振興全般に及んだことにある。ここでは「よしま格」づくりは総合的なものでなければならず，また単に既存のものを並べるだけではまちづくりの新たな展開はできないとし，新たな展開を具体的なものにする手法として「異業種融合マトリックス」による検討が提案された。この異業種融合マトリックスは商業，工業，農業，福祉，文化の5部門

を行列表に並べ，ある1部門の課題・事業が他の4部門においてどのように展開できるかを検討し，他部門で展開できると想像されるあらゆる事業項目と内容を並べ出す。これによって新たなしかも他部門との連携のとれる事業項目を生み出すことが可能となる。

　この異業種融合マトリックス表の作成からかなりの事業項目が生み出され，これを整理すると次のようになる。すなわち商業部門からは，①道の駅「よしま」，②中庭(パティオ)のある2階建ての集積モール，③時代を意識したアスレチック場，④「よしま」何でも図書館など。工業部門からは，①アドベンチャーランドの設立～産業廃棄物(燃える物)処理施設の設立～憩いの村の設立，②廃坑の再利用～廃坑利用の地下観光～地下工業農場，③ミニ工業団地の造成～地元の企業が入れる～古河プラント付近が最適地など。農業部門からは，①露地物を主にした販売～朝市の開催と定着化～無人販売～学校給食への提供，②有機野菜の栽培，③サイクルによる生ごみの堆肥化～ネットワークの構築など。福祉部門からは，①「よしま」独自の生活必需品(アイディア商品)の開発・製造，②障害者・老齢化アセスメントのシステムづくり，③福祉を網羅する必需品(作品の展示・福祉機器)の開発・製造や福祉施設の授産品の販売など。工業／福祉部門からは，①リサイクル工場の設置，または高齢者，障害者を交えた工場(福祉工場)など。文化部門からは，①地域博物館(歴史資料館)の建設，②100人規模のミニコンサート等が行なえるホール，③「よしま」にいわき市の情報発進・受信基地を設ける，などが引き出された。

　さらに先進事例等を参考にしつつ事業項目を絞り，地域ニーズを反映する複合施設の具体的な施設内容や立地場所の検討を行なっている。立地場所は平バイパス沿いの古河鉱山跡地である「ぬかり地区」に絞り込まれ，運営主体としては「よしま街づくり株式会社(仮称)」が提案された。ぬかり地区開発のコンセプトは，①商業集積ビルのみでは他店との差別化ができないので，地域の土地を最大限利用して，自然と共に遊ぶ空間を提供する。②遠方からのお客様については宿泊施設(自然風)も用意する。③家族が1日楽しめる。④高速道路を利用して，県外の人も気軽にこられる町にする。⑤高齢者や身

障者が健常者とともに安全で気軽に交流できる場とするなどである。そしてぬかり地区をさらに商業集積型のショッピングモール地区，自然を意識した遊び・楽しさ空間地区，立体型駐車場地区，宿泊施設・お城・牧場地区，レストラン・好間食堂・物産品販売地区に分けて構想した。そして1995年12月にはいわき街づくり株式会社準備室(仮称)発足のための取り組みが開始された。

2　駅前地区の回遊性強化に向かう——鏡石町

　鏡石町駅前地区の本町商店街の活性化については，1981年での調査結果から，地域商業の持つべき役割を明確化するためには近代化施策が必要であり，商業機能を都市機能・まちづくりの観点で商店街としての機能を発揮することが提言された。具体的には駅前商業地(核)の確立と機能強化や核店舗形成と顧客吸引施設の設置，街なみ整備による商店街らしさのムードづくり，個店形態の専門店化や準専門店化の推進，個店及び経営の近代化による個店特化の強調などであった。

　1982年調査結果では中心商業地区を設定，寄り合い店舗(青空市場的な簡易なものでよい)，売り出し等事業形態や販売戦略の実施と，PRの徹底強化などが提案された。また駅前地区は83年に「近隣商業地域」指定され，91年11月に都市計画における地区計画が決定された。その際，本町商店街の商店主28名が「生活文化，商業の充実を基調に地域に根ざした魅力と活力ある地区商店街づくり」を目標に，居住地域から近隣商業地域への変更が要求され，91年6月に鏡石町は本町通り地区の用途変更と商店街形成の基本方針(地区計画)を策定した。

　1991年度のビジョン策定に始まり，そして商店街にぎわい創出をめざして牧場の朝のイメージを膨らませオランダ祭りへと展開してきた。賑わいの創出にはオランダ祭りのようなソフト事業だけでなく，集積・ネットワークを支えるハード事業が必要であり，本町通りを「買物通り」としてモール化することや人のたまり場としての多目的オープンスペースやメディアホールのイメージ(オランダ風建築様式)の施設配置が構想され，事業主体としては街

づくり会社が構想された。そして商工会により基本計画や実施計画が策定され，街路灯や商店・観光案内板なども設置された。

　これらの動きをうけて1995年度には町当局が『鏡石町地域中小小売商業活性化ビジョン策定事業報告書』を策定した。この報告書では鏡石町商業は郡山市や須賀川市等の大規模な商業集積に近接するという厳しい環境のなかにあっても，第1に今のところ最寄品など比較的流出が少ないこと，第2に国道の通過客や岩瀬牧場等への観光客などが比較的多いこと，第3に新たな住宅地開発による人口増加が見込めることなど，いくつかの有利な条件があるので，努力次第で既存の商業集積の確保のみならず，新規の商業集積の可能性もあることが指摘された。

　これに基づく商業機能の空間配置は大きくは3つのゾーンによって構成される。第1は本町・緑町商店街と不時沼商店街などの「駅前地区」であり，旧来からの近隣型商業地域をベースにして機能の再構築と充実を図るとしている。ハードとしては「人が集まる機能の整備を指向する」が，ソフトとしては「賑わいの創造に留意する」が方針として掲げられた。鏡石駅前地区は区画整理による街区基盤整備が完了し，駅舎を活用した商工会館やコミュニティ・センターが設置されている。今後も役場庁舎がこの地区に移転する計画があるなど，公共的サービス施設が集約されていく予定である。駅前地区には回遊拠点としての魅力を高めるため多様な機能を取り込んだ拠点施設が必要とされていた。

　第2は国道4号バイパス沿いの地区であり，4車線化が進んでいるので，ここにはロードサイド型のショッピングセンターが進出する可能性が高い。ここでは無秩序な商業立地の抑制を行ないつつ，ハードでは「沿道に鏡石町としての個性をつくる」が，ソフトでは「道路沿いに界隈性をつくりあげる」が方針として掲げられた。第3は駅東地区であり，ここには新規の住宅地や公共施設の移転・新規整備等が予定されており，新しい居住地域におけるコミュニティ空間としての「コミュニティ型商業地域」の整備が「望まれ」ている。方針としては「公共施設の有効配置」や「公園的なまちづくり」「農業地域―新市街―旧市街の有機的な結び付き」が掲げられた。

しかしハードの整備がいくら進められようとも，商業の活性化を進める決め手は担い手の存在である。この報告書は商業活性化の課題として，商業者の意識改革や新規参入の促進，空き店舗対策，地域参加の街づくり，横断的組織の形成，各主体の役割分担などを掲げている。確かに鏡石町商工会はすでにみた商工会アンケートによってもその活動が他から注目されており，しかも1993年から4年連続でオランダ祭りを続けているなどの実績もある。しかしなお十分とはいえず，96年7月から地域づくりの担い手の育成に向けて「牧場の朝」商人（あきんど）塾が開催されることとなった。この商人塾が「横断的組織」として成長しうるかどうかが，鏡石町における地域づくりの展開を左右していくものと思われる。

3　商工振興条例制定で新たな対応を模索する──伊達町

　『消費購買動向調査』によれば，伊達町の商圏人口は1991年から94年にかけて県内第1位の大きな伸びを示した。しかしこれはヨークベニマル伊達店が93年に出店したことによっているのであり，Ⅵ-3で検討したように伊達町民が地元商店で購入した比率はベニマル出店以前(90年)では40.6%あったものが，出店後(93年)には28.7%へと激減しており，しかもこの比率はベニマル伊達店での購入比率31.5%よりも低い。

　もちろん伊達町としてもこれを看過していたわけではない。伊達町は旧大店法のもとで計画されていたヨークベニマル伊達店の出店に対応するために，1989年に伊達町商工振興委員会を発足させた。この委員会は伊達町の商業振興のあり方を検討して同年9月には「伊達町商工振興基本計画」を公表した。この基本計画ではコミュニティ・コア機能配置について提案がなされた。その1つは伊達町の中央商店街を中心とした地域であり，ここを高度サービス型「商・住エリア」とするとした。

　第2は国道4号線の東側地域で国道399号線をはさんで南北に展開する地区であり，沿道型商業エリアとして括られた。このうち国道399号線の北側地区には大規模量販店の設置が，その南側地区には専門店集合市場の設置が提案された。その結果として北側地区にはベニマル伊達店が進出した。しか

し南側地区に関してはほとんど手がつけられていない。第3は公共サービス・エリアでこれは沿道型商業エリアの北側地区とその東にある阿武隈川との間にあり，ここには町役場や中央公民館，ふるさと会館，テニス場などが設置されている。

　この基本計画を受けるようにして，伊達町中央商店会協同組合が1992年3月に『理想の田園都市伊達のまちと商業を創る～天王通り商店街活性化事業推進委員会報告書』をまとめた。この報告書では目標と課題を長期，中期，短期の3つに分けて整理した。長期的目標としては「『アメニティ近郊観光商業』日本一の天王市復活」を掲げた。長期的課題としては「個店経営の戦略展開」「まちの中に強力なかいわい空間を創る」「消費者参加のまちづくり」などが掲げられ，具体的には「街づくり会社」を軸に「多角化・新分野進出，業種業態転換，情報化への対応，ショップバンク」や「温水プール，図書館，アスレチック施設，青年層のたまり場，ビジネスインキュベーター」などが出されていた。

　中期的目標としては「伊達『まつり場』構想の樹立」があげられ，中期的課題としては「不足業種導入，商店街イメージの確立」や「駐車空間の確保」「まちづくりシステムの確立」が掲げられた。より具体的には「商店街の地域社会への貢献」やフリーマーケット等の「消費者参加のイベント企画」，天王市イベント等のための「イベント空間の捻出・確保」「駐車場造成」関連などが出された。短期的目標としては「地域密着経営，商品構成の強化」や「イベント企画・運営体制の確立」「商店街自主的まちづくり協定」などがある。短期的課題は多く出されているが，全体としては「まちづくりCI事業」を展開して「活性化ビジョン」を策定し，「街路灯完成」や「商店街法人化」を目指した。

　これを受けて1993年3月には『理想の田園都市　伊達のまちと商業を創る～天王通り商店街活性化事業実施計画報告書』が出された。商店街活性化基本設計案として，第1に先行プロジェクトとして商店街南側共同駐車場や商店街環境整備(シンボルフラッグ，ロータリーモニュメント)が，第2にイベント広場プロジェクトが出された。これらは実現することになった。しかし第

3の戦略プロジェクトとしての「まつり場共同店舗」は残念ながら実現するには至っていない。[10]

このような努力にもかかわらず，また「まつり場共同店舗」が実現していないこともあり，天王通り商店街の落ち込みはさらに深刻なものとなった。伊達町では主に農業・農民票を支持基盤とする町長から商工業者を支持基盤とする町長へと代わったこともあり，商工業振興を本格的に政策課題として取り上げることになり，1995年4月に「伊達町商工振興条例」が施行された。この条例は「商工業の活性化のため必要な施策を講ずることにより，商工業者の自主的な努力を助長し，もって人にやさしい地域づくりに寄与するとともに，商工業の振興をはかること」を目的とし，従前から行なってきた補助金制度や融資制度を強化するとともに，「商工業の総合的な振興施策及び地域環境の整備に関する事項」を調査審議する伊達町商工政策審議会の設置が謳われ，95年7月にこれが発足した。

4　町の中心部再開発と結合させる展開──三春町

三春町の中心商店街も他町の商店街と同様に空洞化の危機に直面している。しかし他町の商店街と異なるのは商店街の再開発が途上にあることである。1970年代には商工会が「商店街診断」を行なうにすぎなかった。商工会が84年に「地域小売商業近代化対策調査」に取り組むころから中心商店街再開発に向けての動きが始まった。85年には三春町は都市計画の用途地域を指定し，中心市街地の11.5haについてはこれを商業地域とし，ここに都市機能を集積させ，秩序ある都市形成をめざすとする基本姿勢を示した。86年に95年を目標とする「新三春町長期総合計画」が策定され，88年には「三春町市街地整備基本計画策定」を策定して具体的な事業化プログラムを確立した。89年には「美しい町をつくる三春町景観条例」を制定し，その中で「市街地景観整備等特別地区」については特に景観形成への積極的な対策を講ずることとした。

これに呼応するように商工会は1989年5月に「商店街整備特別委員会」を創設し，8月には「三春経営塾」が40歳以下の商工業後継者によって創設さ

れた(23名)。翌年6月には40〜55歳の商工業者によって「パワーアップ三春21」が創設され，近代化の担い手がこのなかで育ってきた。同年10月には商店街整備特別委員会を母体にして「大町商店街近代化調査委員会」が商工会内に創設され，中小商業活性化事業「三春町大町商店街近代化調査」を行なった(翌年3月に報告書)。同時に商業振興・活性化と都市計画事業の的確な推進の観点から大型店，中規模店の出店については郊外の非商業地域への出店ではなく，中心市街地(商業地域)への出店を積極的に促したい趣旨の基本的な方針が，町と商工会とが一体となって確認された。

　1991年以降になると，一方ではまちづくりにかかわる各種調査結果が次々と蓄積されてきた。91年3月には生活のすべての面で豊かさを感じられるまちづくりを進めるため，モデル市町村を選定し整備計画に基づいて建設省所管事業を重点的に実施していこうとする制度「うるおい・緑・景観モデル都市」の指定を受けた。92年5月には「歴史公園都市」をコンセプトとし，「市街地の街路，裏道，参道など楽しく歩ける回遊性のある町にする」ことを内容とする整備計画が承認された。93年1月には上大町地区の共同店舗や個別立て替えに関するケーススタディ及びそれらの事業手法や採算性について検討した『三春町中心商店街活性化実施計画策定事業報告書』が出され，3月には「あかりの町・三春」構想のもとで展開される「三春あかり環境灯」の提案が『三春町景観照明基本構想』で打ち出された。そしてこの間に街路デザインや景観に関する視察や研修が町民によって行なわれた。

　他方においては再開発事業の主体づくり，街づくり会社の設立に向けての動きも始まった。1991年4月には「考える会」が創設され，9月には「街づくり会社に関する調査検討報告書」が出され，翌92年7月には「街づくり会社設立準備会」が発足した。93年5月には中心商店街の活性化を推進するべく，その事業主体となりうる第三セクター㈱三春まちづくり公社を設立した。93年6月には商工会と事業協同組合三春浪漫設立準備会との共催により，「三春町中心街区活性化プラン策定(CI構想策定)事業」が着手され，同時に商工会・組合・公社・町によって「上大町商業街区基本計画策定事業」が着手された。93年10月には商店街整備等支援事業(高度化事業)を申請し，94年

1月には同事業に対して中小企業事業団等による事前指導が実施された。
　街路や拠点整備事業への取り組みは都市計画街路事業＝県道荒町新町線の街路事業としてすでに1989年度より事業着手し，完成に向け取り組んでいる。三春町は中心市街地の再開発を単に商業集積という観点だけでなく，福祉施設や交流施設を積極的に取り入れようとしている。すでに93年から94年にかけて高齢者福祉の拠点施設としての総合福祉会館や，この総合福祉会館と連携した高齢者住宅を中心部の南町に整備した。また大町にあるNTTの敷地や遊休施設を活用して，町民図書館(94年)や中央児童館(95年)が整備された。今後は公共駐車場や保健センターなども整備が計画されている。また進行中の拠点整備地区には町民センターや共同店舗，駐車場が整備されることになっているが，これには「特定商業集積整備法」に基づく基本構想の策定がポイントとなる。これまでの取り組みの経緯等も踏まえ，消費生活等の変化に即し，かつ都市環境との調和を図りつつ，商業施設，地域住民等の利便増進施設の一体的，均衡のとれた整備を行なうというまちづくりの観点から推進

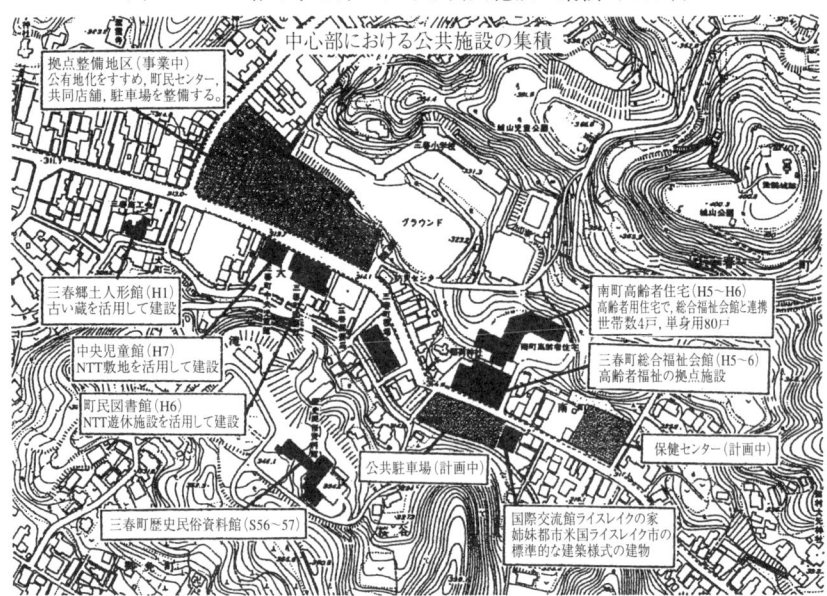

図9-2　三春町中心部における公共施設の集積（1996年）

210

している(図9-2)。

VI まとめ

　1992年に施行された改正大店法は大型店の出店攻勢の契機を作り，流通産業に極めて大きな影響をもたらした。特に小売業部門では零細自営的商店に深刻な打撃をあたえ，零細自営業層の集積によって維持されていた商店街はその重要な構成員を急速に失い，空き店舗の増加は商店街から景観的な連続性や賑わい性を奪ってきた。商圏の争奪戦は従前の「自営業的小売業集積としての商店街」と「大型店」という次元から，「大型店を内包する商店街」と「郊外型巨大店」という次元に移ってきた。商店街における深刻な問題は，集客の要であった地域一番店としての商店街内大型店が，郊外型巨大店との対抗のために商店街から撤退しつつあることにある。この商店街空洞化は新聞等によれば地方都市の中心商店街において深刻であると報道されるが，それ以上に深刻な状況を地方中核都市近郊の商店街において観察することができる。それは地方中核都市近郊の商店街の商圏は，単に中核都市の中心商店街との対抗関係だけでなく，新たに近隣に進出してきた巨大店と直接的な競合関係にさらされているからである。

　福島県における大型店の出店攻勢は，全国的な動きと同様に，大店法改正を機に強まり，現在も続いている。1995年に行なわれた福島県の調査によれば，大型店の出店攻勢は確実に小・零細規模小売商店との競争関係を激化させ，対応策をとる気力をなくさせるほどの悪影響を与えている。巨大店の進出は消費者行動の流れを一変させ，小・零細店の売上高を大きく減少させただけでなく，商店街の人通りを閑散としたものにさせた。比較的経営の良かった商店はいち早く郊外に店舗を移転させ，経営の悪かった商店は廃業を決意し，商店街の空き店舗数は増加した。この商店街の空洞化に対して，県内の商工会は商工会等地域振興支援事業等を活用しつつ，さまざまなビジョンづくりに取り組んだ。そのビジョンを類型化すると，地域型商業集積地は地

域商業拠点の確立に向けての面的な整備に力点を置いていた。地元型商業集積地では多目的型商工会館やパティオといった施設の整備や街路整備が提案された。近隣型での商業振興はコンビニ付きの交流センターや道の駅の設立に期待を寄せた。

　本章では具体的な検討を行なうために，地方中核都市近郊の 4 町の商店街ないしは商工会を取り上げた。まずいわき市好間町の商店街は旧国道49号線沿いに張り付いている。いわき市の中心部である JR 常磐線いわき駅から 2 〜 4 kmの範囲に位置しているため，消費購買力の流出は以前から大きかったが，49号線のバイパスができたことで拍車がかかった。好間町商工会は十分な対応ができないまま最近にいたったが，あまりの空洞化の激しさに1993年 8 月からやっと立ち上がった。当初は会費制のボランティアで検討を始め，約 2 年間かけてビジョンから事業計画案までを取りまとめた。95年には福島県の補助を受けて，商工会内に正式な委員会を設けた。ここでは従前の案に「異業種融合マトリックス」の手法で農業や福祉との係りをも重視する事業化の検討を深めた。その上で事業項目を絞り込みつつ，事業展開場所を平バイパスの古河鉱山跡地「ぬかり地区」に選んだ。問題はこの事業展開から残される旧49号国道沿いの商店街を，どのように再構築するのかといったビジョンがまったく描かれていないことにある。これでは現商店街はますます衰退の道をたどることになる。

　鏡石町の商店街は JR 東北本線の駅と町役場との間に面的（駅前地区）に展開している。この駅前地区の小売商業は好間町に比べればなおましな状況にあるが，その経営状態は楽観できない。消費購買力の町外流出は明らかに大型店の立地がないことにあるが，しかし立地予定も決まっており，立地すれば商店街の商店はますます苦しい状況に追い込まれる。鏡石町商工会の取り組みは，県内の他商工会から注目されているように，最近としては比較的早く，1991年度に始まった。その後，商工会によるビジョン策定とイベント事業（オランダ祭り）とが繰り返されてきた。そして95年度には町当局がビジョンづくりや担い手づくり（商人塾）に本格的に乗り出してきた。この商人塾がどのような発展をみせるかが，今後の駅前地区のみならず鏡石町全体の町づ

くりの展開に大きく影響するものと思われる。
　伊達町の中央商店街の立地場所はバイパスができるまで，国道4号線に沿うものとしてすぐれていた。バイパスが完成して交通的位置条件を失ったものの，ベニマルが進出するまでは中央商店街はなお伊達町の中心商店街としての地位を維持していた。しかし1993年9月にベニマル伊達店が国道4号バイパス沿いに出店すると，それが商店街の日用雑貨品や生鮮食料品の客を奪った。伊達町役場はこの悪影響をある程度予想しており，そのための対策をベニマルが出店を決める以前から立てていた。この対策にもとづいて中央商店会協同組合が中心となって再開発を軸とする長・中・短期計画を立て，短期計画として広場や街灯，駐車場の整備を行なった。しかしベニマルの影響は予想以上に大きく，中期計画以降の事業化は進んでいない。そこで町当局は地域中小商工業の発展を積極的かつ自立的に政策立案を行なうべく商工振興条例を策定し，95年に商工政策審議会を発足させた。商工政策審議会は，ベニマルの売場面積規模をさらに大きく上回る巨大店の出店計画がうわさされる事態や，総合振興計画や国土利用計画の改訂さらには都市基本構想の策定などを背景として，町としての新たな「商工振興基本構想」を策定する取り組みを進めている。
　三春町は上記3町よりも早く1988年から，しかも商業振興という観点からではなく，市街地整備という観点からまちづくりに取り組んできた。三春町のまちづくりは，市街地を単なる商業集積として位置付けるのではなく，生活のあらゆる面で豊かさを感じることのできることを目標としつつ，商業集積をその1つの要素として位置付けている。景観づくりや交流拠点づくりを全面に出し，中心部に公共施設を集積させる取り組みを行なっている。その施設内容と配置を見ると，町内の児童から高齢者までが町中で居住しながら集うことができ，しかも町外からの訪問者を町中に導入することができる仕組みとなっている。もちろん市街地の道路整備を兼ねた再開発は，郊外に道路や公共施設を作るのとは違って，格段に厳しい条件や問題を抱えている。しかし他の3町にはまだ実現していない街づくり公社を設立しており，三春町において市街地再開発型で新たな商業集積を町中で実現できれば，地方中

核都市近郊の商店街の新たなる展開の具体的な優良事例を得ることになり，この種の取り組みを模索している商店街を勇気づけることになろう。

　かくして地方中核都市近郊の商店街が生き残る道は決して平坦なものではないことがわかる。しかし厳しいなかでも商業者が地域住民と一体となって，新たな展望を開きつつあることも見えてきている。今ある商店街をスクラップにして，バイパス沿いに新商業集積をビルドすることは安易な道である。改正大店法下での巨大店の出店攻勢を見る限り，バイパス沿いへの既存商店街の移転は，このサバイバル・ゲームの真っただ中に飛び込むことになる。今重要なことは，個店が価格競争で勝負することが困難であるとすれば，個店は町中の商店街の魅力を共同して高めることでしか生き残ることはできない。その意味で地方中核都市近郊の商店街としての商業集積が成り立つためには，やはり地元住民と結び付くということが改めて重要であり，地域社会とともに努力を重ねていくことが必要である。

(1)　この「福島県円高産業空洞化対応調査」は1995年6〜7月にかけて実施され，商業統計調査資料に掲載されている福島県内小売業を各市町村ごとに1500件を無作為抽出し，郵送式・自記式の調査方法で実施された。
　　有効回答数は811件で，回収率は54.1％であった。回答商店の属性は，従業員規模別では1〜2人が54％と最も多く，これに3〜5人が28％と続いた。従業員構成は家族従業員のみが67％で，家族従業員とその他の従業員との組み合わせが28％をしめた。店舗の立地タイプで最も多いのは住宅地28.9％でこれに，農村漁村地区23.2％，繁華街17.5％などが続いた。店舗の立地タイプ別従業員規模をみると，1〜2人規模は自営業商店であり，住宅地31.4％や農村漁村地区31.4％に比較的多く集中する。コンビニエンス・ストアの多くが属する3〜5人規模の商店は住宅地に最も多く集まり，これに次いで繁華街と駅前に多い。中小規模スーパーが属する6〜15人規模は繁華街23.5％に多く，わずかの差でバイパス等のロードサイド21.4％と駅前がこれに続く。大型店が属する16人以上規模の商店もほぼこれと同様の分布状態となる。
(2)　福島県は1995年6〜7月にかけて県内の150の商店街を対象として郵送式・自記式で実態調査を実施した。有効回答数は106件で，回収率は70.7％となった。回答がえられた商店街は平均商店数が45.2店であり，規模別分

布では1～20店が34％，21～50店が32％となっている。回答をえた商店街の立地場所は繁華街商店街が最も多く40％で，これに駅前商店街，ロードサイド商店街などが続く。立地場所別での平均店舗数はロードサイドが最も多く56.4店であり，これに駅前商店街の51.9店，繁華街商店街44.4店，住宅地商店街44.4店が続き，オフィス街商店街は最も少なく29.2店であった。市部郡部別では市部商店街が49.3店で郡部商店街の36.6店より平均店舗数が多くなっている。

(3)　調査は「経営者アンケート」と「お客様アンケート」とからなり，伊達郡北部の伊達，桑折，国見，梁川，保原，掛田(霊山町)の6町と福島市北部の岡山，瀬上，鎌田，平野，飯坂の5地区で調査を実施した。「お客様アンケート」は留置法により実施され，標本数は調査対象地区の世帯数，人口に距離的効果を加味して設定された。調査は501戸を対象とし，455戸から回収された(回収率90.8％)。また「経営者アンケート」については各調査対象町の中心地から放射状に商店を軒並み訪問し，経営者もしくは責任者への面談聞き取り調査を試み，261戸(目標300戸，実施率87.0％)から回答を得た。

(4)　伊達町商工会は「個店経営アンケート」調査をベニマル伊達店開店直後の93年11月に，また「伊達町消費者アンケート調査」を94年1月に実施した。「個店経営アンケート」調査のうち小売商店経営者からの回答は49店であった。配布数が不明なので，回収率は不明であるが，94年7月での小売業商店数は144店なので，町内小売店の3分の1以上はカバーしていることになる。商店の品目別内訳では食料品小売が3分の2をしめている。

(5)　「伊達町消費者アンケート調査」は伊達町内の小学校1～3年生と中学校全学年の児童生徒のすべての世帯を対象とし，その世帯で主に買物をする人に回答を求めている。回答者の属性は主として30～40歳代が4分の3を占め，女性が95％をしめた。いわゆる主婦層の意向を反映することになるが，約6割の人が働いている。

(6)　資料は三春町商工会『三春町地域振興ビジョンとその活路―商工会等地域振興支援事業―』1996年3月。高校生の調査対象は田村高校2年生であり，回答者数は355人であった。また地域リーダーは三春町内の地域リーダーであり，95年8月現在で，回答者数は105人である。年齢別では20歳代15人（14.2％），30歳代27人（25.7％），40歳代32人（30.5％），50歳以上31人（29.5％）であり，20歳代は女性(60％)が多く，50歳代以上は男性(84％)が多かった。職業別では商工業者が45％，会社員25％，公務員・教師25％，その他16％であった。

(7)　著者による『商工会等地域活性化への取り組みアンケート調査』(1995年

12月)。105商工会を対象とし，42商工会から回答を得た。
(8)　このなかには飯坂町のように地元型に類型されてもよい商業集積があるが，飯坂町の場合には買回性というよりはむしろ観光客との結び付きのほうが強い。
(9)　藤田満寿恵『第三セクターを活用したリゾート開発』北土社（福島市）1993年12月を参照。
(10)　商工会レベルでは1995年3月に『四季の花咲く桃源郷—伊達の商工業を興す—地域ビジョン報告書』を出したが，これは川東地区における複合型商工業活性化拠点整備構想と活性化拠点整備イメージ，および伏黒地区街並み活性化イメージとを構築するものであり，中心商店街の活性化とは直接的な係りを持たなかった。
(11)　図9-2の「拠点整備地区（事業中）」には，当初は生活提案型の大型店（たとえば「東急ハンズ」的なもの）を誘致することが構想されていたが，バブル経済の破綻と消費不況のもとで，交流館建設に切りかえられた。2003年4月に三春交流館「まほら」が落成した。この交流館は「生涯学習の拠点」「マチ（地域商業）とムラ（地域農業）の結びつきが深まる場」として，町民の交流活動や地域文化の振興に寄与することを目的として設置された。
(12)　2002年2月12日には「まちなか居住」を促進するために「みはる壱番館」が三春郷土人形館の北側（県道沿い）に完成した。これは地下1階，地上5階建で，10店の賃貸店舗と9戸の賃貸住宅からなる複合施設であり，空き店舗，空き部屋はない状況である。

第10章　修景とワークショップのまちづくり
―― 会津若松市七日町通り ――

　会津若松市七日町通りは「修景によるまちづくり」に取り組んでいる好例として，最近，全国から注目された。七日町通り商店街は昭和30年代までは会津若松一の繁華街であった。にもかかわらず消費者行動の変化と都市構造の変化とに七日町商店街は対応できずにとことん衰退した。このどん底から立ち上がる動きが1990年代に入ると見られるようになった。このどん底からの立ち上がりは，「商業の活性化」ではなく「修景を軸とした」まちづくりの動きであった。一見「金にならない」修景のまちづくりが，どのような人々によっていかなる経過をたどって「実」を結んできたかを本章では紹介したい。

I　七日町商店街の盛衰について

　会津若松市は福島県会津盆地の地方中核都市で，2000年の人口は12万人弱であった。会津若松市商業の歴史は，戦国時代に芦名氏が会津を支配し，商人司簗田氏を登用したことから始まった。次いで蒲生氏郷が会津入りし，城郭と城下町が建設され，武士は郭内，商工業者は郭外へ同業者が集団で住むように分けられた。塩・蠟・糀・駒は座として統制されたものの，楽市楽座が設置されたことにより，商業が活発になった。楽市楽座は市日が定められ，町割によって市場が開かれた。

　七日町通りは越後街道・米沢街道・日光街道に続く町であり，17世紀中頃から旅籠屋が多かった。七日町通りのJR七日町駅寄りに明治初年に創業した渋川商店がある。渋川商店は山国の海産物問屋として海産物はもとより山

菜をも取り扱った。七日町通りは昭和初期には鉄道が開通して交通の要衝になり，繁華街として成長した。南には大和館という活動写真(映画)館が進出したこと，北側裏通りには磐見町という遊郭があったことなどにより，七日町通りには多くの料亭が並び，商談と歓楽に賑わった［会津若松地域商業近代化委員会，1990，第3章］。

　しかし第2次世界大戦後になり，映画の時代が終わり，花街の灯が消え，道幅の広い神明通りに商店が立ちはじめたりすると，七日町通りは次第に衰退した。「日曜日午前中の通行人が4人しかいなかった」とか「冬のある日の午後，通りを横切ったのは猫と回覧板をもつおばちゃんだけ」という話にその衰退ぶりがうかがわれる。商店街や通りの近代化が遅れたのである。

　七日町通りの「上の区」にある白木屋漆器店前における1日当たり歩行者通行量の変化は，明確に右肩下がりを示した。平日の場合，1982年には4000人台であったのが，85年以降では2500人台を，そして93年以降には2000人台を割り込んだ。1日当たり歩行者通行量が最も少なかったのは1995年の1548人であった。休日における歩行者通行量の落ち込みは平日よりも大きかった。82年には6558人であったのが，86年以降では1500人前後になり，さらに95年以降は1000人前後に落ちた。最も落ち込んだのは1995年であり，わずか884人であった。それでも1995年以降の歩行者通行量は，平日では1700～1800人台，日曜では1000人前後を維持しており，少なくとも「下げ止まり」を読みとることはできよう。

　「下げ止まり」から「回復」への兆しは商業活動においても読むことができる。1979年以降での動きをみると，商店数は79年には105店あり，94年には51店にまで落ちたものの，97年には60店に復帰した。従業者数は同じく523人(79年)から209人(94年)にまで落ちたが，97年には211人へとわずかな回復を示した。売場面積は8128㎡(79年)から3516㎡(88年)まで落ちたが，その後拡大してきて4287㎡(97年)にまで戻った。年間販売額も同じく50.48億円(79年)から27.12億円(88年)へと半減したが，その後増加してきて36.65億円(97年)となった。このように七日町「商店街」[1]は1988～94年頃を底にして復活の足取りを確かなものとしてきた。もちろん1997年の統計数値は，なお

第10章　修景とワークショップのまちづくり

1979年水準をいずれも大きく下回っているが。

　会津若松市には商店街(会)が21あり，これらは5つの型に分類された。「中心商業」型は神明通り商店街振興組合・中央通り商店振興会・大町通り商店会・大町四ツ角中央商店街振興組合・会女通り商店会の5つである［会津若松地域商業近代化委員会，1990，第15章3節］。本章で取り上げる七日町商店街は大町四ツ角の西に隣接し「近隣近接商業」型である。1988〜94年頃がどん底であったが，それでも「中心商業」型商店街に次ぐ商業集積を確保していた。

　七日町商店街の街区は長く約900mに達し，1990年当時では小売以外も含めると店舗数は88店であった。その業種構成は食料品店9店(10.2%)，衣料品店6店(6.8%)，他物販店33店(37.5%)，飲食店6店(6.8%)，サービス15店(17.0%)，その他19店(21.6%)であり，他物販店には卸売業が含まれていた。しかし集客力は高くなかった。七日町商店街での買物客は七日町内と神指地区・町北地区など隣接する範囲に限定された。また七日町民の買物先は，食料品では七日町商店街が約半数をしめたものの，他の商品ではいずれも神明通り・大町四ツ角・駅周辺商店街の利用が多く，七日町商店街の利用は1割未満にとどまった。

　商業・文化等の機能としての評価は厳しく，「店舗が点在していて，まとまりがない」とか「店舗レベルの格差が大きい」「店頭に段ボール箱を山積みした店などが多く見られ，商店街としての連続性を切断している」などの問題点があった。また街路環境も良くなく，「交通量が多い」ものの，「人車混在型道路で危険」とか「歩道幅が不十分で危険な個所」が指摘された［会津若松地域商業近代化委員会，1990，166頁］。

　当時の七日町商店街はシャッター通りともいわれていた。ある薬局のショーケースには数十年前の古い薬が平気で並べられていた。このような店ではじいちゃんとばあちゃんが細々と商いを行なっていた。店舗にある5枚のシャッターは，そのうち2枚くらいしか開けていなかった。しかしじいちゃんが亡くなると，後継者が残っていないので，店番はばあちゃんだけになり，1枚のシャッターも背丈くらいしか開けなくなった。そしてばあちゃんが亡

くなると，店舗は閉じられ，壊わされて駐車場になった。かくして「シャッター通り」から「駐車場通り」になったが，この駐車場も月極め夜間駐車であり，昼間は空きになっていた。

　会津若松市内には現在，23商店街がある。かつて15商店街が連合会に参加していた。その時期は七日町商店街の理事長は商店街連合会の理事長を兼ねるほどの地位をしめていた。しかし20年前には年間7万円の会費が払えないということで連合会を退会した。1990年においては「七日町商店会」には会員が43名いたものの，組織的には青年部・婦人部をもたず，会費も徴収しない任意団体だった。活動も「月1回有志で会合をもっている」が，「何をやっても同じという空気が支配的」という沈滞した状況にあった［会津若松地域商業近代化委員会，1990，166頁］。

II　まちづくりの運動と景観協定

　「七日町通りまちなみ協議会」結成のいきさつは次の通りであった［矢作，1997，目黒，1999］。かつて海産物問屋だった「渋川問屋」を改築し，郷土料理と旅館業を営む渋川恵男さん，高校時代の同級生で企画キャップを営む庄司裕さんの2人は，会津復古会のメンバーであり，まちなみを活かした地域おこしをもくろみ，七日町通りの建物調査を行なった。その結果，この通りには明治，大正，昭和初期の建物が多く，しかも土蔵，洋館，町屋造りが混在しており，面白い素材が沢山あることがわかった。

　渋川さんは七日町通りのまちづくりの原点を次のように語る。「七日町は明治〜大正〜昭和の時期に繁栄していた。当時，商人たちが財を使ってつくった建物が残っている。それは蔵作り，日本人が設計した洋館建築，木造建築などがミックスされていた。それが商業文化でもあった。それを復活したかった。商業文化の始まりは400年前の蒲生氏郷に遡る。蒲生氏郷は織田信長の次女を妻に迎えており，才能が豊かであった。豊臣秀吉の奥州仕置により会津を所領することになった蒲生氏郷は，近江から来て町割りや漆器・清

第10章　修景とワークショップのまちづくり

酒などの地場産業の基礎を作った。近年，当時の黄金瓦が出土したことで，当時がいかに豊かであったのかが再認識された。しかし戊辰戦争で負けると，『頭』の部分としての武士は津軽の斗南藩に流され，町は破壊された。ゼロからの再スタートであり，会津若松の復興を担ったのは商人であった。これが会津商業文化の基礎であった」と。

　渋川さんと庄司さんは目黒章三郎さん(5)を「まちづくり運動」に誘った。目黒さんは七日町通りに面した建築会社の滝谷建築工業に勤務している。彼の勤務先の社屋は1927年(昭和2年)当時銀行として建てられたギリシャ風建築である。1992年の「会津若松市景観条例」施行以前に，この会社は独自に建物及び周囲を修景しかつ夜間ライトアップしていた。ここに目を付けて目黒さんを誘った。そして協議会の会長には小野屋の社長小野隆一さんを推薦した。小野屋がちょうどそのころ土蔵を修景しており，小野さんが修景に関して理解があり，人格的にもすぐれ，しかも渋川・庄司・目黒さん達よりも年上であったことなどが，その理由であった。小野さんと渋川さんは同じ町内であったにもかかわらず面識がなかったので，両者を目黒さんが引き合わせた。

　かくして1994年3月6日に七日町通りまちなみ協議会は「通りと周辺の歴史的遺産である建物の保存と修景を図りながら，活気あるまちづくり」をめざして設立された。まちづくり協議会は区長を顧問にし，会員数が2000年12月現在で65名である。協議会の役割は個店の修景についての助言・提案をし，地区を代表する組織として景観の形成やまちづくりについての情報を収集し，協定者や賛同者に提供したり，他のまちづくり団体との情報交換や交流をすることにある。月に1回程度役員会を開き，平均して2カ月に1回は全体会を開いている。地域住民だけでなく近隣の住民をも会員として受け入れ，交流の機会を設けることで，相互の多様性・価値観を刺激しあっている。七日町に合った事業の導入は会員の総意を反映しながら国や県や市と協議している［七日町通りまちなみ協議会，1996］。

　七日町通りまちなみ協議会の特徴は活動の主軸に「商業の活性化」ではなく「まちなみの修景」を据えたことにある。当初は「修景」のことを誰に話

をしても、「景観では腹が一杯にはならない」との反応であった。運動をはじめて3年間くらいは良い反応がまったくなかった。そこで1992年に制定された会津若松市の景観条例を活用することにした。景観条例には「景観協定」条項があり、協定の認定を受ければ、事業費や活動費の2分の1が市から助成される。例えば景観協定地区の景観提案書(計画書)の策定や活動は年間50万円まで3年間を限度として助成される。

1995年7月に会津若松市景観条例の第16条に基づき「旧七日町景観協定」が認定された。この景観協定は一定の区域内での土地、建物などを所有者がまちの景観を自分達の手で「つくり」「まもり」「そだてる」ために、建築物等の位置、形態、デザイン、色彩、さらには敷地の緑化などについてお互いに協定を結び、運営をはかる制度である。認定要件は次の3つある。①相当規模の一団の土地であること(概ね1 haを基本とする)、②区域内の土地や建物の所有者の3分の2以上の同意があるもの、③区域内の土地のうち3分の2以上の面積の土地所有者から同意を得ているもの、の3つである［会津若松市都市開発部都市計画課景観係、1999］。

『七日町商店街活性化基本計画』の策定が市からの助成を受けて始まった。まず全国でのまちなみ保存運動を参考にするために、全国街並み保存連盟との懇談(95年6月24日)、東北・北海道街並み再発見シンポジウムへの参加(95年11月6日)、滋賀県長浜市などへの研修視察(96年1月30～31日)を行なった。同時に会津若松商工会議所主催のまちなか活性化懇談会(95年11月7日)、日専連会津会主催のまちなか活性化懇談会(95年12月8日)、福島県などが主催する空き店舗対策懇談会(96年2月5日)への参加や、市長や市企画課との話し合いを行なった。また中小企業大学校研修班の調査・報告会も積極的に受け入れた。まちなみ協議会活動の主軸が「修景」にあることから、「今は新建材で覆われている建物を修景すればどのようになるのか」を視覚的に明示することが必要であった。そこで会津大学上田講師の協力を得てコンピュータグラフィック(CG)の作成に取りかかった。この入力作業は95年9月から96年3月まで続き、できあがった。また福島民報社との共催で、街並み景観写真コンクールを実施し、その入選作品を展示した(96年3月24～31日)。

III 修景事業の経過

　CGの完成だけではなお修景への動きが出てこなかった。修景サンプルが成功すれば，波及していくはずであると考え，個別的にあたってみた。しかし「景観がよくなれば，みなさんは感動するかも知れないが，修景にはお金がかかる。どこがお金を出してくれるか」との反応があり，修景は前には進まなかった。そこで一軒ずつしらみつぶし的に最初のきっかけを探した。山寺米穀店(高橋さん)が乗ってくれた。この建物は昭和初期の木造であり，しもたや屋的なものであり，修景には適していた。

　景観が経済活動のバックボーンになるという費用対効果を証明する必要があった。息子さん夫婦が修景することに決意したが，見積書を取り寄せると250万円かかることがわかった。親ははじめは「好きにしたらいい。しかし金は出さない」との態度であった。修景する意欲があった息子さんは「積み立てが満期になったら支払う」という250万円の積立証書を目黒さんの建設会社に持ち込んできた。しかしこの積立証書は積立が2カ月前に開始されたばかりであり，このままでは修景の話が頓挫しそうであった。そこで目黒さんが会社の通りの向かいにある会津商工信用組合にこの話を持ち込んだ。支店長はこの「心意気」をかって融資の決断をした。これにより修景の資金を調達するめどがついた。

　もとより修景だけで店舗経営がうまくいくわけではない。同時に店の業態の転換も図ることにした。山寺米穀店は新たな業態を探すことになり，米からの発想で，おもちの販売，さらには飲食業へと展開してみた。飲食業についても朝はモーニングコーヒー，昼は日替わりランチ，夜は飲み屋，そして来街者向けにはお汁粉というように，業態決定での模索が続いた。最終的には喫茶店を経営することになった。

　業態を転換しても自動的に客が増え，売上げが上がるものではない。業態転換をして開店しても，最初の1カ月間は家族・親族や友達などが「義理」で来てくれるが，その後は「義理」は続かず，店舗経営の実力が問われる。

特に「風評」の克服は重要であった。「あの3人にだまされて、山寺さんはひっかかった」という噂が流されていた。何か新しいことをやろうとすると必ず足を引っ張る動きが出てくることが、会津ではよくみられるそうだ。少しうまくいき始めても、「潰れるといい」とか「潰してやる」とまで噂される。したがって最初の事例がうまくいかなければ、修景まちづくり運動は広げることがむずかしくなる。

　そこで経営を側面から支援するために、マスコミを活用することにした。まずは地元紙である『福島民報』『福島民友』といった新聞社に何度も交渉し、「事件のない時に載せる」との約束を取り付けた。『福島民報』で「七日町が動き始めた」という5回シリーズが特集されると大きな反響が出てきた。地元の人が七日町を見直すきっかけとなり、修景が関心を持たれるようになった。この記事が起爆剤となり、開店の日には行列ができた。もっとも15人もの客がくるとその半分は店内に入りきれず、店外に行列となったのだが。いずれにしても、はじめた時には白い目で見られていたのが、第1段階としてはなんとか成功にたどりついた。

　さらに旅行情報誌に写真と記事を送って、掲載してもらうことにした。その効果は1カ月ほど後からぽつりぽつりと出てきた。そしてわざわざ来たのだからといって、近所の店で買い物をするケースが生まれた。そうなると、それまで反対していた人が「これはおかしいぞ」と気づき、お客の入りを数え始めた。当該経営者よりは周囲の人たちの方がお客の数を正確に計算したほどであった。山寺茶屋でも1日に2～3万円の売上がでるようになり、費用対効果が目に見え始めた。3カ月も経つとその経営者の生活ぶりが変わった。すると「内緒で相談に乗ってほしい」という話が舞い込んできた。これで新たに7軒が修景をすることになった。

　通りに人が集まり始めると、地元の商業者よりはお金を持っている人が空き店舗に入ってきて修景をするようになる。七日町以外の会津地域だけでなく東京からも空き店舗を探しに来た。1996年には店舗数が62～63軒であり、空き店舗が20軒ほどあった。これが97年になると店舗数は77～78軒に増加し、空き店舗は10軒ほどに減少した。特に「下の区」では空き店舗がなくなった。

和菓子や豆腐，骨董屋などが入っている店舗は，かつてはいずれも空き店舗だった。1995年7月の「上の区」を皮切りに，それぞれの区の住民が景観協定を結び，七日町にふさわしい昔ながらの店構えに変えようという修景作業が進んだ。2000年3月現在で，「下の区」を中心に修景した建物は30件を数え，店舗ばかりか中には一般民家も含まれている。

そうなると面白いように人が集まって来る。92～93年頃は自動車は通るが，来街者はほとんどゼロであったのが，急増した。94年には話題の提供だけで500人くらいが来街した。95年は2000人になり，修景が1軒終わった96年には4000人に増加し，97年は2万人，98年は5万人，そして99年は10万人強にまでになった。99年の来街者は7割が観光客であったという。

かくして修景事業の積み重ねはひとつの景観をつくりあげ，来街者の増加にもつながった。しかしまちなみ協議会はまだ満足のいく修景にはなっていないと評価している。もちろん最初は100万円や200万円の資金を集めるのは大変であり，見えるところを手直しするのが精一杯である。これが費用対効果が出るようになると，「なるほどなあ」ということで，修景するのにもう少しお金をかけるようになる。修景は少しずつ手直しされていくものなのである。

IV　ワークショップとまちづくり

地域づくりにおいてワークショップ[11]が注目されている。ワークショップは「参加体験型のグループ学習」であり，さまざまな分野で成果をあげてきている。その大きな特徴は「『どう考えるか』よりも『どう感じているか』を分かち合うこと。そして，『私たちに何ができるのか』と問い合うこと。そこから一歩が始まる。すぐに答えが出なくとも，新たな問いの扉が開き，少しずつ進んでいける」(71-72頁)ことにある。ワークショップは様々な分野で適用されており，「まちづくり系」のワークショップの特徴は合意形成によって「社会変革」を「創造する」政策づくりを可能にすることにある［中

野，2001］。

　「七日町商店街活性化基本計画」の策定過程におけるワークショップは，清水義晴氏の指導によって行なわれた。清水式ワークショップのポイントはその段取りにあった。「宝物」としての歴史性を重視すること，何のために行なうのかといった理念設定を明確にすること，現状を厳しく見つめること，このままでいくとどうなるのかについて，「このままのケース」と「いい方向のケース」との2つのシナリオをつくること，などである。ワークショップの成果は互いの意思疎通ができたことにある。行動する時のまとめ方は意見を出しつくしたうえで多数決によって行なう。ただしファシリテータは予断と偏見を持たないことが重要である。

　このワークショップによって，まちづくりのコンセプトが「会津浪漫調七日町」に決まった。その内容は「七日町は明治以降の会津らしい建築が歴史の流れを伝えるかのように今も各年代にわたって残っている。また，地場産品を扱う店や会社が多くあり，さながら町そのものが会津物産館のような趣をもっている。この，町の見える資源と歴史・文化・人情などの見えない資源を統合して，会津の歴史と文化が生き続ける町づくりをすすめたい」［七日町通りまちなみ協議会，1996，12頁］である。

　七日町通りには58棟の蔵，14棟の洋館造りの建物，29棟の町屋風木造店舗があり，これらは上の区・中の区・下の区の3つのゾーンに区分できる。上の区ゾーンは大町通りに接し，大正から昭和初期にかけて建てられた洋館の街並みが特徴である。ここには郡山合同銀行会津支店として1928（昭和3）年に建設されギリシャ・エンタシス調の柱をもつ滝谷建設工業会津若松支店，大正2年に建設されたルネッサンス風3階建ての白木屋漆器店，1945（昭和20）年建築の木造モルタルで洋風建築の意匠を取り入れている第二塚原呉服店，郡山商業銀行の支店として大正10年に建てられて現在は軽食喫茶店になっている会津西洋館などがある。

　中の区は常光寺をシンボルとし飲食・食文化を中心とするゾーンであり，蔵が多いのが特徴である。ここには天保5年の蔵と明治19年の蔵を街並み景観に合わせて移築・復元・改装した小野屋蓮華館と夢蔵，安政六甲寅年創業

で明治初年に店舗を七日町郵便局開設と合わせて建設した鶴乃江酒造，明治23年の創業で建物は大正15年に建設された洋館3階建てのツカハラ本店（呉服店），蔵造りとのれんの景観が美しい満田屋などがある。

　下の区は木造商家と洋館のゾーンであり，西端にJR七日町駅がある。ここは城下町の入り口としての歴史が残る地区で，木造総二階の大正時代の海産物問屋の建物を郷土料理店に再生した渋川問屋，戊辰戦争後の東軍墓地があり，また鶴ケ城の建物として唯一現存する御三階が移築してある阿弥陀寺，洋館に看板代わりの彫刻が施してある池田タネ店，明治22年頃商店としては珍しい蔵造りで創業した松村金物店などがある。

　街づくりのグランドデザインとしては，これら特徴ある3つのゾーンと蔵を活用して，JR七日町駅から鶴ケ城に「30分で歩くコース」を「会津町なか観光」の目玉にしていく提案がなされた。そのための具体策としては，まず大きくは，①景観整備，②歩道整備，③店舗整備，④組織の強化，などが取り上げられた。①では会津浪漫調の街並みづくり，建物の個性を活かす，緑化とストリートファニチュア，歴史と個性を表すのれん・看板の設置，駐車場の修景，ショーウインドーの演出，照明でムードを演出することなどが掲げられた。②では歩きやすい歩道，電線の地中化，できる店舗からセットバック，などが出された。③では空き店舗対策，名品・名物づくり，職人の技を見せる場づくり，店舗や七日町駅の改装計画などが，具体的に提案された。

　七日町ではこれまで，冬の風物詩としての十日市が1月10日に，歩行者天国と露天市が5月5日と10月10日に開催されていた。十日市は会津若松市内での初市であり，300年余の伝統をもち，500軒余の出店がある。七日町通りを含め，市内の目抜き通りには露店が並ぶ。人々は漆器や縁起物を買い求め，年の初めの福運を祈るのである。

　これらに新しいイベントが付け加わった。第1は夏のイベントとしての「七日町バザール」である。これは1997年からレンガ通りを有効活用しようと企画したものであり，フリーマーケット通りのほぼ中央にあるガソリンスタンド跡で開催している。各店舗はこれにあわせてワゴンセールなどを行なう。また華やかさを醸し出すために紅白の幕を掲げた。

第2は秋のイベントとして10月9日に行なった「七日町パラダイス」である。ここでは「着物しゃなりウォーク」が目玉であり，七日町のポイントポイントを着物を着て歩いてもらい，好評を博した。同時に「大骨董市」を空き地で行なった。この「大骨董市」が七日町の風情とよく似合うということ，また外から出店した人が儲かったということで，空き店舗に骨董屋が入ってきた。
　第3は蒸気機関車(SL)が七日町駅まで運転されたことである。SLは新潟県の新津市における住民運動で復活し，磐越西線を通って会津若松駅との間で運行された。その後，郡山市からの働きかけもあり，SLは新津〜会津若松〜郡山の磐越西線全体で，4月から11月までの土・日に運行されることになった。重要なことはすべて会津若松止まりであったSLが，年間6本ではあるものの七日町まで延長されたことである。これはまちづくりの効果でもあった。SL運行にあわせてさまざまなイベントを組み，さらに猪苗代駅から乗り込んで宣伝チラシをまいたりする努力を行なった。
　儲かることがわかれば，イベントへの店舗参加は高まる。そうすると1口5000円の寄付金も容易に集まり，パンフレットを作ることができ，宣伝を行なうことができた。こういった好循環が七日町通りにはできたのである。
　七日町まちなみ協議会が発足した当時の商店街の状況は，1995年12月に取りまとめられた『街づくりのための商業活性化─福島県会津若松市七日町通り診断』(以下，『診断』)で比較的詳しく分析された。『診断』では「七日町通りの現状」については，「街区延長が長く，街区の連続性が見られない。また歩道が狭く，訪れる人が安心して歩ける安全性への配慮がない通りである。さらに商店会又は地域全体としての協同意識が希薄に見受けられる。このことは経営者の意識にも現れている」と述べている。つまり当時の経営者には商店街活動は「不活発」(7割弱)であり，「あまり役に立っていない」(3/4)という意識が強くあった。しかし一方で経営者の8割強が商店街への愛着を持っており，また3分の2が商店街活動への積極的参加の必要性について「そう思う・ややそう思う」と回答しており，活動を煩わしいとは思っていない。これらから『診断』は「将来の明るさが感じとれる」と評価した［中

第10章　修景とワークショップのまちづくり

小企業事業団中小企業大学校，1995］。

　安住らは2000年7月19日に七日町商店街の経営者意識の調査を行なった。この調査結果からは経営者の半数が「ワークショップ等のまちづくり活動」への興味や関心を抱いていることがわかる。すなわち「参加している」(16人)と「興味はありますが参加していません」(3人)とを合わせた数が，「参加していない」(15人)と「興味なし」(2人)とを合わせた数と拮抗している。そしてワークショップへの参加比率は「後継者がある」店舗では69%，「後継者が未定」店舗では50%，「後継者がない」店舗では15%というように，店舗後継者の有無で明らかな差が出ている［安住他，2001］。

　また安住らは七日町地元住民(店舗経営者を除く)に対する面接調査も実施し，19名から回答を得た。ワークショップなど「まちづくり活動」については「知っている」と「知らない」との回答比率が半々であった。「まちづくり活動に参加したい」との質問に対しては「わからない」が38%と最も多く回答され，「知りたい」と「参加してみたい」がそれぞれ28%ずつで続き，「興味ない」はわずか6%にとどまった。これらのことからまちづくり活動に対する商店主や住民の参加意識は確かに高まったと言えよう。

　意識の高まりとともに，ワークショップによる提案も要望レベルから行動レベルへと変化した。『基本計画』と『TMO構想』とを比較することで，この変化を読みとることができる。例えば出光ガソリンスタンド跡地利活用については，『基本計画』では「ステージや緑が備わった多目的広場として整備し，イベントの開催や観光客の休憩施設として利用する」であったのが，『TMO構想』では「緑と水のある多目的イベント広場にしたい。観光案内所やトイレ，馬車用の駅舎，観光ボランティアガイドなどの待機所などを設置する。管理は協議会で行なう」へと展開した。また七日町駅舎の改修ついても『基本計画』では「七日町駅舎を大正ロマン調の建築物に改修し，生活利便性を高めたコミュニティ機能を導入する」であったのが，『TMO構想』では「JRに土地を提供してもらい，一昨年実施した駅舎デザインコンペを参考に改修し，コミュニティ機能を兼ねた駅舎にする」へと具体化された(図10-1)。

229

図10-1 ワークショップによる提案（七日町通りまちなみ協議会）

会津浪漫調の街づくりをテーマに，昔ながらの街並みの修景，年に数回のイベントなど，ハード，ソフトの両面から街づくりを進めているが，その核となるのが旧出光スタンドの跡地である。ステージ付のイベント広場として整備していきたい。また，通りの玄関口である七日町駅舎もコミュニティ機能を備えた施設として改修してもらいたい。福島信販駐車場の再開発ビル構想，阿弥陀寺大仏の復元，通りの無電柱化などについても，地権者，地域住民と協議のうえ積極的に推進していく。

資料：(株)まちづくり会津『まちづくり会津TMO構想』2000年7月。

V　ワークショップと修景事業効果の発現

　安住らが行なった「七日町商店街の経営者意識」にかかわる調査アンケート調査を再集計することによって，ワークショップと修景事業の効果を整理してみよう。まず売上動向と関連性が強い要因を，売上高が「増加」「横ばい」「減少」という3区分でみると，店舗の土地や家屋については自己所有よりは借地・借家の方が相対的に良好な売上パフォーマンスを示した。施設については店舗売場面積とか駐車場とかの大小との関係性は明確ではない。ただし店舗改装についてはかなり弱いものの，一定の関係性が認められる。

　次に経営の組織にかかわっては，商店の創業年が相対的に新しいほど，個

第10章　修景とワークショップのまちづくり

人企業よりは法人企業の方が良好なパフォーマンスを示した。ただし従業者規模との関係は明瞭ではない。経営の主体的要因にかかわっては，やはり商店主の年齢が若い方が，後継者がある方が売上高でのパフォーマンスがよい。

客層との関係ではパフォーマンスが良い店舗は，個人客の入りが多く，年齢的には相対的に若ものの，性別では両極にわかれる傾向を持っている。営業時間との関係ではパフォーマンスのよい商店は，営業時間が相対的に短いことや日曜日を休日としないとする傾向がみられた。

経営上の問題点との関係では，パフォーマンスのよい商店ほど課題が多く出され，しかも施設面での課題がクローズアップされている。逆に悪い商店では課題があまり出されていない。売上増強への努力内容と売上動向とはこれといった関係性を絞り出すことはできない。ただし努力回答件数では，売上が増加している店舗からのものが多かった。

売上動向とまちづくりへの関心については，記述回答からは単純に整理はできないが，パフォーマンスの良し悪しにかかわらず，関心が強く寄せられている。景観への意識は，パフォーマンスのよい商店は肯定的な回答が多く，悪い商店からは消極的な回答が目立った。肯定的な回答に注目すると統一的な景観整備を望む声が多い。

最後に，まちづくりの担い手としてどのような商店主がかかわっているのかを，整理すると売上高動向とまちづくりワークショップへの参加動向とは必ずしも一致しない。店舗の基礎条件との関係においては，むしろ土地や家屋の自己所有率の高さがワークショップへの参加意識を高めている。個人店舗よりは法人店舗の方がワークショップへの参加率が高くなるのは，法人企業の方が従業者数を多く抱えており，商店主がワークショップ他のまちづくりに出やすいということであろう。また家族従業者数が多い商店ほどワークショップへの参加率が高くなるのも，同様なことからであろう。経営者や後継者との関係では，やはり若い方が，また後継者を持っている方が，ワークショップへの参加率は高くなる。

経営努力の面では，売上パフォーマンスと同様に，ワークショップに参加する店舗の方が，営業時間が短く，店舗改装に積極的であり，さまざま革新

的な経営改善努力をしているようである。それはまちづくりにおける景観評価の面でも現れている。

　かくして会津若松七日町通りにおける修景とまちづくりが商店街にもたらす効果は売上動向の面ではプラスに働いていると捉えられるし，またこのことが今は売上げが増加していない店舗にもまちづくりへの参加意識を高めているように思われる。

VI　まちづくりは人間関係の再構築から

　「まちなかの活性化の運動は，単なる商店街の振興策で終わってはならない，と私たちは話しています。通りの建物の修景や保存といった有形のものも，伝統行事の復活や祭りの再興といった無形のものも文化運動の一環として，会津ルネッサンスだという意識です。ですから美術・工芸的なもの，芸や技といったものも，まちなかにもっともっと欲しいと思っています。よそからの導入を含めて」と語るのは目黒さんである［目黒，2000］。

　この目黒さんによれば，まちづくり運動を広げて行く鍵の一つは人間関係にあり，2つの原則を掲げる。第1は「2・6・2」である。これは「先進的な人」は2割，「中間的な人」が6割，「足を引っ張る人」が2割ということを意味する。「2割」のネガティブな人たちについては，無理にポジティブ化をするよりは，「足を引っ張らない」ことが確認できれば，それで割り切る方がよい。むしろ6割の中間的な人々への働きかけを強めた方がよい。例えば，ある若手は「最初はただ参加していただけ」といっていたのが，次第に巻き込まれていった。

　第2に人間関係の再構築には「場を共有する」ことが必要であることがあげられた。これは50万円(1/2補助)という制度を使用して，長浜や栃木，彦根などを泊りがけで視察し，これが人間関係を円滑にしたという。この「場の共有」は「百聞は一見に如かず」という視察と，宿泊による「同じ釜の飯を食べた」という体験とによってもたらされた。人間関係の再構築がまちづ

くり運動には不可欠であり，まちづくりネットワークの鍵を握っているのである。

　会津若松七日町通りの修景によるまちづくり運動は，確かに目に見える形で成果をあげてきた。ここで取り入れられたワークショップは『会津若松市の中心市街地活性化基本計画』や『まちづくり会津TMO構想』での策定にも導入された。ワークショップはまちづくりへの町民あるいは町衆の意識レベルを高める原動力になっている。行動に向けた町民意識を高め，自らの足下としての「通り」や「商店街」の良さを見直すことが改善への出発点である。こうした具体的な経験の積み重ねが全体としての「中心市街地」や地域の活性化を押し進めていくのである(13)。

　こうした取り組みは大型店問題対策としての商店街活性化を超えたまちづくりであり，他のまちづくりに適用可能な方法を提起している［山川，1997，2000a，2000b］。七日町通りは明治・大正・昭和初期に焦点を当てた修景であったが，これほど古くなくても修景とまちづくりの運動を起こすことはできる。「輝いていた昭和30年代」に，今，焦点が当てられてきているのである［中沢，2001，2-9］。

(1)　通商産業省大臣官房統計課編『商業統計表　立地環境特性別統計編(小売業)』には1979～1997年版(調査は3年間隔)では，「商店街」単位で小売業の動向が掲載されている。ここでは「商店街」は「小売店，飲食店及びサービス業が近接して30店舗以上あるもの」と定義されている。
(2)　現在(2000年)，商店街連合会に所属しているのは9つの商店街である。
(3)　2人は1946～47年生まれである。
(4)　会津復古会は1981年9月20日に発足した酒，漆器，菓子，料理，織物，桐簞笥，民芸細工など，会津の長い歴史と文化を守る伝統産業の名門16店舗で構成される，老舗の仲間組織の協同組合である。「『ならぬことはなりませぬ』『士魂商才』『真善美』の商人哲学をひたすら追求実践し古き良きものを残して，後世に伝えていきたいと考え」ている(URL:http://www.aizu.com/org/aizu/club/club.html，2001年7月30日現在)。
(5)　2001年現在は，滝谷建設工業の経営企画室長であり，七日町通りまちなみ協議会副会長であり，会津若松市議会議員でもある。
(6)　無尽などの集まりの際に熱っぽく語っても，「俺らもやってきたが，だめ

だった」としらけた雰囲気になってしまった。そこで「だまってみていてくれ」「足を引っ張らないでくれ」と頼んだとのこと(目黒さん)。
(7) 後にオーナーの高橋豊さんは次のように語っている。「長年町内会長をやってきて，空き家や空店舗が増えるのに心を痛めてきた。嫁が調理師の免許を持ち家で仕事がしたいといい，また米・石油等は配達が多いので今回の改築に踏み切った。若い者への事業継承をうまく考えなければならない。お互いにいうべきはいう，譲るべきは譲りながら，意欲ある若い者を支えなければならない。今回の改築も，息子夫婦や滝谷さんの担当の小柴君をはじめ，皆と大いにやり合ったが，満足するものができ上がり，お客さんも大勢来てくれて良かったと思っている」と［滝谷建設工業，1996］。
(8) 会津商工信用組合は低利2.15％で300万円を限度として融資している。修景の補助金は，2001年現在では，協議会を通じて交付される。
(9) 「JR東日本が松本と会津若松とを取り上げてくれた。ただしその時はまだ2～3軒くらいしか修景がなされておらず，恥ずかしかった。にもかかわらず効果があった」(目黒さん)。
(10) 他に3名は「不明」であった。
(11) 目黒章三郎さんが紹介したことに始まる(95年7月25日第4回勉強会，96年3月11日町づくりワークショップ)［七日町通りまちなみ協議会，1996］。その後，これが市役所で評価され，TMO計画策定の際に使われた。
(12) 七日町駅は2002年に大正ロマン風の駅舎に生まれかわった。
(13) たとえば「大正ロマン調」のまちづくりに沿ったテナントミックス計画は2000年から具体化し，2002年4月にアイバッセ(会津弁で〝さあ行こう〟の意味)として開店した。これは旧遠山医院の空きビルを大正時代の洋館風に改修し，骨董やアンティークをメーンとしたテナントビルである(図10-1の「バロック風の洋館」)。

第11章　ミニ資料館のまちづくり
―― 山形県高畠町中央通り商店街 ――

　山形県高畠町中央通りは，日本経済が高度成長で「輝いていた昭和30年代」に的を絞った「昭和ミニ資料館」で商店街づくりを行なっている。中央通り商店街は，中山間地域におけるデフレ基調のポスト工業化時代でのまちづくりのあり方を，「ふれあい，手作り，低コスト」という視点から提起している。

I　過疎地域の商店街

　高畠町は山形県南部の米沢盆地の東側一帯をしめており，奥羽山脈に源流を持つ屋代川や和田川の扇状地に開けた緑豊かな町で，有機農業にいち早く取り組んだ「まほろばの里」として知られている。東京までは山形新幹線で2時間24分，県都山形市までは国道13号線を経由し1時間の位置にある。高畠町は面積が180km²で，人口は1960年に3万2136人であったのが，80年には2万7440人，2000年には2万7282人となった。人口減少はあるものの，下げ止まりの傾向にある。
　高畠町の中心市街地はJR高畠駅から北東方向に約5km離れたところにある。中心市街地活性化基本計画(以下，基本計画)で中心市街地として指定されたのは235haである。中心市街地の人口は1980年から95年にかけては減少したものの，95〜99年にかけては増加に転じ，99年現在では5586人であった。年齢別構成で65歳以上人口の比率は，99年で中心市街地は20.9％であり，町平均の22.8％よりも低い。これは中山間地域の小都市は周辺に過疎地域をかかえていることから出てくる様相であり，地方中核都市や中都市における中

心市街地の空洞化問題とは幾分異なる逆転現象に注意しなければならない。中山間地域における生活拠点性をどのように持続させていくのかが，小都市における中心市街地活性化の大きな課題となるのである。

　中心市街地のなかには高畠町役場や商工会，農協，高校などの公共施設と3つの商店街が含まれている。町内にある大型店7店舗のうち5店舗が，またコンビニエンスストア12店舗のうち6店舗が中心市街地に立地している。しかし中心市街地の南側を東西に走る国道399号線沿いの西部と南部に公共施設が中心市街地から移転したこと，また大型店やコンビニエンスストアが中心市街地の西側を南北に走る主要地方道米沢高畠線に進出したことなどにより，中心市街地の空洞化は進んだ。また住民の購買行動をみると，最寄品では町内での購買比率が67％をしめるものの，買回品では高畠町内38％と米沢市36％とが肩を並べている。しかも傾向として，中心市街地から4kmほど西側を南北に走る国道13号線沿いや米沢市の商業集積への買物依存度が高まっている。さらにレジャーや娯楽では山形市への流出比率が少ないながらも目立つようになった。

　空き店舗は2000年1月現在で12店舗あり，そのうち9店舗がまほろば通り商店街，3店舗が中央通り商店街に位置している。ただし『商業統計表　立地環境特性別編』から高畠町の商業集積地区の動きを見ると，91年から94年にかけては厳しい数値が並んでいるが，94年から97年にかけては回復状況をみることができる。特に商店数だけからいえば，97年は91年を上回っている（表11-1）。

表11-1　高畠町中心商店街の動向

	商店数 （店）	従業者数 （人）	年間販売額 （百万円）	売場面積 （m²）
1991年	65	301	3,729	4,850
1994年	55	236	3,032	3,870
1997年	71	267	3,203	4,688

注：1）中央通り商店街とまほろば通り商店街との合計。
　　2）いずれも市街地型商業集積地区として分類される。
資料：通商産業大臣官房統計調査部『商業統計表　立地環境特性別編』各年。

II　中心市街地活性化基本計画の策定へ

　高畠町は基本計画を2000年3月に策定した。策定の際に実施された町民アンケート結果によれば，「中心市街地に望むこと」で上位にきた回答は，「活気があり美しいまちなみ」「駐車場があってくるまで行きやすい」「商店が集まって買物が便利」「買物が楽しめる場所」「福祉・健康等の機能が充実」などであるが，年代別で見ると60歳以上では「歩行者が安全かつ快適な場所」を希望する割合が高く出てきた。また商業・サービス業者アンケートで「中心市街地の活性方法」として上位にあがったのは，「美しいまちなみの整備」「駐車場の整備」「個店の集積化」「売り出し，セールの実施」などであり，町民アンケートと概ね共通する結果となった。

　これらをうけて「住民にとって住みやすいまち」「商業者にとって安定した経営ができるまち」「来訪者にとって訪れたくなる魅力あふれるまち」を目指し，パートナーシップによるまちづくりを進めることが基本計画のコンセプトになった。基本計画のキーワードは「まほろばの里　たかはた」である。最初に提案された「夢物語」には現実とのギャップがあったので，「できるところからやろう。みんなでやろう」をスローガンとし，KJ法を使っての意見の吸い上げを行ない，「身の丈」で実施することを確認した。策定調査はコンサルタントに委託し，その事業については商工会が取りまとめた。商店街が現在取り組んでいる事業や取り組むことを可能な事業に入れたのが特色である。

　具体的な事業としては，①まほろば通り商店街商業基盤施設整備事業，②昭和ミニ資料館充実事業，③花の散歩道整備事業，④商店街歩行空間整備事業，⑤テナントミックス事業，⑥地域特産品販売所設置事業，⑦ミニギャラリー設置事業，⑧ミニ観光センター設置事業，⑨蔵保存・再利用事業など9つがあげられた。これらの事業を一体的なものとするために「軸」と「ゾーン」を設定し，その中核に「にぎわいスクエア」を配置した。すなわちこの「にぎわいスクエア」を拠点として南方向に「にぎわい軸」とその先に「お

表11-2 まほろば通りの景観形成修景事業概況

1997年度	「都市計画道路中央通り線形関係性基本設計報告書」の作成
1998年度	「まほろば商店街景観形成調査研究事業」の開催及び報告書の作成
	「まほろば通り街なみ委員会」発足
1999年度	「まほろば通り建築審査会」発足
	山形県屋外広告物条例にもとづく「広告景観モデル地区」指定
	まほろばの里高畠・まちづくり景観条例に基づく「景観形成地域」の指定
2000年度	国土交通省所管「街なみ環境整備方針」の承認

資料：山形県高畠町建設課都市整備室「たかはた・まほろば通り景観形成修景事業
　　　―新しいまちづくりを目指して―」2001年。

でむかえゲート」を，また東方向に「おもてなし軸」を，西方向に「ふれあい軸」を設定し，これらを肉付けするように商業ゾーンや文化・コミュニティゾーン，沿道サービスゾーン，文教ゾーン，歴史ゾーン，親水ゾーン，居住ゾーンなど7つに土地利用区分した。

最重点事業は現在進行形である都市計画街路中央通り線（まほろば通り商店街）の拡幅改良工事を進め，概ね5年以内に高畠町の「顔」として完成させることにある。拡幅工事を単なる都市基盤の整備にとどめず，「町景観条例」に基づく景観形成地区に指定するなど商店街にある歴史的資源を生かして商業基盤の再編・確立を図りながら，良好な居住環境を整備していくというまちづくり戦略を進めている。この事業では6年間で50件の修景設備を整備するとしている。[2]

空洞化の要因の1つであった公共施設の郊外立地を，再度，商店街へ誘導する事業も実施することを重視している。特に公共施設の再配置は基本計画やTMO構想が策定され以後に浮上し，最も関心が高まっている施設事業として県立高畠高校の跡地利用がある。山形県立高畠高校はJR高畠駅近くに総合学科に改組して移転した。校地跡地は2万m²あり，その跡地利用について検討している。商店街の議論では定住機能と交流機能の両機能をもつことができるような設計が要求された。つまり地元住民と交流人口との両方が使えるようにということが基本となった。第1の定住機能としてはシルバーハウジングが特に65歳以上のお年寄りから提案された。[3] また教育施設としては幼稚園と保育園とを集中統合することがあがっている。第2の交流機能と

しては公民館や図書館が提案されている。[4]

III　中央通り商店街の活動とその効果

　高畠町の中心市街地活性化の動力源は中央通り商店街連合振興会(以下，商店街振興会)の活動である。[5]商店街振興会は1992年6月10日に幸町や荒町，東中央通りの56店舗が参加して発足した。きっかけはこの年に山形県で開催された国民体育大会での国体選手を歓迎するために，商店街の「お色直し」を手がけたことにある。この準備にあたって町建設課のスライドを見て街並みを学習し，ガードレールの一部を撤去したり，ガードレールや街路灯を統一塗装したりすることで，ガードレールの下においたプランターの花が活き，町民にも好評をもって迎えられた。

　このことが中央通りを「花いっぱいにしよう」という１つめの取り組みにつながっていき，93年3月に「中央通り花と緑の会」が設立された。植栽講習会を開きプランターにパンジーやベゴニアを植えただけでなく，町の緑花木推進事業を受けて山もみじなどを植栽した。95年には「美しい商店街づくり支援事業」によって植栽がプランターから花壇に移った。93年11月には「中央通りマップ」が作成され，さらに94年3月からはデザインの観点から電柱を移設し，町からの助成を受けながら木製看板を作成した(1994～96年度で約30店)。さらに96年度からは高畠石によるモニュメントづくりに取り組み，2001年現在で17体にまで増えた。なお96年度には花と緑の会が第33回全国花いっぱいコンクールで毎日新聞社賞を得た。

　２つめの動きは，昭和ミニ資料館の設置である。94年度には町からの助成を受けて「中央通りビジョン」を策定し，95年度には「昭和ぐらふぃてぃ」をテーマとする中央通り集客力向上事業(中小商業活性化助成事業)に取り組んだ。この事業では，なつかしもの展，スタンプラリー，なつかしの映写会，お祭り広場，町最大のビアパーティ，バンド演奏，東北芸工大生の作品展，タウントレイル展，神社仏閣等のライトアップなどを行ない，マスコミから

大変な注目を浴びた。ソフト事業だけでなく，高畠町商店街モデル事業で幸町一地区の20m区間の歩道も改良することができた。

96年度に入ると「昭和時代のもの」の募集が開始され，7月には「昭和ミニ資料館」がオープンした。このミニ資料館の特徴は，第1に「古いブリキのおもちゃ」とか「時計・カメラ・8ミリ映写機」「映画・ポスター・ビデオ」「時代のラジオ・テレビ・電蓄」など「昭和30年代のレトロ」をテーマとしていることであり，第2に現役店舗の一角を資料館とし，しかも中央通り商店街に分散して設置されていること，第3に「お休み処」や「飲食できる場」を提供し，「交流の場づくり」にもつながったことである。96年度には1～6号館が一気に立ち上がったが，漸次増加し，16号館(2000年度)になった。この昭和ミニ資料館は「ふれあい，手作り，低コスト」の地域振興策のお手本として全国から注目された。[6]

3つめの動きは「ふれあい市」の開催である。これは1997年から毎週土曜日の午前10時から正午まで「土曜市」が開催された。これは賑わいを醸し出す目的で始まったが，最初のうちは常設店舗はなくブルーシートによる仮設店舗で行なった。2000年からはこれを常設店舗にし，「ふれあい市」と改称した。ふれあい市は毎週土・日の2回午前10時から正午まで開店している。このふれあい市は実質的にはチャレンジショップといってもよいものであり，消費者の生の声を聞くことができ，社会実験の場でもある。また参加している人40名のうち20名は農家の方である。

4つめの動きは「中央通り金メダル作戦」である。名称としての「金メダル」の由来はかつて東京オリンピックの陸上200m競争に出場した女性が，今は女将さんとして商店街で活躍していることをもじったものである。金メダルの内容は各店舗が「地域一番店」をめざす「一店逸品運動」である。これは昭和ミニ資料館で全国から視察が殺到した時に，「買うものがない」と言われたことを契機としている。せっかく外から多くの人が来てくれるのであるから，その「いらっしゃい」に経済効果を持たそうとして始めたものである。この「一店逸品」運動としての「こころが通う　まほロマン逸品」フェアには51店舗が参加している。51店舗を業種別に見ると，菓子製造小売が

第11章　ミニ資料館のまちづくり

図11−1　昭和ミニ資料館

資料：パンフレットによる。

最も多く9店，これに酒・食品8店，生鮮三品7店，食事処4店，化粧品3店，文具3店などが続いている。

　5つめの動きはこれからの取り組みであるが，中央通りのブランド化である。これは最近，体験型の修学旅行が中央通商店街にもやってくるようになり，旅行生の「買って帰るものがない」との意見を取り入れ，中央通りにある「犬の宮」や「猫の宮」をグッズ化することに狙いを定めている。まちづくりを単なるボランティアとしての運動から経済効果をもたらす活動へ転換しようとしているのである。

　なぜ高畠町中央通り商店街でこのような取り組みが可能になったのであろうか。高畠町の商店街には「5人の馬鹿」がいるといわれており，この5人の連携のよさが活性化の原動力になっている。また高畠町の「風土」がこれに幸いしているとの意見もある。すなわち高畠町には「つれもの」という個性的な人が多く，しかもそれが分野的にも農業，工業，商業とさまざまであり，それぞれが有機農業運動など勝手気ままな研究グループを作っているので，大学など外部とのつながりも結構ある。従来はこれらが「点」在するにとどまっていたのが，次第に「線」としてつながりをもち，人的なネットワークが出来上がってきたのである。

IV　商工会型TMOと事業展開に向けて

　「高畠TMO構想」は「より魅力ある高畠町中心市街地をつくるために」をメインテーマとして2001年3月に策定された。議論は商工会がボトムアップで行ない，文章のとりまとめをコンサルタントに依頼した。これには商工会や町役場，住民が参加した。TMO策定委員会は15名で構成され，商工会長・協同組合理事長・観光協会長・町商工観光課長などの役職者ほかに，学識経験者として東北芸術工科大学教授が加わった。策定委員会のもとに作業部会がおかれ，30名の部会員には協同組合の副理事長クラスや青年部・女性部のメンバー，さらには「高畠町生活学校共に歩む会」のメンバーや農業者

などが加わった。KJ 法による「課題」や「理想」の抽出や，農業者との交流，商店街組合との懇談，デザイン研究会との懇談，鶴岡商工会議所 TMO への視察などを行なった。

　これらの検討から商店街ごとの課題が明らかとなった。第 1 は TMO の組織形態である。TMO を商工会型にした理由は，TMO を立ち上げるにあたって会津，鶴岡などを視察したりしたが，第 3 セクター型あるいは特定会社型には成功事例がなかったので，採用しなかった。それは特定会社型については，立ち上がるまでは補助金が使えるが，その先については不明であったことが採用しなかった理由である。にもかかわらず TMO を立ち上げたのは，すでに述べたように，いずれも着手できる素材が商店街にあったからである。その意味では「自分たちからの提案」型の TMO 構想であるとの自負を持っているし，また「やりながら修正していく」型 TMO であるという。

　高畠町商工会 TMO が想定するハード事業(中小小売業高度化事業)を実施時期別に整理すると次のようになる。2001 年度に手がける事業は，①まほろば通り街並統一事業(2001 年度から)[9]，②中央通り街路灯整備事業，③庁舎通り道路拡幅整備事業(2001 年度から)，④旧高畠駅舎活用事業(2001 年度から)である。このうち，④については旧高畠駅舎が中央通り商店街の端にあるが，かつては JR 高畠駅からここまで鉄道が走っていた。この駅舎は石造り(高畠石)であり，例えばそこを NPO[10] の事務所にしたいという意見もあるので，中央通商店街と連携しながらその利活用を考えていくことにしている。2002 年度に手がけようとしている事業は中心市街地の街路灯整備事業(サービス通り，川辺通りなど)である。2003 年度以降に手がけようとしている事業は，①公共的施設，②まほろば通り商店街整備事業である。①についてはすでに述べたとおりである。また，②は道路街路事業との兼ね合いがあり，変動する可能性がある。実施年度を決めず「関係機関と協議して推進する」事業としては，①まほろばスクエア整備事業，②味の散歩道高品質道路整備事業などである。

　ソフト事業としてはコンセンサス形成事業や 4 M 運動の推進，5 S 運動

の推進，IT活用事業，空き店舗活用事業，イベント事業，各種支援事業，人材育成事業，その他，などがあげられている。4M運動はもともと95年度の「地域振興実現化事業」として高畠町商工会が提案したものである。これは，

①ミュージアム：個人等で所有している各種コレクション等を展示公開する。
②モデルショップ：メイドイン高畠産を扱っている店をモデルショップとしてPRする。町の産業発展に寄与する。
③マイスター：各種職人さんの紹介。技の継承。体験教室の講師。
④もてなし：来町者へのもてなし。高畠ならではの商品開発提供。接客として方言を混ぜての対応，さらに「椅子どうぞ」「お茶どうぞ」「トイレどうぞ」「お荷物どうぞ」などサインを掲示し実践しもてなす。

などを内容としており，その後96年度にはミュージアム事業として開花し，昭和ミニ資料館が開設された。5S運動は整理や整頓，清掃，清潔，躾など運動のイニシャルをとったものであり，美しい商店街を作るための中心市街地の運動として定着している。

商工会型TMOが抱える問題点の1つとして推進体制がある。高畠町商工会は2000年4月現在で会員数が875名であり，事務局員が12名という体制をとっている。事務局は総務課と指導課とにわかれ，指導課はさらに企画開発係，企業振興係，記帳指導係の3係からなり，高畠TMO推進室は企業振興係にぶら下がり，「中心市街地活性化事業に関すること」として主事が1名併任で張り付いている。商工会の2000年度決算額は1億8957万円であり，そのうち補助金収入は7127万円であった。中心市街地活性化事業を含む「特別事業町補助金」は1120万円であり，そのうち商業振興費にかかわる支出は938万円であった。主な事業としては，中央通り商店街近代化事業費350万円，クラシックカーレビューイン高畠開催事業費140万円，高畠駅前商店街活性化事業80万円，街角ミュージアム整備推進事業費(昭和ミニ資料館)65万円，中心市街地朝市事業運営補助金62万円，まほろば商店街共同駐車場管理費補助金40万円，環境にやさしい商店街づくり事業費(トレイ回収・お買物袋持参

第11章　ミニ資料館のまちづくり

運動)25万円などがあった。(11)

　もうひとつ力を入れているのは高畠望遠郷運営委員会が2001年度に立ち上げ，管理しているホームページである。このホームページでは「まほろばから全国へ」「旬・産・旬・食」「町の工房」「一店逸品」など10項目をトップページに載せている。「まほろばから全国へ」では，「まほろばの里から始まるグローバルイベント」として全日本50km競歩高畠大会，高畠ロードレース，クラシックカーレビュー IN 高畠2000，ひろすけ童話コンクールなどが出され，また「まほろばの里から」では「昭和ミニ資料館」「まほろば太鼓」「高畠名鑑」「元気のいい商店街」「我が家のごみ減量作戦創意工夫コーナー」「都市交流」「高畠町に関する書籍の紹介」などが掲載されている。

(1) 高畠町『個性ある街づくり・魅力ある街づくり―市街地の活性化に向けて―』2000年3月。
(2) 電線の地中化を含め，2002～2003年度に約10億円の事業費が付いている。
(3) 「若いときには一戸建てが好まれたが，われわれはマンションでもよく」「近くに幼稚園や商店街があればよい」という意見に集約された。
(4) 公民館には地元の人たちが使えるような機能を備えることの要望が出された。例えばグループサークルが利用できることとか，まほろば事務所も入れること，100～150名程度のクラスの多目的スペースを設けること，温泉機能を持たせること，冷暖房を完備すること，ロッカーや電話も備え付けることなど，多くの要望が出された。
(5) 高畠中央通り協同組合・高畠町中央通り花と緑の会『花の散歩道　中央通り』2000年。この概略は，中沢孝夫『変わる商店街』岩波新書，2001年3月，2-9頁で紹介されている。
(6) 事務局が視察団を案内した回数は，1997年度23回，98年度21回，99年度77回であり，このほかにテレビ，新聞等の取材(98年度17回，99年度11回)も多数あった。
(7) 理事長役は村上四郎さん(村上茶舗)，企画役は古川和夫さん(高畠中央通り協同組合専務・古川酒店)，会計役は岡崎さんであり，長誠さん(ちょうさん・健康食品店)は相談役をつとめ，これら全体をフォローする役割を果たしているのが井沢光明さん(連合振興会長・井沢商店)である。
(8) やろうとしてすぐにできたのは，高畠町の商店街には自由な雰囲気があるという。それは「十何代」という「老舗」はなく，「長くても3代」とい

う店舗で構成されているからである。高畠町はかつて伊達政宗が治めていたが，彼が仙台に移る際に家来をすべて連れて行ったこと，またその後は幕府直轄領であったことが影響しているとのことである。これに対して川西や米沢では「十何代目」という老舗があり，話を持って行くにもそれなりの手順が必要とされる。後に述べるTMOにしても，高畠町は「自分たちからの提案」や「やりながら修正していく」というスタイルであるが，米沢市や川西町は「議論して議論して」のスタイルであり，なかなか足が出て行かないという。また商店にはお婿さんが結構多いことも影響しているそうだ。

(9) まほろば通り商店街は「高齢者と子供に優しい」をテーマとし，シルバーカート事業を県の補助事業として導入している。また体験会や学習会を開いたりしている。

(10) NPOは福祉団体で設立されているが，それ以外にはまだ設立されていない。

(11) エコマネー(芝浦工業大学の本間教授の指導)についてはまだ事務局レベルでの検討にとどまっていた。またISO14000シリーズの認証を受けている。高畠商業組合は現在スタンプ事業をやっている年間400万円ほどの実績があるが，カード事業にはしない。その理由は現行のものに「シールを貼る楽しみ」というのがあるからだという。

終　章　本書の要約と若干の展望

　本書で検討したことを再整理すると次のようになる。地方都市における中心市街地の空洞化問題は，1990年代以降，深刻さが増し，単に中心市街地が業務空間としてだけでなく，生活空間としても閾値を確保しうるかの限界にきている。この問題を都市空間経済論としてとりあげるには，中心-周辺という空間経済様式(以下，空間システム)という視点から接近するのが望ましい。中心市街地は都市空間における「中心」に位置し，経済空間システムの「要」としての役割を果たしているからである。

　この都市空間経済システムの要を創りだす原動力は「集積経済」である。この中心を形成する集積経済の原動力は経済活動における空間的契機に求められる。空間的契機をもって構築される集積経済は，空間的には凝縮されて表現されるものの，広がりとしての一定の場所を要求する。集積経済によって占拠された場所には経済的中心性が付与され，その中心性を持つ中心(地)は周辺に対して経済的影響力を持つ。しかし中心(地)はすべての場所に均等に配置されるわけではないし，また中心地はいったん形成されると，集積経済の効果が働く限り，長期的に固定される傾向がある。従って問題は限られた中心(地)がどのような空間的契機をもって，どの場所に形成されるかが重要となる。

　集積経済を原動力として形成される中心(地)は外部経済を発生させ，これが更なる経済集積をもたらす性向を持つ。こうした性向は空間システムの外延的拡大として展開し，景観的には都市化という様相を示す。この外延的拡大は中心部の経済集積の増大を原動力としている。しかし集積経済は場所性をもつことからブラックホール的な集中は不可能であり，また混雑など外部不経済が発生することから，中心性の空間的分散が必要とされる。この中心性の空間的分散といった現象は中心性の後退を引き起こす可能性がある。つ

まり都市化が中心市街地の空洞化を誘発する原因にもなりうるのである。

　こうした空間システムの外延的拡大はやがて隣接する空間システムとの競合を引き起こす。空間システム間の競合は中心地間の競合であり，競合の行き着く先は中心地間の序列化である。この中心地間の序列化は中心地における垂直的な機能分担を意味し，中心地の中心‒周辺という新たな空間システムを構築することになる。より下位に位置づけられた中心地はより高次の経済機能を獲得できず，状況によっては上位の中心地にそれまで保持していた経済機能を吸収される。中心市街地の空洞化は中心地が広域的な空間システムのなかで周辺化するということで発生する。ここに地方都市における中心市街地の空洞化の経済的性格をみることができる。（第1章　地方都市の中心市街地空洞化と都市空間経済論）

　かくして地方都市は国民経済の空間システムの中では中心に位置することができないが，さらに地方都市の空間システムを構築する推進力は人口規模によって異なる。その基軸となるのは広域的な業務系および商業系の活動であり，人口規模が小さい都市ほど，中心地が商業系機能に依存する比率が高くなる。したがって都市化によって商業系機能が中心市街地から郊外に流出することは，地方都市の中心性を急速に弱体化させる要因となる。空間的側面としての中心市街地の空洞化は，藤田他モデルにおける直線市場，円環市場としての競技場経済，交通ハブ経済などの組み合わせによって推測することが可能となっている。それは現実の空間システムが市場原理を基本としつつも交通原理に大きく規定されているので，主要鉄道や主要道路の配置と交差状況から，集積地点をあぶりだすことができるからである。地方都市の郊外ではバイパス・環状道路の整備と土地区画整理事業との組み合わせによって，居住系や工業系空間が形成されただけでなく，業務系や商業系の集積地が創り出されてきているのである。

　しかし中心市街地の業務系及び商業系機能の流出先は郊外にとどまらない。高速交通体系や情報通信体系の整備が都市間競争を激しくさせ，中心的諸機能が低位の都市から高位の都市に流出していることの方がむしろ深刻な問題である。これは通常「ストロー現象」と呼ばれるが，地方都市が単に地方圏

終　章　本書の要約と若干の展望

レベルとか国民経済圏レベルでの都市間競争にとどまらない国際的ないしは地球的レベルにおける世界都市システムのもとに再編成されながら確実に巻き込まれてきている。経済の世界化が進むとそれまで地方都市の存立基盤であった地域特化経済は，国際競争に直接的にさらされることになり，ほとんどの場合は比較劣位のために弱体化あるいは崩壊させられる。また地方都市の都市化経済を支えてきた商業系・業務系機能も都市間競争による流出によって低下するので，地方都市の中心市街地は総体としての経済的基盤を失う事態に直面しているといえる。

　もう１つの重要な点は，1990年代以降，少子高齢化の影響が特に地方において顕著に現れていることである。少子高齢化問題は生産年齢人口の減少とあいまって，地方都市を生産の「場」から消費の「場」へと転換させつつある。それのみならず人口数それ自体がマイナスに転ずる状況にあっては，消費の「場」を機軸とする地域経済システムそのものが再構築を迫られる。地方圏においては地域経済システムそのものが再構築を迫られ，その拠点としての地方中小都市はスクラップ＆ビルドを不可避としている。現実に中山間地域ではこのことが進んでいる。

　ただし中心市街地は都市における集積経済拠点であり，中心性が高い都市とは空間的移動性の高い要素を軸にして集積経済を構築しているが，地方都市は中心性が低く，都市間競争が厳しくなる中では相対的に移動しにくい要素に着目し，これを獲得する目標を掲げた空間整備を行なっていく必要があること，及び少子高齢社会では人口の空間的流動性がますます二極化していく可能性が高いので，地方における中心部の機能構築と空間整備は定着性の強い人口に焦点を当てて行なわれる必要ある。（第２章　地方都市中心市街地の空洞化の三重奏）

　1990年代において中心市街地の空洞化は現象的には大型店の郊外立地が原因とされている。ただし地域経済システムという側面から見れば，大型店の郊外立地は地域構造変動の総決算としての役割を果たしているにすぎない。しかし同時に，こうした地域構造のうえで展開する大型店の立地は，改正大店法と消費不況の下で大型店同士のサバイバル・ゲームとして展開されてい

る。厳しい競争環境の中で集客力をより高めるためには，売場面積の巨大化だけでは不十分で，複数核店舗と専門店街との組み合わせ，さらには娯楽施設を組み合わせたものへとかわった。これに流通外資の日本への進出が大型店競争をさらに加速させている。

　しかし大手スーパーも市場戦略を誤ると瓦解への道をたどることになる。不採算店の整理や宣伝費や家賃，人件費抑制などコスト削減によって営業利益を捻出している。保有株の売却を急いだり，本社を郊外に移転することを決めたりしている。商品コストを引き下げる一つの手だてとして物流設計の見直し，すなわち物流合理化納品時間の短縮や在庫の削減をねらっている。これに対して業態設計の見直しは消費者ニーズへの対応である。「何でもある」というのは「競争力がない」という意味である。キーワードは総合から専門への，同質化から差別化への転換であり，特定の商品・客層に絞っている。消費者ニーズによりきめの細かく対応するための組織的な担保が経営組織の中央集権から地方分権への動きである。つまり地方分権化は地域の消費市場にどう密着するかでもある。（第3章　改正大店法・消費不況と大型店の出店攻勢）

　大型店の出店攻勢はより大規模な売場面積での新規出店と既存店のS&Bとを内容としている。特に既存店のS&Bが目立つようになり，商店街からの大型店の撤退と，より大きな売場面積規模での郊外出店とがセットにされている事例が出てきている。90年代以降における大型店の出店は大型店網が成熟化してきたことから，基本的に既存店のS&Bをともなう必要が出てきており，立地の流動化が進んできている。

　ジャスコの事例で見れば，提携・合併を繰り返すことにより，「連邦制経営」を基本とする店舗網を直営店と子会社の営業店とを組み合わせながら，中部・近畿をホーム地区としつつ，全国に拡大していった。ホーム地区の店舗は時代的には古く，売場面積もそれほど大きくなかったので，改正大店法による出店規制緩和のもとでいち早くS&Bが進められた。またアウエー地区においても，より大規模な売場面積をもつ店舗を出店させただけでなく，売上高を高めるためのS&Bが普段に進められた。

終　章　本書の要約と若干の展望

　1990年代は，大型店間の競争のみならず，不況による消費の低迷もあり，本格的なS&Bが始まった。店舗単位では明らかに，売場面積効率は売場面積が大きくなるほど低下している。また従業者売上高効率も著しく増加したフレックス社員数を母数とすれば，むしろ低下している。このような低下にもかかわらず，売場面積規模を大きくしなければ売上高を高めることはできず，これが店舗の再構築の基本となっている。

　ではどのような過程で店舗の再構築が進められたのであろうか。ジャスコの場合，店舗新設の売上高効果は平均で5年弱であり，しかもこの効果は最近になるほど短くなる傾向にある。売上高の低下を防ぐためには，まずは増床を繰り返さなければならないし，それが大きいほど売上高効果は高かった。それでもせいぜい4年程度しか効果は続かず，しかもその効果は最近になるほど短くなる。もちろん増床したとしても売上高が必ず上がるとは限らない。もう1つの方法は業態を転換することであるが，これも90年代央からは増床と組み合わせなければ効果が出ない。

　既存店で増床が出来なくなると，あるいは増床しても売上高効果が出てこなくなると，移築による増床を考えなければならない。多くの場合，同一都市圏内に新設し，一定期間後に既存店の閉店を行なう。場合によっては同一都市圏内での代替店をもたずに閉店させることもある。あるいは閉店後，規模を縮小した新業態の店舗を出店させることもある。店舗を閉店するにはおおむね6〜10年程度にわたって売上高が連続的に低下し，その低下が7割弱水準に落ちることをメドとしている。閉店に至るまでの年数も年々短くなっているのである。このことは店舗そのものがこれまでの「ストック」としてではなく，「フロー」として取り扱われるようになったことを意味している。

　消費市場規模の拡大が困難な90年代後半でのジャスコ出店戦略の特徴は，規模と業態の異なる店舗を開発し組み合わせて商圏を重層的に掌握しようとする試みである。ここにおいては大手スーパーと地域スーパーとの全面的な対決が始まることになり，地域スーパーの系列下や店舗網のS&Bがこれまで以上に進んでいくことになる。（第4章　改正大店法下での大型店舗網の再構築──ジャスコを事例として）

大型店の S&B の悪影響を受けたのが中心市街地の商業集積地区としての商店街である。福島県を事例として，商業集積のタイプとその立地場所とを関係付けて検討すると，次のようなことが明らかとなる。まず駅周辺型商業集積であり，この型の衰退が最も著しいのは福島市・郡山市・いわき市・会津若松市の4地方中核都市である。ただし二本松市・須賀川市・白河市・喜多方市・原町市・相馬市の中小6市では，1991〜97年においては空洞化が進んだとは必ずしも断定できない。ましてや郡部町村における駅周辺型商業集積は91〜94年には大きく後退したものの，94〜97年ではむしろ大きく前進したのである。

　市街地型は中心商店街の大きな部分をしめているが，駅周辺型と同様に確かに衰退してきている。この型の商業集積は，中核4市では91〜97年を通じて一貫して減少し，中小6市も中核4市ほどではないにしても減少している。しかし郡部町村では変動はありつつも，結果的には駅周辺型よりも良好な状況にある。住宅背景型の商業集積の動向は中核4市と郡部町村とは比較的よく似ている。商店数は減少しているものの，他の3指標は増加を示しているのである。これらに対して中小6市におけるこの型の商業集積は異なった動きを見せており，91〜94年では明確な減少となったが，94〜97年では小幅な増減をしめしている。ロードサイド型は都市規模によって異なった動きを示した。この型の商業集積は中核4市では91〜97年を通じて一貫してかなりの増加をみせた。これに対して中小6市では91〜94年には4指標とも大きく増加し，94〜97年には商店数や従業者数は減少したものの，売場面積や年間販売額は増加した。郡部町村ではこの型の商業集積は91〜94年には包括的に後退したが，94〜97年には顕著な増大となった。

　つまり地方都市の中心商店街といっても，都市人口規模や商業集積地区型によって異なった動きをみせていることがわかる。すなわち空間構成としては，一方の極には中核4市の中心商店街における商業集積の空洞化があり，他方の極は郊外におけるロードサイド型ないしは郡部町村での商業集中の動きがあること，そしてこれらの動きの中間地帯に住宅背景型や中小6市の中心商店街が位置して多様な動きを示しているのである。（第5章　地方都市中

心部商業集積の空洞化）

　では，地方都市の中心市街地の再構築はどのような方向性を模索するべきであろうか。地方都市における中心市街地は改正大店法のもとでその主要な担い手である商業機能を失ってきていることは確かである。中心市街地には他の機能もあるとはいえ，その主要な担い手を失うことは，単に経済的機能のみならず，「街の顔」や「賑わい」を欠落させることになる。重要なことは個店に魅力がなければならないことである。それには消費者ニーズに対応した業態の転換や品質のよい商品やサービス等の品揃えを充実させることが何よりも重要である。消費者は「モノ」を買う際，その「モノ」に付随した「情報」ないしは「物語」にも大きな関心を寄せるのである。多様な消費者ニーズに対応するための品揃えで中小規模の個店が大型店に対抗するためには，やはり異業種・同業種を多様にとりまぜた商業集積を構築するしかない。

　主要な担い手としての商業集積を中心市街地に再構築するためには，商業集積としての商店街に金融機能や通信機能，さらにはコミュニティ施設の整備充実などが都市規模に応じたものとして必要とされる。賑わいとして表現される活力はやはり商業集積に起因するものでなければならない。商店街は盛衰別を問わず，新たな参入者が確実にあるのであり，参入しやすい条件をどのように整えるのか。その条件は公園や駐車場さらには公共交通機関といったハード面での都市環境整備にとどまらず，税制上の優遇措置あるいは補助制度などソフト面での支援体制の整備が必要とされよう。

　今なによりも重要なことは，われわれがなぜ街の中心部を問題とするのかである。それは中心部が都市のもう１つの大きな本質としての「結節性」を担っているからである。だれもが自由で平等に結節できる空間としての都心（中心商業地）や商業中心地の再生が必要であり，中心部の利用にあたっては無差別性が保証されなければならない。地域全体の魅力を表現できる場所が中心地であり，それは企業空間であってはならない。中小小売業の集積としての商店街の再構築はまさに「地域の視点」が必要なのである。(第６章　商店街の盛衰分析と再構築の視点)

　地方中核都市の盛衰分岐はその都市人口規模とともに国土軸へのアクセス

可能性によって規定されているようである。地方中核都市クラスの中心市街地の空洞化は住宅や公共施設の郊外移転など地域経済システムそのものの変動が基本的な要因であるが，大型店の郊外立地の加速化が特に週末ないしは休日における中心市街地への来街者数減少に拍車をかけてきた。

　人口規模で20〜30万人台の都市がその中心市街地の商業拠点が維持されるか否かの分岐に立たされており，都市人口規模が10万人台になると，中心市街地における商業集積の維持は非常に厳しい局面に追い込まれている。人口40万人程度以上の都市では中心市街地はそのなかに複数の商業集積拠点をもちなお郊外の大型店に対抗しうる力を保持しているが，人口規模20〜30万人台の都市では対抗できない中心市街地も現れており，人口10万人台の都市になると中心市街地そのものが解体されそうである。また解体されないとしても商業集積や歩行者通行量の最大地点が駅前に移動するなどの様相を含んでいる。

　歩行者通行量の増大を目指すことが当面する中心市街地再構築の目標となっており，中心市街地活性化基本計画はそのためのハード事業やソフト事業を取り組もうとしている。市街地再構築は商業集積を主とする拠点整備のための「ゾーン」ないしは「核」を設定する。機能分担した「ゾーン」ないしは「核」を取り結ぶために「軸」が設定される。しかし歩行者の回遊性は現状でも限定されており，ましてや高齢化が進むにつれて歩行者の回遊性は狭まる可能性が強まると予想される。回遊性を高めるには集積拠点を魅力あるものとするために新たな機能を導入し強化する必要があり，また拠点へのアクセス性や拠点間の連携性を高めるためには安価で快適な公共交通手段を活用する必要がある。

　注意しなければならないのは中心市街地を生活空間として再構築する方法である。中心市街地の賑わい性を創出するには，単に交流人口のみの増大に依存するには不十分であり，定住人口を確保しなければならない。定住人口無くしては，たとえTMOなど民間活力を引き出そうとする組織を立ち上げたとしても，その担い手を確保できないからである。（第7章　地方中核都市における中心市街地活性化基本計画）

終　章　本書の要約と若干の展望

　では，その担い手をどこに求めるのか。TMOの活動が都市人口規模別とか地域別とかで取り立てた個性を見出せないこと，また特定会社型TMOと商工会・商工会議所型TMOとの組織的な違いについて福島県内の事例を検討したが，特定会社型は商工会商工会議所型に比べれば，まちづくり運動に一定の蓄積があることから，より多様な活動を行なっているものの，TMO事務局体制が十分でないことなどの問題点が，明らかとなった。
　いうまでもなくTMOを設立するには専任スタッフが必要である。商工会・商工会議所型では商工会・商工会議所職員が事実上の兼任で対応している。しかしまちづくりには自立的な担い手が必要であり，特定会社型のTMOではどのように対応してきたのか。福島県内の事例から検討すると，福島まちづくりセンターの場合にはプロパーのほかに出向者が確保されている。まちづくり会津では取締役を各事業の責任者にすえ，実行委員会方式で新たな事業を推進しようとしている。まちづくり猪苗代は常務取締役をコンサルタント会社からヘッドハンティングした。楽市白河の専務は地元Y酒造の若旦那であった。（第8章　中心市街地活性化基本計画とTMO）
　大型店は地方都市の郊外に出店するのであるから，中核都市郊外の商店街はこれと直接的な競合をすることになる。こうした競合に近郊商店街はどのように対応しようとしているのであろうか。商店街での具体的な対応を，いわき市内の好間町，郡山市近郊の鏡石町と三春町，福島市近郊の伊達町の4つの事例を中心に検討した。
　これらの検討から厳しいなかでも商業者が地域住民と一体となって，新たな展望を開きつつあることも見えてきている。今ある商店街をスクラップにして，バイパス沿いに新商業集積をビルドすることは安易な道である。改正大店法下での巨大店の出店攻勢を見る限り，バイパス沿いへの既存商店街の移転は，このサバイバル・ゲームの真っただ中に飛び込むことになる。今重要なことは個店が価格競争で勝負することが困難であるとすれば，個店はやはり町中の商店街の魅力を共同して高めることでしか生き残ることはできない。その意味で地方中核都市近郊の商店街としての商業集積が成り立つためには，やはり地元住民と結び付くということが改めて重要であり，地域社会

とともに努力を重ねていくことが必要である。(第9章　大型店の出店攻勢と地方中核都市近郊商店街の対応)

　もう少し進んだ対応も出てきている。福島県会津若松市七日町通り商店街では「商業の活性化」ではなく，一見「金にならない」明治・大正期の建物の「修景を軸とした」まちづくりがいかに進められてきたかをあとづけ，このまちづくり運動ではワークショップ方式が採用され，修景事業による空き店舗の解消，基本計画の策定，イベント導入などを積極的に進めた結果，商店街の活性化が進んだだけでなく，会津若松市のまちなか観光の中心的役割を果たすまでになってきた。

　アンケート調査によっても地域づくりへの積極的参加がその効果を出し始めている。地域づくりのワークショップへの参加と売上動向とは一義的に決まらないが，経営努力の面での店舗改装や経営の革新性への取り組みとの相関関係が強いこと，またまちづくりにおける景観評価とも連動していることなどがわかり，修景まちづくりは経済効果をもちはじめていることは明らかである。(第10章　修景とワークショップのまちづくり)

　効果があるといっても，それは中長期的においてであり，短期的にはなかなかでてこない。ハード事業はそれ自体で再構築としての注目を集めるが，とにかく資金が必要である。商店街には「資産」はあるが，「資金」がないといわれている。三春町の場合では県道の拡幅事業の導入が資金的な契機となっている。資金がない場合にはどのようにすればよいか，その好例が山形県高畠町である。高畠町中央通り商店街は，プランターによる花いっぱい運動から始まり，「輝いていた昭和30年代」に着目して，資金をあまりかけない街角「ミニ博物館」を進めた。地域に埋もれている「文化財」を発掘し，趣味を活かしながら情報を発信している。まさに成熟日本における21世紀の地域づくりのあり方の一つを指し示しているといえよう。(第11章　ミニ資料館のまちづくり——山形県高畠町中央通り商店街)

　こうした地道な地域づくりの努力も，大型店出店を経済的に規制できない大店立地法と白地地域を容認する都市計画法のもとでは，無に帰する危険性が高い。しかし消費者としてではなく，地域社会における生活者の利益を損

終　章　本書の要約と若干の展望

なう可能性が高い大型店の無秩序な出退店について，社会的規制をかけようとする動きが地方自治体から始まりつつある。福島県においては広域まちづくり検討委員会が2003年に立ち上げられ，秩序ある土地利用をめざす都市農村計画の策定を展望しつつ，当面の対策として広域的な影響をもたらす可能性の高い売場面積の大きな新規出店に対して，地域社会にどのような貢献を行なうのかを「マニフェスト」として求める制度の検討に入っている。こうした動きについては，NPOの動きとともに今後の検討課題としたい。

参考文献

会津若松市『中心市街地活性化基本計画－城下町回廊の賑わい－』1999年3月。
会津若松市都市開発部都市計画課景観係『Working of Landscape Architecture Section－景観係業務資料－』1999年4月。
会津若松地域商業近代化委員会編『会津若松地域商業近代化地域計画報告書(基本計画)』1990年。
安住寛子ほか福島大学山川充夫ゼミナール「まちなか観光と商店街づくり－会津若松市七日町商店街－」福島大学経済学部信陵論叢編集委員会『信陵論叢』第43巻，2001年3月，120－138頁。
荒井良雄「『郊外市場』の成長とその特質」西村睦夫・森川　洋編『中心地研究の展開』大明堂，1986年，216－233頁。
荒井良雄・岡本耕平・神谷浩夫・川口太郎『都市の空間と時間－生活活動の時間地理学－』古今書院，1996年。
荒木俊之「京都市におけるコンビニエンスストアの立地展開」『人文地理』第46巻第2号，1994年。
五十嵐篤「富山市における中心商店街の構造変化－経営者意識との関連性を含めて」『人文地理』第48巻第5号，1996年。
生田真人『大都市消費者行動論－消費者は発達する－』古今書院，1991年。
池沢裕和・日野正輝「福島県における企業の支店配置について」『地理学評論』第65A巻第7号，1992年。
石川雄一「通勤距離の変動からみた京阪神大都市圏における構造変容」『人文地理』第42巻第4号，1990年，57－71頁。
石原武政「コミュニティ型小売業の行方」『経済地理学年報』第43巻第1号，1997年。
板倉勝高『都市の工業と村落の工業』大明堂，1972年4月。
市川嘉一・江口賢一「ポスト大店法時代の地域商業(下)」『日経地域情報』第297号，1998年。
伊東　理「都市内部における小売商業の立地の地域構造－鳥取市の事例－」西村睦夫・森川　洋編『中心地研究の展開』大明堂，1986年，201－215頁。
大石　一「点検・まちづくり」『日経地域情報』第306号，1998年。
大石　一・原崎弘成「95年国調人口動態にみる都市圏の盛衰」『日経地域情報』326号，1999年。
玉置雄次郎「地方都市における商業の動向－四国4県の県庁所在地都市の小売

参考文献

業-」中島　信・橋本了一編『転換期の地域づくり』ナカニシヤ出版，1999年。
金子弘道・矢野真治「都市圏の盛衰-180都市圏にみる商工業の動態-」『日経地域情報』328号，1999年。
川口太郎「郊外地域における生活行動に関する考察」『地域学研究』（駒沢大学）第5号，1992年，83-99頁。
川口太郎「大都市圏の構造変化と郊外」『地域学研究』（駒沢大学）第3号，1990年，101-113頁。
木内信蔵・山鹿誠次・清水馨八郎・稲永幸男共編『日本の都市化』古今書院，1964年。
熊本市『熊本市中心市街地活性化基本計画策定調査報告書』1999年3月。
経済企画庁総合計画局監修・地域経済研究会編『2000年の地域経済と国土-地域間競争時代の到来-』ぎょうせい，1996年10月。
国土庁計画・調整局編『第四次全国総合開発計画総合的点検中間報告』大蔵省印刷局，1993年6月。
後藤　寛「日本における都心地域の空間形状の特性と動向」『地理学評論』第70巻第10号，1997年。
近藤康男『チウネン孤立国の研究』（近藤康男著作集　第1巻）農文協，1974年6月。
志村　喬「スーパーマーケットチェーンの各店舗展開に関する企業行動論的考察-茨城県における中規模スーパーを例として-」寺阪昭信編『理論地理学ノート　87』第5号，1987年，27-42頁。
島　裕・岩切賢司・嶺井　忍「中心市街地の活性化に向けて-まちづくりへの持続的な取り組み」『地域レポート』（日本開発銀行）第15巻，1998年。
忰田昭太郎「群馬県における都市再開発の動き」高崎経済大学附属産業研究所編『群馬からみた都市型産業と中小企業のニューパラダイム』日本経済評論社，1990年。
仙台都市総合研究機構編『地域商店街と地域コミュニティの活性化に関する事例研究（その1）』2001年3月。
滝谷建設工業総務部編集部『kikko亀甲』号外，1996年12月。
竹内淳彦『技術集団と産業地域社会』大明堂，1983年2月。
千葉昭彦「仙台都市圏における商店街とまちづくりの地域的特性」『東北学院大学東北産業経済研究所紀要』第16号，1997年。
千葉昭彦「鹿児島都市圏における大規模宅地開発の展開過程」『経済地理学年報』第43巻第1号，1997年，1-17頁。
千葉昭彦「特定商業集積整備法とまちづくりの地域性-東北地方の事例の検

討－」『東北学院大学東北産業経済研究所紀要』第17号，1998年。
千葉昭彦「盛岡都市圏における宅地開発の展開とその諸特徴」『季刊地理学』第50巻第1号，1998年，17－23頁。
千葉昭彦「郊外大型店の成立とまちづくり－鶴岡市・白河市を検討事例として－」『東北学院大学東北産業経済研究所紀要』第18号，1999年。
中小企業金融公庫調査部『大型店の出店に伴う中小小売店の対応－大型店化する条件とは？－』1998年。
中小企業事業団中小企業大学校『街づくりのための商業活性化（福島県会津若松市七日町通り診断）－平成7年度団体職員研究課程経営指導員研修専門研修－』1995年12月。
中小企業庁編『中小企業白書』（平成9年版）1997年。
戸所　隆『商業近代化と都市』古今書院，1991年。
永家一孝「秋田・高崎・高松の3都市消費者調査」『日経地域情報』第297号，1998年。
永家一孝「商店街活性化動向調査」『日経地域情報』No.376，2001年10月。
富田和暁『経済立地の理論と実際』大明堂，1991年4月。
中村良平・田渕隆俊『都市と地域の経済学』有斐閣，1996年10月。
中野民夫『ワークショップ－新しい学びと創造の場－』岩波新書，2001年1月。
長岡　顕「商業・金融業の変貌と地域的配置」野原敏雄・森滝健一郎編著『戦後日本資本主義の地域構造』汐文社，1975年。
七日町通りまちなみ協議会『会津浪漫調の新しいまちづくり－七日町商店街活性化基本計画－』1996年3月。
日本政策投資銀行地域企画チーム編『自立する地域－その課題と戦略－』ぎょうせい，2001年3月。
根田克彦「釧路市における小売業の地域構造－その昼間・夜間との比較－」『地理学評論』第70A巻第2号，1997年，69－91頁。
根田克彦「仙台市における小売商業地の分布とその変容－1972年と1981年との比較－」『地理学評論』第58A巻第11号，1985年，715－733頁。
野村総合研究所『情報世紀の育都論』野村総合研究所広報部，1993年10月。
箸本健二「首都圏におけるコンビニエンスストアの店舗類型化とその空間的展開－POSデータによる売上分析を通じて－」『地理学評論』第71A巻第4号，1998年。
服部銈二郎・杉村暢二『商店街と商業地域』古今書院，1974年。
藤井　正「地方都市郊外における大規模小売店舗の立地とその影響－福井市の場合－」西村睦夫・森川洋編『中心地研究の展開』大明堂，1986年，234－249頁。

参考文献

藤井　正「大都市圏における地域構造研究の展望」『人文地理』第42巻第6号，1990年，59頁。
藤田昌久著・小出博之訳『都市空間の経済学』東洋経済新報社，1991年12月。
藤田昌久・P. クルーグマン・A. J. ベナブルス著／小出博之訳『空間経済学－都市・地域・国際貿易の新しい分析－』東洋経済新報社，2000年10月。
まちづくり会津『まちづくり会津TMO構想』2000年7月。
松山市『松山市中心市街地活性化基本計画』1999年3月。
松村公明「郡山市中心部における都心機能の分布と集積過程」『地理学評論』第65A巻第12号，1992年。
目黒章三郎「会津若松七日町通り『再生』物語」ふくしま地域づくりの会『ふくしま地域づくり』第21号，1999年6月。
目黒章三郎「会津若松野口青春通りと七日町の現状」ふくしま地域づくりの会『ふくしま地域づくり』第27号，2000年12月，6頁。
藻谷浩介「『まち』を再生させる－中心市街地問題の核心－」日本政策投資銀行地域企画チーム編著『自立する地域－その課題と戦略－』ぎょうせい，2001年2月。
森川　洋「都市システムとの関連からみた大型小売店の立地展開」『経済地理学年報』第39巻第2号，1993年。
森川　洋「わが国の地域的都市システム」『人文地理』第42巻第2号，1990年。
森川　洋「わが国における都市化の現状と都市システムの構造変化」『地理学評論』第64A巻第8号，1991年。
森川　洋『日本の都市化と都市システム』大明堂，1998年。
安倉良二「大店法の運用緩和に伴う量販チェーンの出店行動の変化－中京圏を事例に－」『経済地理学年報』第45巻第3号，1999年。
矢田俊文『21世紀の国土構造と国土政策－21世紀の国土のグランドデザイン・序－』大明堂，1999年10月。
柳井雅人『発展経済と地域構造』大明堂，1997年8月。
矢作　弘『都市はよみがえるか－地域商業とまちづくり－』岩波書店，1997年12月。
山川充夫「国際分業の進展と地域構造の変動」川島哲郎編『経済地理学』朝倉書店，1986年6月。
山川充夫「国民経済の地域構造論の到達点と課題」朝野・寺阪・北村編著『地域の概念と地域構造』大明堂，1988年5月。
山川充夫「地域開発・社会資本整備と地域構造」石井素介編『産業経済地理－日本』朝倉書店，1992年12月。
山川充夫「ネットワーク型集積経済と地域産業政策」山川充夫・柳井雅也編著

『企業空間とネットワーク』大明堂，1993年4月。

山川充夫「企業空間・都市化経済・社会資本整備」『経済地理学年報』第40巻第4号，1994年。

山川充夫「大型店の出店攻勢と地方中核都市近郊商店街の対応－改正大店法下での福島県内4町を事例として－」『商学論集』(福島大学)第65巻第4号，1997年。

山川充夫「地方都市中心商店街の空洞化と再構築への課題」福島大学地域研究センター『グローバリゼーションと地域－21世紀・福島からの発信－』八朔社，2000年5月，116－151頁。

山川充夫「中心商店街空洞化と中心市街地活性化基本計画」福島大学地域研究センター『福島大学地域研究』第12巻第1号，2000年9月，5－54頁。

山川充夫「改正大店法・消費不況と大型店の出店戦略」福島地理学会『福島地理論集』第43巻，2000年3月。

山川充夫「少子高齢化時代の東北地域経済システム」地域財政研究会編『地域レベルから見た高齢化問題』(財)関西経済研究センター，2001年3月。

山川充夫「改正大店法下での大型店舗網の再構築－ジャスコを事例として－」小金沢・笹川・青野・和田編著『地域研究・地域学習の視点』大明堂，2001年6月。

山川充夫「修景とワークショップによるまちづくり－会津若松七日町通り－」ふくしま地域づくりの会編『地域産業の挑戦』八朔社，2002年6月。

山口恵一郎「都市化のあゆみ」木内信蔵・山鹿誠次・清水馨八郎・稲永幸男編『日本の都市化』古今書院，1964年。

山口不二雄「商業・サービス業の地域構造の形成と変動」川島哲郎編『経済地理学』朝倉書店，1986年。

山田　誠「札幌大都市圏の形成と特質」成田孝三編『大都市圏研究(上)』大明堂，1999年，160－184頁。

山田順一郎「規制緩和と小売商業の構造変革」井口富雄編著『規制緩和と地域経済－京都市と周辺地域の動向』税務経理協会，1996年。

吉田敬一「中小商工業の社会経済的存在意義－地域社会と商店街との関連を中心に－」『中小商工業研究』第64号，2000年7月，68－76頁。

米山希容子「北海道東北地域の都市の構造」『ほくとう』(北海道東北開発公庫)第46巻，1997年。

A. ウェーバー著・江澤譲爾監訳／日本産業構造研究所訳『工業立地論』大明堂，1946年5月。

A. マーシャル著・馬場啓之助訳『経済学原理 II』東洋経済新報社，1966年。

A. レッシュ著・篠原泰三監訳『レッシュ経済立地論』大明堂，1968年7月。

参考文献

D. ハーヴェイ著・水岡不二雄監訳『都市の資本論』青木書店，1991年。
J. ゴットマン著・木内信蔵他訳『メガロポリス』鹿島出版会，1967年。
Joel Garreau (1991) *Edge City ; Life on the New Frontier*, A Division of Random House Inc., New York.
M. カステル著・大澤善信訳『都市・情報・グローバル経済』青木書店，1999年6月。
S. サッセン著・森田桐郎他訳『労働と資本の国際移動－世界都市と移民労働者－』岩波書店，1992年1月
W. クリスタラー著・江澤譲爾訳『都市の立地と発展』大明堂，1969年。
W. アロンゾ著・大石泰彦監訳／折下　功訳『立地と土地利用－地価の一般理論について－』朝倉書店，1966年6月。
ポール・L. ノックス，ピーター・J. テイラー共編・藤田直晴訳編『世界都市の論理』鹿島出版会，1997年。

あとがき

　本書は，直接的には1995年度に交付された文部省科学研究費(一般研究(Ｃ))「地方都市における中心商店街の持続的発展に関する地域システム論的研究」(課題番号　07680159)と2000年度～2002年度に交付された日本学術振興会科学研究費補助金(基盤研究(ｃ)(２))「大規模小売店舗の立地再編と地域経済システムの変動」(課題番号　12630038)に基づく研究成果の一部である。
　研究成果の初出(いずれも若干修正)は，以下のとおりである。

序　章　書き下ろし
第１章　「地方都市の中心市街地空洞化と都市空間経済論」福島大学経済学会『商学論集』第70巻第４号，2002年，3－13頁。
第２章　「少子高齢化時代の東北地域経済システム」地域財政研究会編『地域レベルから見た高齢化問題』(財)関西経済研究センター，2001年。
第３章　「改正大店法下での大型店網の再構築－ジャスコを事例として」小金沢孝昭・笹川耕太郎・青野寿彦・和田明子編『地域研究・地域学習の視点』大明堂，2001年，167－198頁。
第４章　「改正大店法・消費不況と大型店の出店攻勢」福島地理学会『福島地理論集』第43巻。2000年，43－49頁。
第５章　「地方都市中心商店街の空間構成の変容－1991～97年における福島県の場合－」『福島大学地域創造』第13巻第2号，2002年，77－81頁。
第６章　「地方都市中心商店街の空洞化と再構築への課題」福島大学地域研究センター編『グローバリゼーションと地域－21世紀・福島からの発信－』八朔社，2000年，116－152頁。
第７章　「中心商店街空洞化と中心市街地活性化基本計画について－地方中核都市を中心として－」『福島大学地域研究』第12巻第１号，2000年，5－54頁。

第8章 「少子高齢化時代における地方中小都市の持続的発展－中心市街地の活性化とTMOの可能性－」地域財政研究会編『地域レベルから見た高齢化問題』(財)関西経済研究センター，2002年。

第9章 「大型店の出店攻勢と地方中核都市近郊商店街の対応－改正大店法下での福島県内4町を事例として－」福島大学経済学会『商学論集』第65巻第4号，1997年3月。

第10章 「修景とワークショップのまちづくり－会津若松市七日町通り－」ふくしま地域づくりの会編『地域産業の挑戦』八朔社，2002年，107－124頁。

「修景まちづくりの効果について－会津若松市七日町通り商店街の場合－」『福島大学地域創造』福島大学地域創造支援センター，2001年，29－45頁。

第11章 書き下ろし

終　章 書き下ろし

このように本書は基本的には科学研究費補助金による研究活動の所産ではあるが，同時に地域社会活動に支えられた成果であることも強調しておきたい。著者がそもそも商店街振興やまちづくりにかかわることになったのは，1980年代から90年代にかけて全国各地で進められた「商業近代化地域計画」策定事業への参加であった。今は亡き三宅皓士・新家健精両先生(福島大学経済学部)からのお誘いで，福島地域(「基本計画」報告書，1987年3月)，相馬地域(「基本計画」報告書)，会津若松地域(「基本計画」1990年2月)の策定事業に係わることになった。もちろんこの時は商業以外の地域経済環境の叙述を担当したのであるが，このことが本書の出発点になったことは確かである。

地域商業活動の調査に直接的に係わることになったのは，90年代半ばからの「商工会等地域振興支援事業」であり，福島県内の三春町，伊達町，鏡石町，いわき市好間地区，白沢村での調査や委員会でのとりまとめを担当し，商店街を基軸とするまちづくりについての計画づくりを地域住民とともに行なった。また92年から96年にかけては県北地区特別委員として福島県大規模

小売店舗審議会に出席する機会を得て，審議会での議論の進み方などについて学ぶことができた。
　このように本書が成り立つにあたっては，多くの人たちにお世話になったことを感謝したい。本書が地方都市における商店街の再構築のために，少しでも役立つものであればと思っている。またこうした研究活動や社会活動へののめり込みは，まま家族サービスへのしわ寄せを伴うものであり，妻玲子，義母中沢一枝及び三人娘の理解なくしては行ない得ないものであった。深く感謝したい。
　なお，本書を刊行するにあたっては福島大学叢書刊行委員会からの助成をえた。

[著者略歴]

山川　充夫（やまかわ　みつお）

1947年　愛知県に生まれる．
1970年　愛知教育大学教育学部卒業．
1975年　東京大学大学院理学系研究科地理学専門課程
　　　　博士課程中退．
　　　　東京都立大学理学部助手，福島大学経済学部助教授，
　　　　同教授を経て，
2004年　福島大学副学長，現在に至る．
主　著　『経済地理学』（川島哲郎編）朝倉書店，1986年．
　　　　『企業空間とネットワーク』（共編著）大明堂，1993年．

[福島大学叢書新シリーズ：1]
大型店立地と商店街再構築
　　──地方都市中心市街地の再生にむけて

2004年7月31日　第1刷発行

著　者　　山川充夫
発行者　　片倉和夫
発行所　株式会社　八朔社
東京都新宿区神楽坂2-19　銀鈴会館内
振替口座　東京00120-0-111135番
Tel. 03-3235-1553　Fax. 03-3235-5910

©山川充夫，2004　　　　　印刷・製本／平文社

ISBN4-86014-024-9

福島大学叢書新シリーズの刊行にあたって

福島大学は、平成一一年一二月に学術振興を図る目的で「福島大学学術振興基金」を発足させた。その事業の重要な一環として、叢書刊行委員会を設立し、福島大学関係者の研究・教育の成果を広く社会に明らかにすることによって、地域はもとより国内外の学術・文化の発展に寄与するために叢書を刊行することとした。

本委員会のもとで、このたび、第一号が刊行されることとなったが、福島大学は平成一六年四月に国立大学法人として、さらに同年一〇月からは、理工系分野を含む二学群四学類に再編されて、新たな体制で再出発することとなったので、この叢書のスタートは、まさしく本学の再出発と重なることとなる。そこで、従来から刊行されてきた「福島大学叢書学術研究書」等の名称を「福島大学叢書」と改めて新シリーズを起こすこととした。これまでの叢書が築いてきた伝統と精神を継承しようとする点ではいささかの変更もないが、本学の学術活動における叢書の位置は格段に強化されたと信じている。

新シリーズが、再出発の途についた福島大学とともに末永く大きく発展し、優れた著作を世に送り出すことを心から希っている次第である。

二〇〇四年三月

福島大学叢書刊行委員会